工程机械智能化技术及运用研究

刘建吉　房永智　刘恩龙　著

北京工业大学出版社

图书在版编目（CIP）数据

工程机械智能化技术及运用研究 / 刘建吉，房永智，刘恩龙著．— 北京：北京工业大学出版社，2021.2

ISBN 978-7-5639-7855-7

Ⅰ．①工… Ⅱ．①刘… ②房… ③刘… Ⅲ．①工程机械—智能控制—研究 Ⅳ．①TU6-39

中国版本图书馆 CIP 数据核字（2021）第 034147 号

工程机械智能化技术及运用研究

GONGCHENG JIXIE ZHINENGHUA JISHU JI YUNYONG YANJIU

著　　者：刘建吉　房永智　刘恩龙

责任编辑：李　艳

封面设计：知更壹点

出版发行：北京工业大学出版社

（北京市朝阳区平乐园 100 号　邮编：100124）

010-67391722（传真）　bgdcbs@sina.com

经销单位：全国各地新华书店

承印单位：三河市腾飞印务有限公司

开　　本：710 毫米 ×1000 毫米　1/16

印　　张：14.75

字　　数：295 千字

版　　次：2023 年 4 月第 1 版

印　　次：2023 年 4 月第 1 次印刷

标准书号：ISBN 978-7-5639-7855-7

定　　价：45.00 元

作者简介

刘建吉，陆军工程大学训练基地副主任、副教授、硕士研究生导师，两次荣立三等功，主要从事作战指挥和院校教育研究。

房永智，陆军工程大学训练基地指挥系副主任、副教授。

刘恩龙，陆军工程大学训练基地讲师。

前　言

随着科学技术的发展，学科之间的相互交叉和融合已成为当今技术发展的主流。工程技术人员单一的专业知识已不能适应新技术发展的要求，掌握完整的系统化设计理论和新的方法已成为必然。

全书从整体设计出发，将典型工程机械的工作原理、液压技术与智能化有机结合，系统地讲述了设计所需的基本理论和基本方法，增加了适应科技发展的新知识、新技术、新理论，并通过典型工程机械机电液一体化设计实例，从系统理论分析及数学建模开始，讲述智能化控制方法的选择、系统的特性分析及动态设计，最后结合计算机仿真技术对系统设计进行验证和分析。从系统角度看，工程机电液系统属于非线性系统，本书最后一章详细地介绍了自动导向设备智能化控制技术在工程机械方面的研究成果。

作者在写作本书时，充分考虑了先修课程不同的各专业学生学习的特点及工程技术人员的需要，除阐述某些基本理论和必要的计算外，删去了一些烦琐的公式推导和不必要的内容，力求少而精。工程机械智能化方案的工程化设计与实现涉及的知识面很宽，本书以提高工程机械工程师的工程化设计能力及专业技能为目标，针对现代工程机械制造业的实际需求，以机电液一体化为核心，结合工程实际案例，将进行这一过程所需的知识贯穿起来，阐述工程机械智能化方案设计的方法与步骤。本书的内容包含系统技术构成、设计准则、关键技术、项目管理、模块化设计、系统集成等，从工程实用化设计的角度出发，完整地对系统方案设计、硬件配置、自动化方案的开发工具与现代设计方法、控制软件工程化设计、仿真与控制系统无缝集成、控制网络等内容进行了系统阐述，对多种设计方案进行了比较分析，使读者能够在一个高的技术水平起点上掌握系统设计、工程实现、项目管理的方法。

目　录

第一章　绪　论

第一节　智能控制技术基本概念

智能控制是一门新兴的前沿交叉学科，广泛地应用于智能机器人控制、智能过程控制、智能专家系统、智能故障诊断、智能化仪器等诸多领域，在工程机械领域的应用正在快速发展，具有广阔的应用前景。

由于液压与液力传动技术在工程机械技术构成中所占的比重越来越大，为突出这一特点，人们又将工程机械机电一体化称为工程机械机电液一体化。在这一领域内，紧紧围绕着两个方面的内容进行研究：一是以简化驾驶员操作，提高设备的动力性、经济性以及作业效率，节省能源等为目的的机械、电子、液压融合技术，如自动换挡系统，挖掘机恒功率输出控制系统等；二是以提高作业自动化程度为目的的机电一体化控制技术，如摊铺机、平地机自动找平和恒速控制系统、挖掘机工作装置运动轨迹的自动控制系统。纵观工程机械的发展历史，在技术上大致可以分为三个时期。

第一个时期是柴油机的出现使工程机械有了较理想的动力装置，各类建筑机械相继出现，形成以这一时期为特点的第一代产品。

第二个时期是液压技术的广泛应用使工程机械的传动装置、工作装置更为合理，为工程机械提供了良好的传动装置。液压传动装置结构紧凑，操作简单方便，易实现各种运动形式的转换，能满足复杂的作业要求，具有传动平稳性、过载性、可控性的特点，易实现无级变速，形成了以全面液压化为标志的第二代产品。

第三个时期是电力电子化技术在工程机械方面的广泛应用，尤其是计算机技术的广泛应用，使工程机械向着高性能、自动化和智能化方向发展。为了降低驾驶员的劳动强度和改善工程机械的操纵性能，就要实现工程机械自动化；为了完成高技能作业，就需要智能化；为了提高安全性，就需要安全控制，进行运行状态监视，实现故障自动报警；为了避免人员无法接近场所和十分恶劣的作业环境，需要采用远距离操纵和无人驾驶技术，如摊铺机自动找平控制、挖掘机节能控制、全功率控制、轨迹控制、自动掘削控制等。工程机械正向高精度、高效率、高性能、智能化，以及小型化、轻型化、多功能方向发展。目前，国内外关于工程机械智能化的研究方兴未艾，具有很大的发展前景。希望今后可以加快其工程应用研究，开拓出一条工程机械自动化和智能化的研究途径。

一、智能控制的基本概念

智能控制已经出现了相当长的一段时间，并且取得了一定的应用成果，但究竟什么是“智能”，什么是“智能控制”目前尚无统一明确的定义。虽然有些研究者也曾经给出定义，但是各种定义都是研究者在原来的研究领域进行探讨的结果，因此各有侧重。

（一）什么是智能控制

关于什么是“智能”，通常认为“智能”是人所表现的行为。尽管其他某些生物也具有某种智能行为，但其不属于通常意义上的智能。从信息的角度来看，智能可具体地定义为“能有效地获取、传递、处理、再生和利用信息，从而在任意给定的环境下成功地达到预定目的的能力”。可以看出，智能是一种思维活动，研究智能理论与技术的目的是要设计制造出具有高度智能水平的人工智能系统，以便在某些必要的场合能够用人工系统替代人去执行各种任务。就智能问题人们也取得了一些共识，认为人具有感知环境能力、记忆联想能力、思维能力和推理能力。知识越丰富，智能就越强；智能越强，获取和利用知识的能力越强，知识就越丰富。知识和智能在人类实践活动中是相互促进的。因此，可以把人的智能行为归纳为认识世界和改造世界两个方面，但是更强调改造世界，认识世界是手段，改造世界才是目的。正如研究指出的，智能是“选择的恰当”，并将“追求目的”作为智能的过程。

智能控制概念中的智能，被认为是机器的行为，并不等价于人的智能。虽然在某些大型复杂的智能控制系统中会有人－机协作功能，甚至人直接参与决策过程，但强调的是用机器实现人的脑力劳动自动化，或者说强调的是机器高度自主实现追求目标的能力，而尽量减少人的干预。另外，这里强调的是机器模仿人的智能，而对于如何模仿却没有界定。

智能控制理论实际只是对自动控制理论与技术发展到一个新阶段的概括。智能控制就是在常规控制理论基础上，吸收人工智能、运筹学、计算机科学、模糊数学、实验心理学、生理学等其他科学中的新思想、新方法，对更广阔的对象（过程）实现期望控制。其核心是设计和开发能够模拟人类智能的机器，使控制系统达到更高的控制目标。因此，智能控制并不排斥传统控制理论，而是继承和发扬它。首先，在控制论里的反馈和信息这两个基本概念，在智能控制理论中仍然占有重要地位，并且更加突出了信息处理的重要性。其次，在智能控制系统中并不排斥传统的控制理论的应用，恰恰相反，在分级递阶结构的智能控制系统中，执行级更强调采用传统控制理论进行设计，因为这一级的被控对象通常具有精确的数学模型，成熟的传统控制理论可以对其实现高精度的控制，而智能方法在传统控制理论显得乏力的场合使用更为恰当。当然，执行级也不排除智能方法的运用，特别是对象数学模型不确知或有时变参数的场合，智能方法也可以显示其一定的优越性。按照萨利迪斯提出的观点，我们可把智能控制看作人工智能、自动控制和运筹学三个主要学科相结合的产物。如图 1–1 所示的结构被称为智能控制的三元结构。

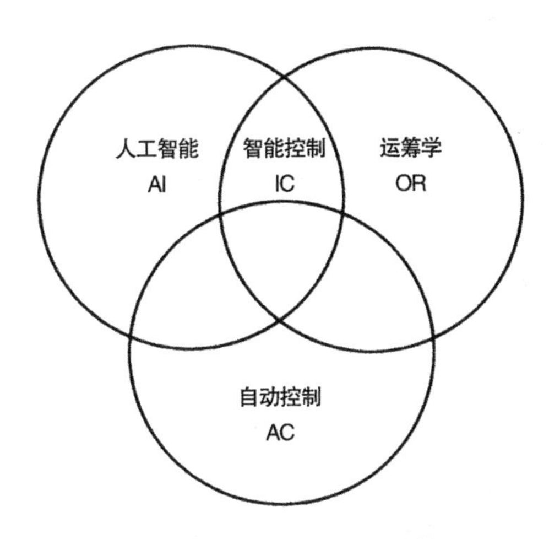

图 1–1 智能控制的三元结构

智能控制的三元结构可用交集形式表示如下：

$$IC = AI \cap AC \cap OR \tag{1–1}$$

式中：IC 为智能控制（Intelligent Control），AI 为人工智能（Artificial Intelligence），AC 为自动控制（Automatic Control），OR 为运筹学（Operations Research）。

人工智能系统是一个知识处理系统，具有记忆、学习、信息处理、启发式推理等功能。自动控制描述系统的动力学特性指的是其动态反馈特性。运筹学研究的是定量优化的方法，如线性规划、网络规划、调度、管理、优化决策和多目标优化方法等。这种三元结构理论表明，智能控制就是应用人工智能的理论与技术和运筹学的优化方法，并将其同控制理论的方法与技术相结合，在未知环境下，仿效人的智能，实现对系统的控制。或者说，智能控制是一类无须（或只需很少的）人的干预就能够独立地驱动智能机器实现其目标的自动控制。可见，智能控制代表着自动控制科学发展的最新进程，智能控制是以知识为基础的系统，所以知识工程是研究智能控制的重要基础。

智能控制的定义可以有多种不同的描述，但从工程控制的角度来看，它的三个基本要素是智能信息、智能反馈和智能决策。从集合的观点，可以把智能控制和它的三要素的关系表示如下：

$$[\text{智能信息}] \cap [\text{智能反馈}] \cap [\text{智能决策}] \in \text{智能控制}$$

（二）智能控制的研究对象

智能控制是自动控制的最新发展阶段，主要用来解决那些用传统方法难以解决的复杂控制问题。传统控制包括经典反馈控制和现代理论控制，它们是基于精确数学模型的控制。在传统控制的实际应用中人们遇到不少难题，主要表现为以下几点：①实际系统由于自身的复杂性、非线性、时变性、不确定性和不完全性等，一般无法获得精确的数学模型；②研究这些系统时，必须提出并遵循一些比较苛刻的线性化假设，而这些假设在应用中往往与实际有差异；③对于某些复杂的和包含不确定性的控制过程，根本无法用传统数学模型来表示，即无法解决建模问题；④为了提高控制性能，传统控制系统可能变得很复杂，从而增加了设备的投资，降低了系统的可靠性。

在复杂对象的控制问题面前，将人工智能的方法引入控制系统，实现了控制系统的智能化，即采用仿人智能控制决策，迫使控制系统朝着期望的目标发展。

传统的控制方式是基于控制对象精确模型的控制方式，实际上往往是利用不精确的模型，又采用固定的控制算法，使整个控制系统置于模型框架下，缺乏灵活性和应变能力，因而很难实现对复杂系统的控制。而智能控制是把控制理论的方法和人工智能的灵活框架结合起来，改变控制策略去适应控制对象的复杂性和不确定性。可见传统控制和智能控制两种控制方式的基本出发点不同，这导致了不同的控制效果。传统控制适于解决线性、时不变等相对简单的控制问题。智能控制是控制理论发展的高级阶段，它主要用来解决传统方法难以解决的复杂系统的控制问题，其中包括智能机器人系统、计算机集成制造系统（CIMS）、复杂的工业过程控制系统、航天航空控制系统、社会经济管理系统、交通运输系统、环保及能源系统等。

具体地说，智能控制的研究对象具备以下一些特点。

1. 系统模型不确定

传统的控制是基于模型的控制，这里的模型包括控制对象和干扰模型。对于传统控制，通常认为模型已知或者经过辨识可以得到，而智能控制的对象通常存在严重的不确定性。这里所说的模型不确定性包含两层意思：一是模型未知或知之甚少；二是模型的结构和参数可能在很大范围内变化。无论哪种情况，传统的方法都难于对它们进行控制。

2. 系统的高度非线性

在传统的控制理论中，线性系统理论比较成熟。对于具有高度非线性特点的控制对象，虽然也有一些非线性特点控制方法，但非线性控制理论还很不成熟，而且方法比较复杂。采用智能控制的方法可以较好地解决非线性系统的控制问题。

3. 系统任务的复杂性

在传统的控制系统中，控制的任务或者是要求输出量为定值，或者是要求输出量跟随期望的运动轨迹，控制任务的要求比较单一。对于智能控制系统，控制任务的要求往往比较复杂。例如，在智能机器人系统中，系统要对一个复杂的任务具有自行规划和决策的能力，有自动躲避障碍运动到期望目标位置的能力。再如，在复杂的工业过程控制系统中，系统除了要对各被控物理量实现定值调节外，还要能实现整个系统的自动启停、故障的自动诊断以及紧急情况的自动处理等。

智能控制是针对系统的复杂性、非线性、不确定性而提出来的。目前智能控制有基于专家系统的专家智能控制，基于模糊推理和计算的模糊控制，基于人工神经网络的神经网络控制，基于信息论、遗传算法和以上三种控制的集成型智能控制。

（三）智能控制系统的结构和特征

1. 智能控制系统的一般结构

智能控制系统是实现某种控制任务的一种智能系统，是一种多层次结构的系统。感知信息处理部分将传感器递送的分级的和不完全的信息加以处理，并要不断加以辨识、整理和更新，以获得有用的信息。认知部分主要接收和存储知识、经验和数据，对它们进行分析推理，做出行动的决策并送至规划和控制部分。规划和控制部分是整个系统的核心，它根据给定的任务要求、反馈信息及经验知识，进行自动搜索、推理决策、动作规划，最终产生具体的控制作用，规划控制器和执行机构作用于控制对象。对于不同用途的智能控制系统，以上各部分的形式和功能可能存在较大的差异。

2. 智能控制系统的主要特征

一个理想的智能控制系统应具备如下特征：①学习能力，系统对一个未知环境提供的信息进行识别、记忆、学习，并利用积累的经验进一步改善自身的性能，即在经历某种变化后系统性能应优于变化前的系统性能，这类似于人的学习；②适应性，系统应具有适应控制对象动力学特征变化、环境变化和运行条件变化的能力，这种智能行为实际上是一种从输入到输出的映射，可看成不依赖模型的自适应，较传统的自适应控制中的适应功能具有更广泛的意义；③容错性，系统对各类故障应具有自诊断、屏蔽和自恢复的能力；④鲁棒性，系统应对环境干扰和不确定性因素不敏感；⑤组织功能，对于复杂任务和分散的传感信息具有自组织和协调功能，系统应具有主动性和灵活性，即智能控制器可以在任务要求的范围内自行决策、主动采取行动，当出现多目标冲突时，在一定限制下，各控制器可在一定范围内自行解决，使系统能满足多目标、高标准的要求；⑥实时性，系统应具有相当的在线实时响应能力；⑦人－机协作，系统应具有友好的人－机界面，以保证人－机通信、人－机互助和人－机协同工作可以顺利进行。

（四）智能控制是自动控制理论发展的必然趋势

自动控制理论的基本思想早已存在，自动控制理论是人类在征服自然、改造自然的斗争中形成和发展的。例如，利用反馈原理制成的调节流量的克特西比乌斯水钟，以及19世纪中叶研究人员对具有调速器的蒸汽发动机系统的稳定性所做的工作，都反映了人们对控制理论进行了探索，20世纪20年代，布莱克、奈奎斯特和波德等在贝尔实验室做的一系列工作奠定了经典控制理论的基础。尤其是第二次世界大战期间，新武器的研制和战后经济的恢复与发展都极大地激发了人们对控制理论的研究热情，使古典控制理论日趋成熟，并取得许多应用成果。控制理论从形成发展至今，可分为三个阶段。第一阶段以20世纪40年代兴起的调节原理为标志，称为经典控制理论阶段；第二阶段以20世纪60年代兴起的状态空间法为标志，称为现代控制理论阶段；第三阶段则是20世纪80年代兴起的智能控制理论阶段。

二、模糊逻辑及遗传算法

模糊逻辑系统就是与模糊概念（如模糊集合、模糊语言变量）和模糊逻辑有直接关系的系统。对于绝大多数的应用系统而言，其获取的重要信息有两种：来自传感器的数据信息和进行系统性能描述的专家信息即语言信息。数据信息通常可用数字量表示，语言信息则可用文字如“大”“小”表示。由于模糊逻辑是一种精确分析不精确不完全信息的方法，可以比较自然地处理人类的概念，因此模糊逻辑系统可有效地利用语言信息，有着极其广泛而重要的应用。

遗传算法是一种建立在自然选择和群体遗传机理基础上的自适应概率性搜索算法，它由“适者生存，优胜劣汰”等自然进化规则演化而来。与传统搜索算法不同，遗传算法把优化问题解的搜索空间映射为遗传空间，把每一个可能的解编码称为一个染色体的二进制串（也有其他编码方法），染色体的每一位称为基因。每个染色体（对应一个个体）代表一个解，一定数量的个体组成群体。搜索时，首先随机地产生一些个体组成初始群体（问题的一组候选解），初始种群产生之后，按照适者生存和优胜劣汰的原理，逐代演化产生出越来越好的近似解。在每一代，按预先根据目标函数确定的适应度函数计算个体对问题环境的适应度，再根据个体适应度对个体对应的染色体进行选择，抑制适应度低的染色体，弘扬适应度高的染色体，然后进行选择、交叉、变异等遗传操作，产生进化了的新一代群体。如此反复操作，一代一代不断向更优解方向进化，最后得到满足某种收敛条件的最适应问题环境的群体，从而获得问题的最优解。

三、神经网络方法

人工神经网络（简称神经网络）控制作为现代控制理论的延伸，为解决复杂的非线性、不确定、不确知系统的控制问题开辟了一条新的途径。

神经网络是一种并行、分布处理结构，它由处理单元及相连接的无向信号通道组成。这些处理单元具有局部内存，并可以完成局部操作。每个处理单元有一个单一的输出联结，这个输出联结可以根据需要被分成希望个数的许多并行联结，且这些并行联结都输出相同的信号，即相应处理单元的信号，信号的大小不因分支的多少而变化。处理单元的输出信号可以是任何需要的数学模型，每个处理单元中进行的操作必须是完全局部的。也就是说，它必须依赖经过输入联结到达处理单元的所有输入信号的当前值和存储在处理单元局部内存中的值。图 1-2 为前向神经网络的简单框图。

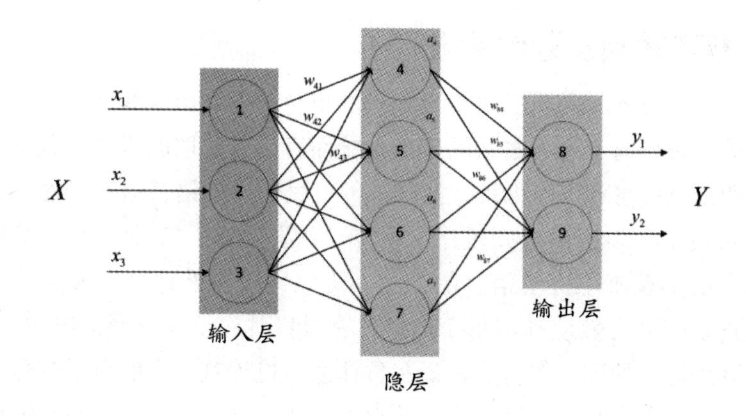

图 1–2　前向神经网络

神经网络最为突出的优点就是无须建立数学模型，只需知道输入空间和输出空间，就可以建立输入空间到输出空间的某种映射关系。而且，神经网络可以对输入空间进行划分，从而降低了映射的误差，使得相近的输入有着相近的输出。对于控制对象为未知系统和难以建立数学模型的控制系统，选择神经网络方法可以达到良好的控制效果。神经网络对控制领域有吸引力还在于其本质上是非线性系统，可以多输入、多输出，能自适应进行学习以适应环境的变化。

非线性动态系统中最常用到的神经网络为多层反向传播（BP）网络和径向基函数（RBF）网络，此外，还有典型的反馈网络——霍普菲尔德（Hopfield）网络。正是神经网络控制具有许多的优点，其作为智能化的控制工具被广泛应用于模式识别与图像处理、控制及优化、金融预测与管理等众多领域。

第二节　工程机械智能化与信息化发展概况

进入 21 世纪，网络信息化、计算机智能化在工业技术领域得到了长足发展。在现代化的机械工厂，从材料的输入、装卡定位、机床启停、参数调整、切削加工，工件拆卸到运输均可实现全数字化、全自动化，无人值守；一辆普通轿车可以装备数十个微计算机控制单元，如发动机电子控制单元、变速器自动调节系统、自动防抱死系统、远程定位通信服务系统以及车载影音系统等，这些部件的核心是计算机微控制器，计算机微控制器通过传感器感知外界动态信息并接收驾驶员操作指令，通过内部核心控制策略进行智能分析判断，输出控制指令，准确、及时地控制执行元件做出响应，达到理想的控制目的。计算机技术的高速发展与快速更新给各种传统行业带来了深刻的影响，工程机械行业也不例外。

一、国外发展概况

国际市场上工程机械技术产品曾被美国、日本、俄罗斯等国家的国际大型企业集团垄断。本书以卡特彼勒的988H型轮式装载机（见图1–3）和797F型矿用卡车（见图1–4）为例，介绍国外工程机械智能化、信息化的发展概况。

图1–3　988H型轮式装载机

图1–4　797F型矿用卡车

（一）988H型轮式装载机

①燃油管理系统。该系统用于装载作业时，可节省燃油高达15%，降低每个作业周期中除挖掘部分以外所有部分的发动机速度，从而将对生产力的影响降到最低，同时节省大量燃油。

②自动怠速降挡功能。如果司机有一段时间没有主动操作机器，系统将暂时降低发动机速度以节省燃油，在发动机自动降低速度后，只要司机操作挡位开关或方向盘，系统便会自动恢复发动机速度到之前的设置。

③发动机怠速停机功能。在机器处于安全怠速状态较长时间后，发动机会自动停止。

④负载控制系统。该系统可帮助设备拥有者和司机管理车辆有效负载及产生准确的物料运输记录，这种高级电子控制系统专为行驶中称重而设计，准确度为±1%，可对1000辆车以及25种不同物料进行存储记录。

⑤自动限位装置。利用该装置司机可从舒适的驾驶室轻松设置卸载高度或铲斗角度，当需要进行装载作业时，此功能可增强灵活性，提高生产率。

⑥卡特智讯系统：该系统可获取有用信息以保证工作按计划进行，保持机器正常的工作状态，并降低车队运营成本。

（二）797F型矿用卡车

在很多矿山企业，巨型矿山机械每天工作时间长达12h，常常是一个司机，坐在4层楼高的驾驶室里，忍受噪声、浮尘、酷暑和寒冷等恶劣工作环境，而797F型矿用卡车的远程遥控操作功能使得操作者只需坐在舒适的办公室里即可驾驶重达上百吨的这一巨无霸完成各种工作任务。

①IMS3G监控系统。该系统实时提供重要的机器运行状况及有效负载数据，保证其性能始终处于高生产水平，机器上的传感器使VIMS系统能够迅速交换和监控所有系统传来的信息。维修技师可在办公室、车间或驾驶室内迅速下载数据，生成报告。数据可用于提高定期维护计划的效率，尽量延长部件使用寿命，提高机器利用率并降低运营成本。

②生产和有效负载管理系统。该系统可用于提高卡车或装载工具的效率，以及车队的生产能力，延长卡车机架、轮胎和动力传动部件的寿命，同时降低运营和维护成本。

③外部有效负载指示器。该指示器用于指示操作员何时停止装载，以达到最佳有效负载，从而避免过载。

④道路分析控制。该系统通过监控机架的左右和上下颠簸来监控运输路况，以确定维护保养周期，延长机架和轮胎的寿命，并提高燃油效率。

从上述两个案例可以看出，国外的智能化工程机械已具备集成化操作与智能控制、远程监控与智能维护、工程机械智能化管理等功能。

二、国内发展概况

相对于美国、德国等发达国家，我国工程机械技术发展起步较晚，但经过多年发展现已经取得了相当大的进步，从新中国成立后的精密化、大型化机械发展目标转向了如今的自动化、信息化发展方向。从20世纪60年代起，国内的工程机械企业在从国外引进、自主研发、坚持创新中不断发展。现阶段，根据机械设备的运行特点、功能等，我国工程机械的设计与制造单位渐渐地将工程机械与智能化、信息化等现代操作系统相结合，使得工程机械的操作自动化程度、作业精确度等都有了巨大提升。近年来，我国工程机械技术发展已经不再局限于单单引进国外先进技术和研发经验，我国已经走上自主研发的道路。在房地产投资增长、基础建设投资增长等多重利好条件下，我国工程机械行业发展持续性显著超预期。房地产建设和城市建设让工程机械需求增长，2011年我国工程机械销量出现历史巅峰，挖掘机销量也维持同比高增速，行业产量保持持续上涨态势。政府相关部门对工程机械的政策支持和资金扶持力度不断增大，这显著提高了工程机械的生产量及出口量。另外，虽然我国是机械生产大国，在生产方面的能力较强，在某些机械制造技术的特定领域，我国已经处于世界先进水平，但是离机械生产强国和机械技术强国还有一定的距离，特别是在工程机械的智能化、信息化等方面还有很大的提升空间。目前我国的工程机械智能化已经进入了高速发展阶段，但一些关键零部件如变速器、电子控制器和高压液压件等仍严重依赖进口，成为影响我国工程机械智能化快速发展的制约因素。

三、工程机械智能化与信息化的主要发展方向

工程机械信息化与智能化指的是在工程机械中应用信息集成与智能控制技术，使工程机械具有一定的自我感知、自主决策和自动控制的功能，可归类于工业智能机器人范畴。随着科技的进步和现代施工项目大型化的需求，新一代工程机械不仅需要实现集成化操作和智能控制，而且需要将它们组成基于网络的智能化机群协同控制系统，以获得项目施工的高效、低耗，并在尽可能短的时间内完成项目施工任务。工程机械产品的信息化与智能化已成为当今世界工程机械的重要发展方向之一。

工程机械应用计算机微控制器，通过传感器感知外界动态信息并接收司机操作指令，通过内部核心控制策略进行智能分析判断，输出控制指令，准确、及时地控制执行元件做出响应，从而达到理想的控制目的。相关智能控制包括发动机智能控制、传动系统控制、调平系统控制、整机热管理系统控制、计量系统控制、空调管理系统控制、车载影音娱乐系统控制以及各种工程机械专业核心控制。

工程机械的信息包括售前信息与售后信息。售前信息是指产品销售之前，其自身所有的相关信息，是产品品质的先天因素；售后信息是指产品销售之后，在

各种外界条件（如使用、运输、存储、保养与维修等）下的相关信息，是产品品质的后天决定因素。如果工程机械的售前信息与售后信息得到有效集成并方便读取，机器的使用、管理、故障诊断与维修维护、寿命预估、二手转售评估、按揭销售风险管控、租赁管理等将变得更加方便、快捷、准确，可保证相关各方利益。

（一）发动机智能控制

工程机械发动机通常采用柴油机，其智能电控系统由发动机微控制器、高速电磁阀和各种传感器等组成。柴油机智能电控系统通过控制最佳的燃油喷射时间、喷油压力和喷油量等，有效地调整发动机动力输出与负载，在满足发动机动力要求的基础上，提高燃料的利用率，确保发动机排出的废气符合环境控制法规要求。其基本工作原理是微控制器根据发动机曲轴转速和油门踏板信号，以及水温、进气温度、进气压力和进气量等输入信号，按照预置的控制策略确定出最佳喷油量与喷油正时。系统一般还配置控制器局域网络 CAN 总线与整机控制系统进行数据交换，实现整机的智能化协调控制。

（二）牵引 / 变速控制

行驶是工程机械的主要功能之一，不同的工程机械行驶系统动力传动路线差异较大，有发动机与变速器直接连接的，也有发动机与变矩器连接后再连接变速器的，还有发动机与液压泵直接连接的。对于不同机种，牵引 / 变速控制是根据驾驶操作意图，控制机器行驶速度与挡位切换，使发动机运行与行驶系统工况相匹配，从而达到行驶平顺与节约燃料的目的的。

（三）调平系统控制

调平是多种工程机械共同的功能需求，但不同工程机械对于调平系统的功能要求各具特点。摊铺机要求作业中熨平板的高度与道路设计标高线保持一致不变，使最终完成的摊铺路面平整，因此调平系统需要调整浮动熨平板的牵引铰点，消除整机由路基起伏引起的高程波动，使熨平板在摊铺过程中始终保持在理想高度附近。平地机和推土机的调平是在作业过程中自动控制铲刀高度液压缸，使刮铲面保持一定高度，减轻驾驶人员的劳动强度并提高作业效率。路面铣刨机、路面再生机和桥梁运输车等也都需要不同的调平系统。

调平系统通常由传感器（高程、角位移传感器）、控制器、人机界面和执行元件（比例、开关电磁阀）组成。调平系统可以独立组成系统，也可以与整机控制系统进行协调控制。徕卡公司的 3DGPS 平地机控制系统，由定位基站接收全球定位系统（GPS）卫星的时间和位置信息，平地机接收基站与GPS卫星信号并综合坡度传感器信号，计算出平地机铲刀准确方位，同时调取系统计算机内置的工程设计数据，由铲刀控制器将铲刀控制在理想位置，驾驶员无须操作铲刀，可显著提高平地效果与作业效率。

（四）机电一体化

机电一体化是液压挖掘机的主要发展方向之一，其最终目的是机器人化，实现挖掘机全自动运转。作为工程机械主导产品之一的液压挖掘机，在近几十年的研究和发展中已逐渐完善，其工作装置、主要结构件和液压系统已基本定型。人们对液压挖掘机的研究，逐步向机电液控制方向转移，控制方式不断变革，使挖掘机由简单的杠杆操纵发展为液压操纵、气压操纵、电气操纵、液压伺服操纵、无线电遥控、电液比例操纵和计算机直接控制。目前，对挖掘机机电一体化的研究，主要集中在液压挖掘机的控制系统上。

液压挖掘机电气控制系统主要是对发动机、液压泵、多路换向阀和执行元件（液压缸、液压马达）的温度、压力、速度及一些开关量进行检测并将有关检测数据输入挖掘机的控制器，控制器综合各种测量值、设定值和操作信号，发出相关控制信息，对发动机、液压泵、液压控制阀和整机进行控制，主要包括以下几项关键技术。

①油门自学习功能。根据设置的转速，控制系统自动标定对应转速的油门位置并进行记录。

②旋钮挡位识别。该技术可实现油门挡位的自动识别，并根据动力模式等条件判定油门电机执行挡位。

③自动怠速。当系统开启自动怠速功能，且工作压力开关和行走压力开关均断开一定时间后，发动机进入自动怠速（1350 r/min）。自动怠速退出条件是工作压力开关和行走压力开关闭合，则回到设定转速或进入机械怠速。当油门旋钮对应的挡位速度低于自动怠速速度时，以油门旋钮设定速度为准。

④自动暖机。开启自动暖机功能后，若启动系统时检测到水温低于10℃，系统执行自动暖机功能，将发动机速度调到自动怠速挡，自动暖机退出条件为时间累计10 min或者水温高于30 ℃，显示器提示自动暖机信息。

⑤过热保护：当发动机冷却水的温度$T \geqslant 105$ ℃时，控制器自动控制系统下降一个挡位以保护发动机；当发动机冷却水的温度$T \leqslant 95$ ℃时，过热保护功能自动取消；发动机过热保护和返回正常功能控制确认时间均为2 min。

⑥发动机恒功率控制。H 模式，即重负荷挖掘模式，发动机油门处于最大供油位置，发动机以全功率投入工作；S 模式，即标准作业模式，液压泵输入功率的总和约为发动机最大功率的 90%；L 模式，即普通作业模式，液压泵输入功率的总和约为发动机最大功率的 80%。

⑦发动机与液压系统匹配控制。根据具体工况，在主要考虑动力性时，发动机恒功率输出，通过控制泵的排量发动机的转速和负荷率始终保持不变；在主要考虑经济性时，发动机变功率输出，始终以最适宜的输出功率运转，同时根据外负荷变化控制泵排量的变化，发动机按燃料经济性最好的理想负荷运转。通过上述两种控制方式的组合，发动机在整个转速范围内都能适应负荷变化，保持高利用率、最佳的动力性和经济性，液压系统具有较高的传动效率，整个负荷驱动系统具有自适应能力且具有最高的综合性能指标。

（五）基于产品全生命周期的工程机械数据集成管理

只有了解掌握工程机械产品的基本状态，进行故障诊断、产品寿命预估等，全面掌握产品的各种信息数据，才能做出准确的判断。基于产品全生命周期的工程机械数据主要分为两个阶段进行采集：①产品设计制造阶段，采集设计信息、制造信息、配套件信息和调试试验信息，这些信息是产品品质的先天因素；②产品使用维护阶段，主要采集验收试验信息、运行状态信息、保养维护信息和产品维修信息等。

现代工程机械产品通常是机电液仪多系统集合的复杂产品，选用的零配件成百上千，涉及不同材料、不同形态以及不同供应商，产品的准确描述需要大量的各种设计数据、加工数据、调整参数和使用工况数据等。工程机械产品面对的施工工况常有高温酷暑、风霜雨雪、振动冲击和粉尘等，十分严苛，大批量工程机械产品数千小时的使用，将形成海量的产品运行状态数据、环境数据和保养维修数据。将这些工程机械产品设计制造、使用维护的全生命周期数据进行集成管理，可全面支持产品售后服务，支持基于配置的设备维护计划和维修备件管理，支持基于历史数据、专家系统和故障信息的远程故障诊断和设备监控，同时支持基于历史运行维护数据的数据挖掘、统计分析，为产品的设计优化、制造工艺以及质量控制提供实用可行的改进途径与方法。

（六）工程机械远程监控

随着现代计算机、网络技术和地理信息技术的快速发展，远程监控与服务技术已应用于许多行业，如公交、出租车、物流、农业机械以及军事领域等。在工程机械行业，利用互联网和数据库等技术，可以实时监测工程机械所处位置，监测产品实时运行状态，发现产品可能的极限工作状态，及时准确地针对各种参数做出不同等级的报警，直至直接参与控制、防止危险发生。监控服务平台可以提供大量与产品相关的服务，包括故障诊断服务、呼叫/信息查询服务、服务人员调度、车辆残值评估和销售趋势评估等，为工程机械生产厂商、经销商以及最终用户，提供不同的个性化服务，从而增强生产企业的竞争能力，提高用户的企业管理水平与生产效率，实现工程机械相关方合作多赢的良性伙伴关系。

第三节　智能化工程机械及其关键技术

一、工程机械的智能化控制系统

（一）工程机械控制器的现状

高可靠性的控制器是自动化控制系统的核心，在各种复杂工程机械中占据极其重要的地位。目前工程机械控制器的市场几乎全部被国外产品占据，如德国的力士乐和西门子、芬兰的 EPEC、日本的三菱等。

图 1–5 是力士乐公司的工程机械专用可编程逻辑控制器（PLC），该控制器采用 16 位嵌入式微处理器，具有 2 路比例输入，2 路频率输入，4 路开关量输入，2 路比例输出，2 路开关量输出，以及控制器局域网络（CAN）总线和 RS232 接口。

图 1–5　德国力士乐公司的工程机械专用 PLC

图 1–6 是芬兰 EPEC OY 公司生产的 EPEC 控制器，该控制器有 52 个 I/O 接口，具有 8M 闪存，8M DRAM 和 512K SRAM，有 2 个 CAN 点线和 2 个 RS232/RS485，处理器相当于 486 微机的水平，可以直接驱动 12 片电液比例阀，配有专门的显示屏，具有防水、防电磁干扰、抗冲击等功能，又被称为重型设备的移动个人计算机监控器。EPEC 控制器可以说是新一代控制器的典型代表，丰富的接口，人性化的界面，使其获得了更广泛的认同。

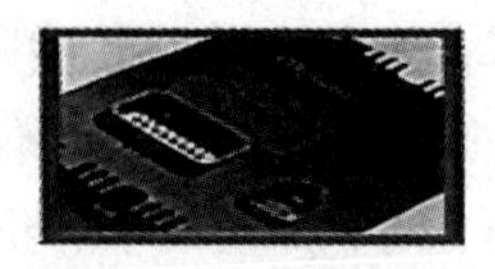

图 1-6　芬兰 EPEC OY 公司的 EPEC 控制器

（二）工程机械控制器的发展趋势

目前工程机械控制器的一个发展趋势是人性化和网络化。以往的工程机械控制器功能比较单一，所实现的功能只是将面板的按钮转换为系统指令，以及监测系统状态、进行数据采集等。这些控制器力求稳定可靠，并且尽可能使控制简单快捷。但是如今随着社会生产节奏日益加快，人们更加注重提高工作效率以及驾驶员操作的方便性和舒适性，采用大屏幕的液晶显示器使控制器的显示界面更加人性化。工程机械控制器不仅强调本地控制功能，还应实现远程网络通信功能，具备各种通信接口，包括网络、CAN 总线等，通过无线通信模块，可以将本机状态发送到远程控制中心和其他的工程机械，从而可以方便地进行交互和工作调度。图 1-7 是一种基于 CAN 总线的工程机械网络化控制系统，下位控制器实现电液比例伺服控制、传感器信号采集、操作控制等基本自动控制功能，上位控制器实现人机操作界面、仪表显示控制和 GPS 定位等高级控制功能，辅助控制器实现一些辅助的控制功能，如安全报警、远程通信等。

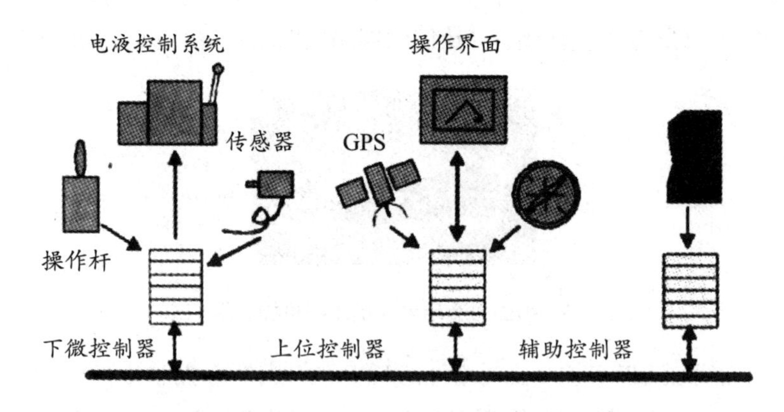

图 1-7　基于 CAN 总线的工程机械网络化控制系统

工程机械控制器的另一个发展趋势是集群化和智能化。现在的新型控制器，很多要求实现 GPS 的功能。对于一项道路工程建设，施工现场可能绵延几十千米，物料的调度和管理非常复杂，因此在工程车辆运行的过程中，时刻掌握每辆车的位置及状态，对于生产调度管理、合理配置资源有着非常重要的意义。所以一些控制器上带有GPS模块和无线通信模块。GPS模块负责随时获取本机的地理位置，无线通信模块则可以将GPS信息和车辆信息定时向管理中心发送。值得注意的是，GPS模块已经在工程机械上使用得越来越广泛，不仅用来定位车辆地理位置，甚至高精度的模块已经用来定位挖掘机铲斗的角度，直接在施工中作为路面基准。图1–8是美国天宝公司的施工定位设备，通过GPS可以确定施工基准，甚至可以控制挖掘机的铲斗角度。

图1–8　美国天宝基准设备

二、施工过程的机群智能化控制

（一）国内外机群智能化作业的研究现状

在公路路面施工作业过程中，需要装载机、搅拌设备、自卸汽车、摊铺机、压路机等多种类型的工程机械协调作业。采用信息技术、通信技术和智能控制技术，可以实现工程机械与施工环境的协调、工程机械与施工任务的统一，达到缩短施工周期、有效利用施工资源的目的。

目前一些先进的工程机械公司已在新型的装载机、平地机、挖掘机、摊铺机、压路机上安装了远程无线通信系统、GPS定位系统和车载计算机装置，将机械的工作参数、工作进程等一系列信息通过无线通信系统进行监控和管理。

具有代表性的是卡特彼勒公司的采矿铲土运输机群动态管理系统（CAES），如图1–9所示。该系统包括GPS定位单元、实时机器状态显示与高速无线通信单元、施工现场动态物流管理单元。双向无线通信系统将施工机械的位置、状态信息实时地传输到管理中心，管理中心结合施工机械的数据产生一个集成的实时作业模型，使施工管理人员能在接近实时条件下对现场作业进行监控，同时作业管理系统通过最佳施工物流分析，产生新的施工方案，并将每一台机器的最佳运行位置、速度、路线、载重量传送给相应设备的监控单元。在工程机械工作过程中，机载系统接收整个无线网络中的铲土运输数据、工程数据或现场规划数据。这些数据都显示在驾驶室内的显示屏上，司机在驾驶室内能直观地了解机器的作业位置，根据最佳的施工方案准确地判断需要挖掘、回填或装载的土方量。

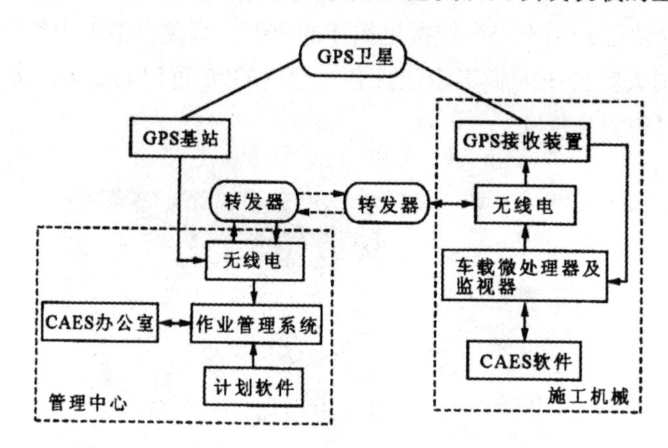

图 1–9　卡特彼勒公司的 CAES

CIRC 是受欧盟资助的新一代路面施工工程机械的控制和监测系统，该系统可以在施工机械之间以及施工机械与控制中心之间建立数据通信联系，实现机群的协调作业。CIRC 目前的产品为压路机（如 CIRCOM）和摊铺机（如 CIRPAV）。CIRCOM 的目标是辅助驾驶员完成作业任务，并且记录自身的实际工作状态；CIRPAV 的目标是辅助驾驶员保证正确的摊铺轨迹和摊铺速度，对自身的找平系统进行精确控制，同时记录自身的实际工作参数，并将其传送到控制基站，这样便于进行全局质量控制。CIRCOM 的施工原理见图 1–10。

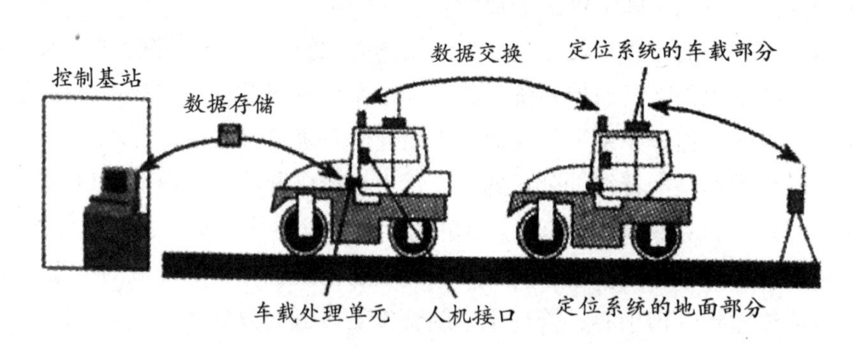

图 1–10　CIRCOM 的施工原理

CIRCOM 和 CIRPAV 都包括地面子系统、定位子系统和车载子系统。

地面子系统即控制中心，它负责向工程机械提供施工前的作业现场参数信息，当施工完成后，它负责对施工结果进行记录和统计。定位子系统集成了全球定位系统（GPS）、雷达、编码器、光纤陀螺，用于提供工程机械的位置和姿态信息。车载子系统用于辅助驾驶员进行操作，处理和记录指令和状态信息，以及和其他工程机械进行数据通信。国内一些主要的工程机械生产和科研单位都已参加了“智能化工程机械”的研究开发工作，如徐州工程机械集团有限公司、三一重工股份有限公司、天津工程机械研究院，目前已经完成了道路施工机械中的装载机、自卸车、摊铺机和压路机等单机的智能化改造工作，并掌握了机群智能化工程机械系统的设计和制造技术，下一个目标将是自主开发的机群智能化工程机械在实际的高速公路工程中的示范应用。

（二）智能化工程机械机群施工过程控制技术

路面施工是一个大型化、机械化、复杂化的生产和流水作业的过程，要根据施工状态与生产目标对资源进行实时任务分配，达到机群资源的最优配置、最高的工作效率和最佳的工程质量。根据施工机群分布性、多目标和动态性的特点，以往的集中控制无法满足施工控制要求，需要研究新的网络化、分布式智能控制技术，准确地反映施工机群的静态结构和动态运行过程。

分布式人工智能（DAI）研究的问题一般包括分布式问题求解（DPS）和多主体系统（MAS）。分布式问题求解考虑怎样将一个特殊问题的求解工作在多个合作的、知识共享的模块或节点之间划分。在多主体系统中，主要研究一组自治的智能主体之间智能行为的协调。不同技能和自身动作的协调是一个过程，在多主体系统中非常重要。目前 DAI 技术已经被广泛应用于商业、制造业、交通运输和建筑业。在工程机械应用中，人们研究了一种基于智能体的自动垃圾处理协作系统，其目标是实现多个设备之间的协作；提出了一种多智能体工程预算方法，用于控制工程机械的施工管理过程。在工程机械机群施工过程中采用分布式人工智能技术是一种有效的解决方案。多智能体控制技术应用于工程机械机群智能化的核心在于每个主体的智能或推理功能都很简单，但当协调工作时，它们能够完成十分复杂的任务。

多智能体控制技术在工程机械机群施工过程的应用主要有以下几个方面：①基于多智能体控制的施工体系研究多智能体控制体系结构是分析多智能单元之间的信息关系和控制关系以及问题求解的主要方式。构建多智能体控制体系结构是研究智能控制问题的基础。任务的分解与分配、信息集成与通信都基于多智能体控制体系结构，其对整个施工过程控制的研究具有重要的意义。②在机群施工作业过程中人的参与和指导是十分重要的，可以充分发挥机器智能解决问题的能力。人机执行各自擅长的任务，从而实现人机的最佳协同合作。③机群施工过程中智能控制单元的相互协调通过信息流和物料流联系起来。由于每一智能控制单元施工目的不同，其信息流有很大的区别，只有建立完善的信息流才能实现智能控制的目的。④协同决策考虑的是多个主体参与的决策过程，由于各智能控制体的功能和控制对象往往存在矛盾冲突，因此冲突识别和消解是协同设计所有多智能主体系统的关键问题。

利用机器人技术、数字化技术、网络技术、智能技术与高性能计算技术对传统机械产业进行改造提升，发展智能化工程机械，是一个具有行业带动性的、在国家经济建设中具有全局性的重大问题。

第二章　工程机械中的智能化方法

第一节　多层 BP 网络

一、BP 网络理论

目前，在人工神经网络的实际应用中，绝大部分的神经网络模型是误差反向传播（BP）网络及其变化形式，其是人工神经网络最精华的部分。BP 学习算法由正向传播和反向传播组成。正向传播是输入信号从输入层经隐层传向输出层，若输出层得到了期望的输出，则学习算法结束；否则，转至反向传播。反向传播就是将误差信号（样本输出与网络输出之差）按原联结通路反向计算，采用梯度下降法调整各层神经元的权值和阈值，使网络产生的输出更接近于期望的输出，直到满足确定的允许误差。BP 网络的优缺点：①网络结构简单，易于硬件实现；②具有广泛的适用性，BP 网络是目前在工程实践中应用广泛的神经网络；③存在局部极小值问题，原因是 BP 算法采用梯度下降法，对于复杂网络，其误差为多维空间曲面，成碗状，碗底是最小值，但碗的表面凹凸不平，在训练过程中，可能陷入某一误区，即局部极小值；④网络训练速度慢，主要是由学习速率太小造成的，学习速率过大则可能导致网络不能收敛。

多层 BP 网络的结构如图 2–1 所示。网络的输入、输出信号，每一神经元用一个节点表示，网络由输入层、隐层和输出层节点组成，隐层可一层也可多层，层间节点通过权联结。由于采用 BP 学习算法，所以称其为 BP 神经网络。

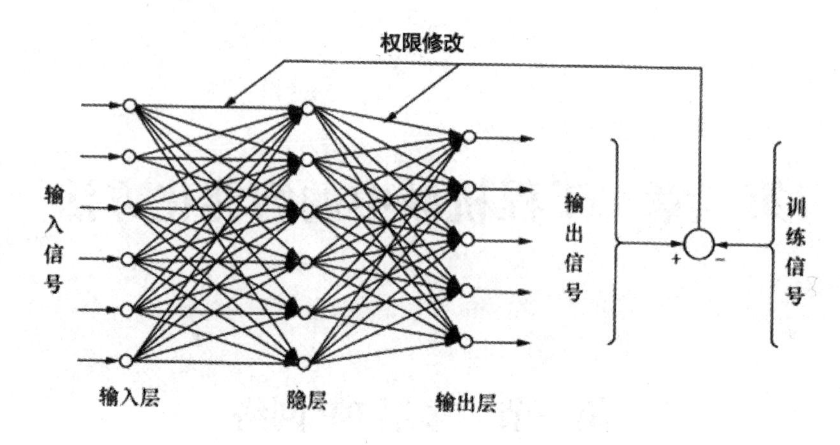

图 2-1　多层 BP 网络的结构

二、面向 MATLAB 的 BP 神经网络原理

在 BP 神经网络中经常使用对数 S 型函数、正切 S 性函数和线性函数作为神经元的传递函数。对数 S 型函数产生 0 ～ 1 的输出，而正切 S 型函数产生 -1 ～ 1 的输出。所以在多层 BP 神经网络中，采用不同的传递函数将得到不同范围的输出，如果采用线性函数就可以得到任意大小的输出值。对 BP 神经网络来说，传递函数的可微性尤其重要，因为在 BP 神经网络的训练算法中要求传递函数必须可微。在 MATLAB 中，上面三个函数，tansig、logsig 和 purelin 都有对应的微分函数 dtansig、dlogsig 和 dpurelin，要得到与传递函数对应的微分函数，只需要用“deriv”调用该函数就可以了。

在程序的设计中采用了 MATLAB 提供的神经网络工具箱中的图形用户界面。图形用户界面有一个独立的窗口 GUI Network/Data Manager 窗口。这个窗口和 MATLAB 的命令窗口相分离，但是人们可以通过 GUI Network/Data Manager 窗口中的选项“export”将数据结果输入命令窗口中，通过“import”选项将命令窗口中的数据输入 GUI Network/Data Manager 窗口中。一旦图形用户界面运行，就可以创建一个神经网络，而且可以查看它的结构，对其进行仿真和训练，当然还可以输入和输出数据。

（一）BP 网络对非线性函数的逼近能力

将 BP 网络直接充当反馈控制系统中的控制器。如图 2-2 所示为一般反馈控制系统原理图。当 BP 网络充当控制器时，其工作原理如下：

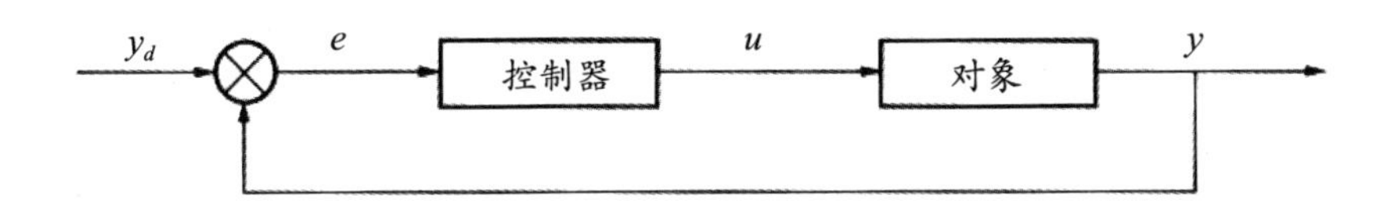

图 2–2　一般反馈控制系统原理图

设控制对象的输入 u 和系统输出 y 之间满足函数 $y=g(u)$。控制的目的是确定最佳的控制量输入，使系统的实际输出等于期望的输出。在该系统中，可把神经网络的功能看作输入输出的某种映射或函数变换，并设它的函数关系为 $u=f(y_d)$。为了满足系统的输出 y 等于期望的输出 y_d，将前两式代入，可得 $y=g[f(y_d)]$。显然，满足 $y=y_d$ 的要求。

由于神经网络控制的控制对象一般是复杂的且多具有不确定性，因此 $g(\cdot)$ 是难以建立的，但通过系统的实际输出 y 与期望输出 y_d 之间的误差来调整神经网络中的联结权值，即让神经网络学习，直至误差 $e=y_d-y$ 趋于零的过程，就是神经网络模拟 g–1（·）的过程，它实际上是对控制对象的一个求逆过程。由神经网络的学习算法实现这一求逆过程，就是神经网络实现直接控制的基本思想。为此，要利用 BP 神经网络，首先要讨论它对非线性函数的逼近能力。下面用加噪声的正弦信号来测试 BP 神经网络逼近非线性函数的能力，并测试 BP 神经网络几种常用训练算法的优劣。

建立的网络采用三层网络 5 输入 5 输出，隐层取 8 个节点。隐层采用非对称 S 型函数，输出层采用对称 S 型函数，如图 2–3 所示。为了测试该网络的性能，第一个输入采取有噪声的正弦信号，训练样本如图 2–4 所示，在标准正弦波上叠加一个噪声信号，模拟实际应用时的情况，用加噪声的正弦信号作为训练信号检测网络性能是可行的。

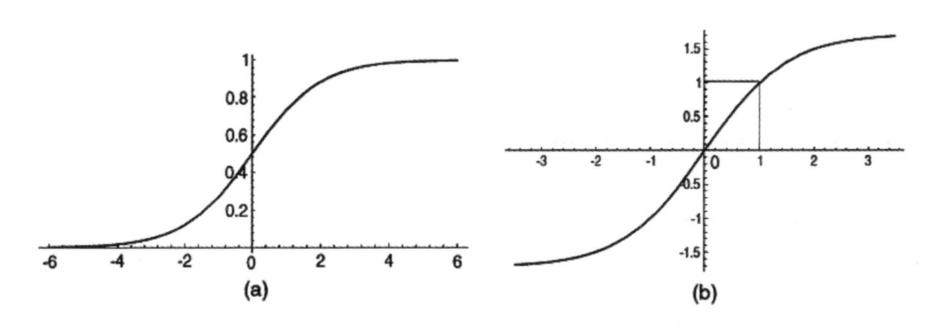

图 2–3　非线性函数

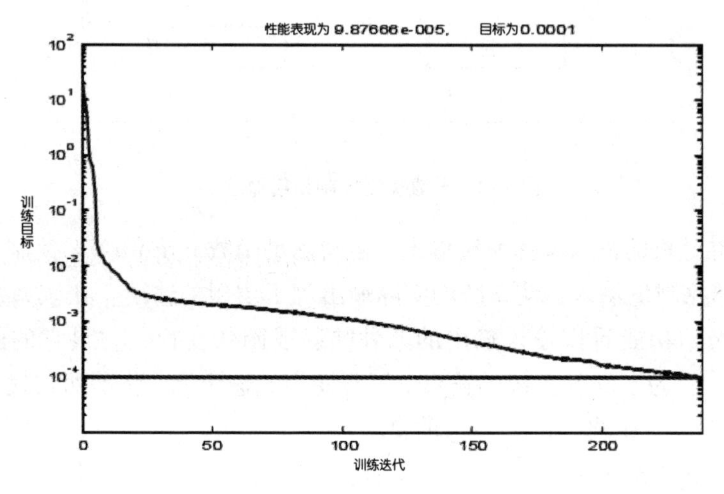

图 2–4 BP 网络训练样本

（二）批梯度下降训练函数

批梯度下降训练函数（traingd）有 7 个参数：Ir、epochs、goal、show、time、min_grad、max_fail。Ir 是网络的学习率，它的值越大，权值和阈值的调整幅度越高。但是如果学习率太高，就会使网络的稳定性大大降低。show 用于显示每次训练的状态，如果它的值是 NaN，训练状态将不会被显示。如果网络的训练次数大于 epochs，网络的性能函数值小于 goal 或者训练时间超过了 time，网络的训练都将停止。参数 max_ fail 的值与初期终止技术有关。采用 traingd 训练函数训练网络，无论是误差还是收敛速度都不能满足要求。所以，通常采用改进的训练算法。

（三）有弹回的 BP 算法

多层 BP 神经网络，常常使用 S 型函数。S 型函数的特点是可以把无限的输入映射到有限的输出，而且当输入很大或者很小的时候，函数的斜率接近于 0。这使得在训练具有 S 型神经元的多层 BP 神经网络时，计算出的梯度会出现小的情况，网络权值和阈值的改变量也很小，从而影响了网络的训练速度。

采用有弹回的 BP 算法（trainrp）就是为了解决这个问题，以消除梯度模值对网络训练的影响。在该算法中，梯度的符号决定了权值和阈值的变化方向，而梯度的模值对权值和阈值的变化不起作用。这里是通过单独的参数来更新网络的权值和阈值的。当网络性能函数对某权值的微分在连续的两个训练周期内具有相同的符号时，该权值的改变量将通过参数 delt_ inc 得到增加，反之就通过 delt_ dec 来减小。如果该导数为 0，那么权值的改变量保持不变。

函数 trainrp 的参数包括 epochs、show、goal、time、min_grad、max _ fail、delt_ inc、delt_dec、 delt0、deltamax。其中后两个参数是初始步幅和最大步幅。

（四）比例共轭梯度算法

共轭梯度算法需要在每个训练周期中线性地搜索网络的调整方向，这种线性的搜索方式在每次搜索中都要多次对所有样本进行计算，这样就消耗了大量的时间。而比例共轭梯度算法（trainscg）就是将模型信赖域算法与共轭梯度算法结合起来，有效地减少了搜索时间。

函数 trainscg 的训练参数包括 epochs、how、goal、time、min_grad、max_fail、sigma、lambda。参数 sigma 定义了权值二阶导数的近似值，lambda 控制了赫赛函数的不确定性。

第二节 RBF 网络

径向基函数（RBF）网络是由一个隐层（径向基层）和一个线性输出层组成的前向网络，RBF 网络与含一个隐层的 BP 网络结构相似，只是隐层的激活函数不同。BP 网络隐层的激活函数一般一般是 S 型函数，RBF 网络隐层的激活函数一般是径向基函数。

RBF 网络的隐层采用聚类方法计算函数的输出。将任一输入送到 RBF 网络时，隐层中的每个神经元都将按照输入矢量接近每个神经元的权值矢量的程度来输出其值。结果是，与权值相离很远的输入矢量，使隐层的输出为零，而任意非常接近输入矢量的权值使隐层输出接近 1 的值。隐层的权值与输出层的权值加权求和后作为网络的输出。理论证明，只要隐层有足够的神经元，一个 RBF 网络可以以任意的期望精度逼近任何函数。RBF 网络的优缺点：①收敛速度快，相对 BP 网络，训练 RBF 网络要比训练 BP 网络所花费的时间少得多；② RBF 网络具有唯一最佳逼近的特性，且无局部最小值问题；③ RBF 神经元数随输入空间的增大迅速增加，这是因为 RBF 网络只对输入空间中的一个较小的范围产生响应；④隐层节点的中心难求，限制了其广泛使用。

一、RBF 神经网络结构

对神经网络控制系统的研究，在过去的十几年中得到了广泛的关注，主要是因为：①神经网络表现出对非线性函数的较强逼近能力；②大多数控制系统均表现出某种未知非线性特性。但是，由于一般的神经网络存在收敛速度慢、运算量大、易产生局部极小等问题，故神经网络的实际应用受到限制，尤其较难适用于有高精度要求的控制系统。

径向基函数神经网络是具有单隐层的三层前向网络，它模拟了人的大脑中局部调整、相互覆盖接收域的神经网络结构。RBF 神经网络是一种局部逼近网络，已证明它能以任意精度逼近任意连续函数，其结构如图 2–5 所示。

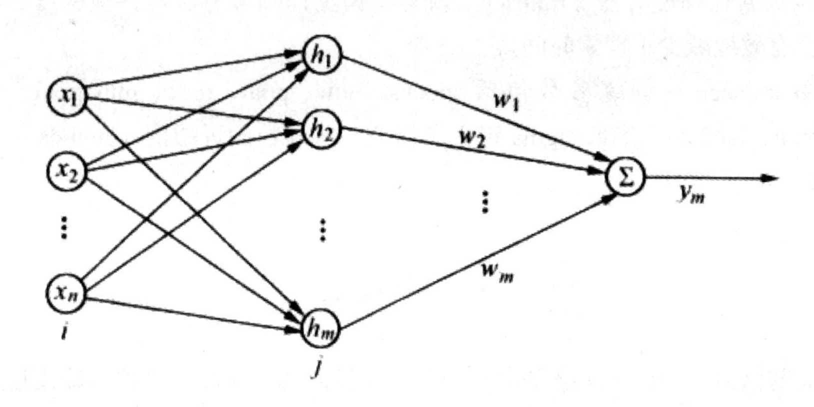

图 2–5　RBF 神经网络结构

径向基函数神经网络最具代表性的是高斯径向基函数神经网络，其具有运算量小、收敛速度快、无局部极小值等优点，这使得神经网络理论在高精度控制系统中的应用成为可能。它的输入到输出的映射是非线性的，而隐层空间到输出空间的映射是线性的，从而大大加快了学习速度，并避免了局部极小的问题。

二、RBF 神经网络学习算法

在目前的 RBF 神经网络应用中，隐层神经元个数可以通过经验来选取，网络中需要学习的参数有 3 个，即 m 个径向基函数的中心向量 c，基函数宽度 b，从隐层到输出层的各连接权值 w。应用梯度下降法计算输出权值和节点中心及基宽度，则 RBF 神经网络的输出权值 w、节点中心向量 c 及节点基函数宽度 b 的迭代算法如下：

$$w_j(k) = w_j(k-1) + \eta[y(k) - y_m(k)]h_j + \alpha[w_j(k-1) - w_j(k-2)] \quad (2\text{–}1)$$

$$\Delta b_j = [y(k) - y_m(k)]w_j h_j \frac{\left\|X - C_j\right\|^2}{b_j^3}$$

$$b_j(k)=b_j(k-1)+\eta\Delta b_j+\alpha[b_j(k-1)-b_j(k-2)] \tag{2-2}$$

$$\Delta c_{ji}=[y(k)-y_m(k)]w_jh_j\frac{x_j-c_{ji}}{b_j^2}$$

$$c_{ji}(k)=c_{ji}(k-1)+\eta\Delta c_{ji}+\alpha[c_{ji}(k-1)-c_{ji}(k-2)] \tag{2-3}$$

在相关文献中给出了该算法的证明，通过仿真验证在 RBF 神经网络隐层神经元数目 m 确定的情况下，该算法比基于聚类法、K 均值法和最小二乘法所组成的混合算法有效。

第三节　Hopfield 网络

Hopfield 网络的结构如图 2-6 所示，其网络特点是，每个神经元的输出都是与其他神经元的输入相连的。

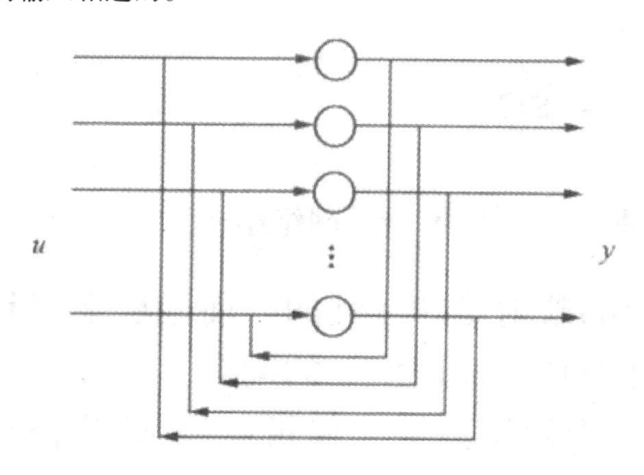

图 2-6　Hopfield 网络结构

根据系统动力学和统计力学的原理，在网络系统中引入能量函数的概念，可得到网络系统稳定性的判定定理（Hopfield 定理）。其网络模型构建的基本原理：只要由使神经元兴奋的算法和连接权系数所决定的神经网络的状态，在适当的兴奋模式下尚未稳定，那么该状态就会一直变化下去，直到预先定义的一个必定减小的能量函数达到极小值时，状态才达到稳定而不再变化。其核心思想是，网络从高能状态转移到最小能状态，则达到收敛，获得稳定的解，实现了网络功能。

Hopfield 网络的优缺点：① Hopfield 网络相对前向网络是一个反馈动力学系统，具备更强的计算能力；② Hopfield 网络有良好的记忆联想能力，因为 Hopfield 网络系统具有若干个稳定的平衡状态，当网络从某一初始状态开始运动后，网络系统总可以收敛到某一个稳定的平衡状态。

由于非线性系统本身的复杂性，涉及随机性、稳定性及混沌现象等问题，因此反馈网络要比前向网络复杂得多，这阻碍了 Hopfield 网络在复杂控制系统中的应用。控制领域对神经网络最感兴趣的是神经网络逼近非线性函数的能力，下面通过具体的例子对前面介绍的三种神经网络加以比较分析。

仿真实验应用的软件平台是 MATLAB，应用 MATLAB 的神经网络工具箱提供的神经网络命令来逼近正弦曲线。分析三种神经网络的曲线逼近程度，BP 网络输出误差及均方差分别如图 2-7 所示。

需要指出的是，当要求的精度较高时，BP 网络的收敛速度变得很慢，图 2-8 是当精度为 0.01 时 BP 网络的工作过程。从图中不难看出，BP 网络运行了千余次，仍无法收敛，且网络一直处于振荡中。当减小学习速率时，收敛速度变得相当慢。RBF 网络输出误差及均方差分别如图 2-9 所示。

在系统内定参数的情况下，RBF 网络可以以很快的速度逼近非线性曲线，且能达到很高的精度。

Hopfield 网络的工作过程如图 2-10 所示。从图中不难看出，对于给定的目标点（-1，1），（1，-1），Hopfield 网络并不能保证状态空间中所有的点收敛于目标点，如点（-1，-1）和点（1，1）两点将收敛于点（0，0）。综上所述，BP 网络由于收敛速度慢，且因其容易出现局部最小值，因此其对输入空间的泛化能力低。

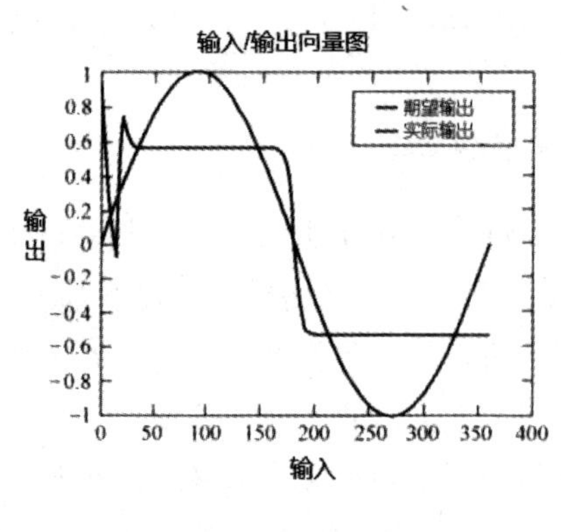

（a）BP 网络对曲线的逼近

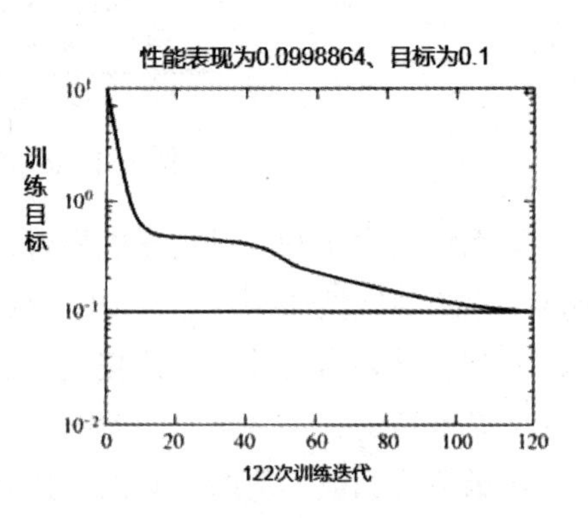

（b）BP 网络的工作过程

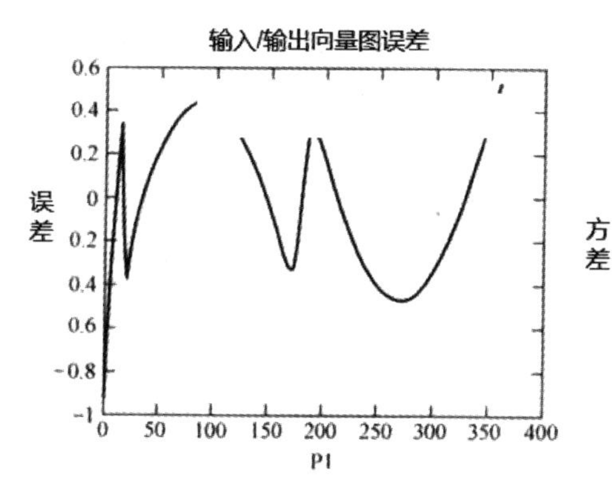

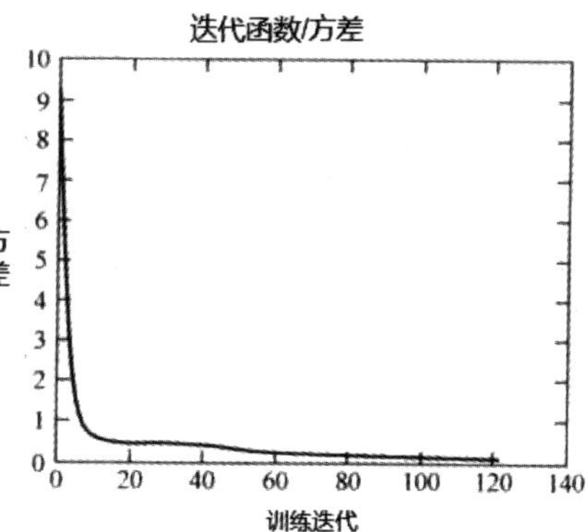

（c）BP 网络目标输出与实际输出之差　　（d）BP 网络均方差

图 2-7　BP 网络

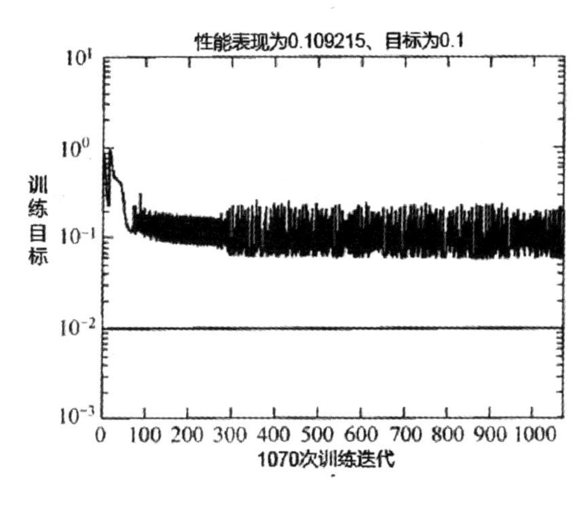

图 2-8　精度为 0.01 时的 BP 网络工作过程

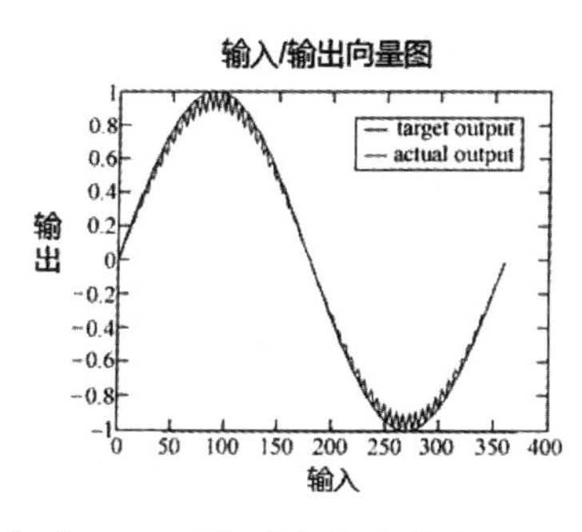

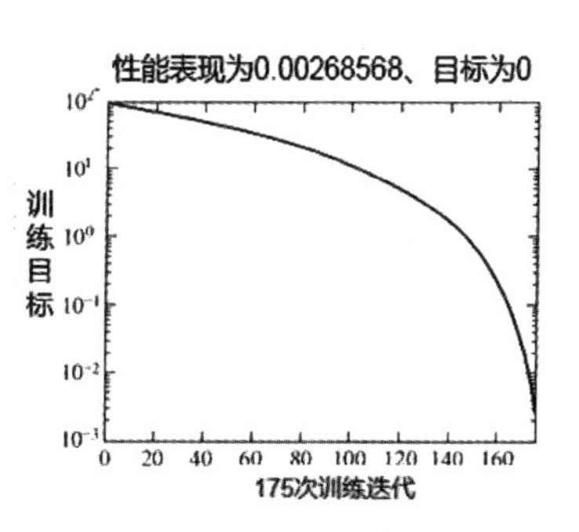

（a）RBF 网络对曲线的逼近　　（b）RBF 网络的工作过程

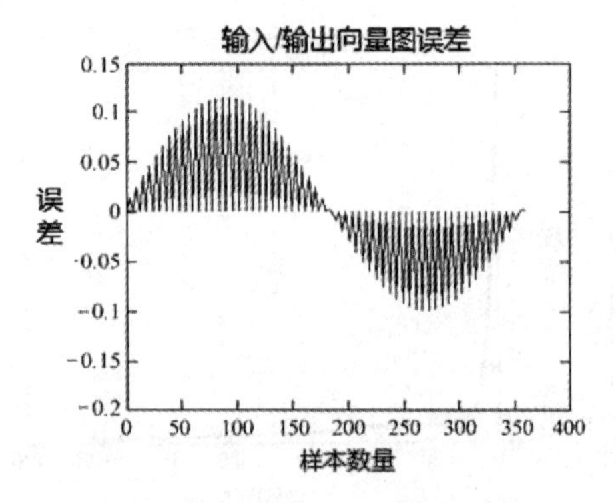

（c）RBF 网络目标输出与实际输出之差

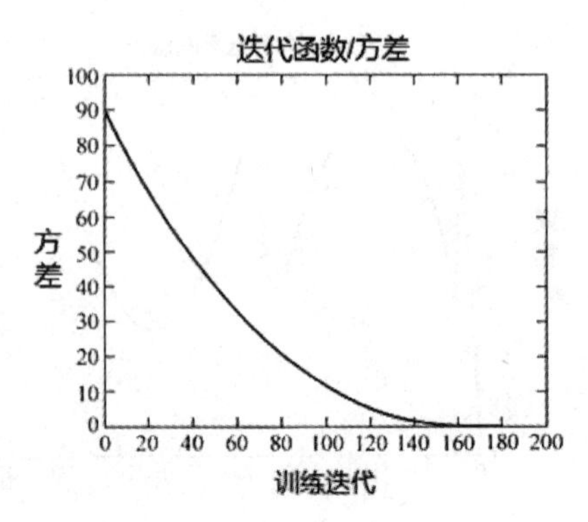

（d）RBF 网络均方差

图 2-9　RBF 网络

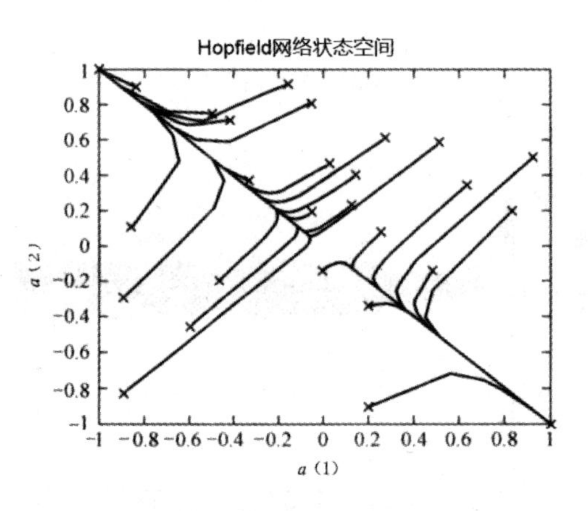

图 2-10　Hopfield 网络工作过程

第四节　CMAC 神经网络

小脑模型关节控制器（CMAC）是阿不思根据埃克尔斯小脑时空模型，在一系列基础论文上提出的。因该网络能够学习任意多维非线性映射，已广泛应用于函数逼近、模式识别与机器人控制等许多领域。与多层前向神经网络这样的全局逼近神经网络相比，CMAC 神经网络在任意时刻的学习都是少数的输出层权值的调节过程，并且是一个线性优化的过程，因此其具有学习速度快的特点，非常适合于在线实时控制。对于大多数的控制问题，完全可以达到与多层前向神经网络相同的控制效果。对 CMAC 神经网络做进一步的改进之后，神经网络的运算速度和计算精度有很大提高；结合模糊系统形成的模糊 CMAC 神经网络更具有较好的稳定性和鲁棒性，在机器人控制领域有着广阔的应用前景。

一、模型结构

CMAC 神经网络的模型结构如图 2-11 所示，它的工作过程如图 2-12 所示。

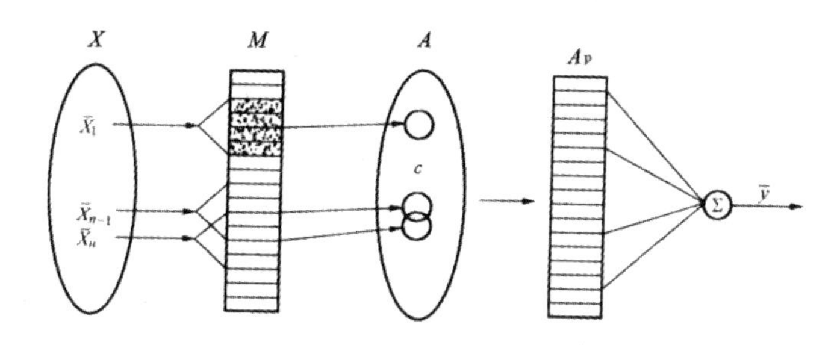

图 2-11　CMAC 神经网络模型结构

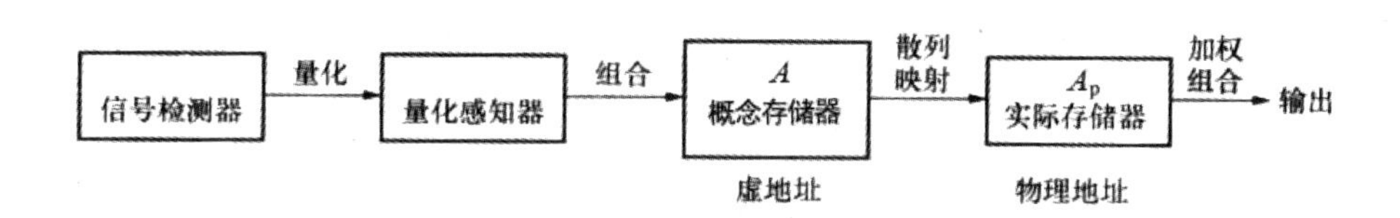

图 2-12　CMAC 神经网络的工作过程

CMAC 神经网络的功能是由一系列的映射实现的。A 为概念存储器，A_p 为实际存储器，c 为泛化常数。CMAC 神经网络的映射过程可分为两步。

第一步映射：$X \to A$。输入空间的输入向量映射到概念记忆空间，映射的基本原则是相近的输入映射到 A 中有一定的重合，而不相近的输入在 A 中相距较远。

第二步映射：$A \to A_p$。从概念存储器 A 到实际存储器 A_p 的映射，由于要学习的问题不会是全部的可能输入，故 A_p 的存储容量要比 A 小得多，这种多对一的映射是通过杂散编码来实现的。

二、工作原理

图 2-13 给出了一个较详细的三维输入、一维输出的 CMAC 神经网络模型，下面结合该图具体说明 CMAC 神经网络的工作原理。

输入 x_1、x_2、x_3 经过量化映射 M 变换为 q_1、q_2、q_3，输入量的最大值 $x_{i\max}$，最小值 $x_{i\min}$，量化等级 q_{iman} 决定了分辨率 $q_{i,}$，即

$$q_i = M(x,\ x_{i\max},\ x_{i\min},\ q_{i\max}) \tag{2-4}$$

式中：输入集合数目 i=1，2，…，m。由于量化等级可以根据需要而增加，因此 CMAC 神经网络可以达到很高的精确度。

接着进行离散的输入量到虚地址的映射，相当于图 2-12 中从 $X \rightarrow A$ 的映射，映射后变为由三段合成的 4 个虚地址（v_1, v_2, v_3, v_4），即每一个 V 都由三段组成，如图 2-13 所示。这样的映射使得 CMAC 神经网络具有泛化能力，即当某一输入量变化一个等级时，只有一个虚地址段变化 1，而其他虚地址段都保持不变，这样，就保证了在相邻量化值的指示权值用的 4 个虚地址中有 3 个是相同的。这意味着，在输入空间中相近的输入量能给出相近的输出。

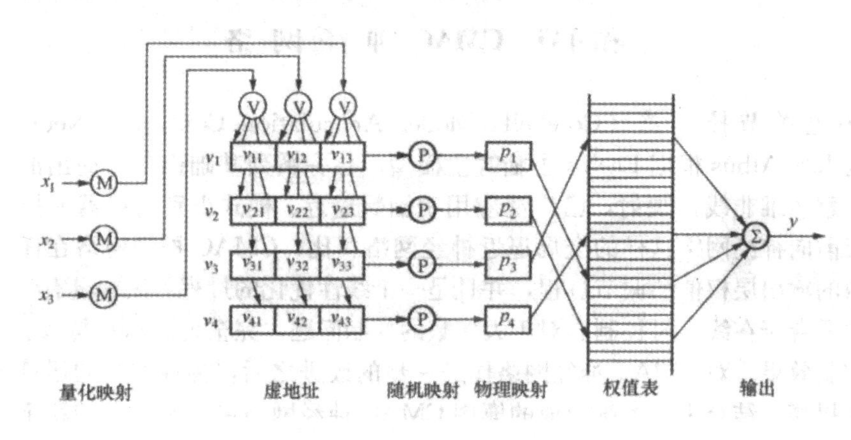

图 2-13　CMAC 神经网络模型

对上述组合成的三段虚地址，经过一个多对一的随机映射之后，得到与输入向量相对应的物理地址，即

$$p_j = P(v_i) \quad j=1,\ 2,\ \cdots,\ c \tag{2-5}$$

式中：P——杂散编码形成的映射；

c——泛化常数，其值越大，相邻输入的共同虚地址就越多，即 CMAC 神经网络的泛化能力就越强。由输出权值表获得相应的权值，即

$$W_j = W(p_j) \tag{2-6}$$

CMAC 神经网络的输出 y 为

$$y = \sum_{j=1}^{c} W_j \tag{2-7}$$

CMAC 神经网络的学习采用误差纠正算法，权值修正公式为

$$\omega(n+1)=\omega(n)+\eta\frac{y_t^j-y^j}{\left|A^*\right|} \tag{2-8}$$

修正方法可以用每个样本修正一次的方法，也可以用所有样本都输入一轮后再修正的批学习方法。

三、CMAC 神经网络与 BP 神经网络的对比分析

与常用的 BP 网络全局逼近、全局泛化、学习速度慢、容易陷入局部最小相比，CMAC 具有以下优点：①局部逼近能力使得每次修正的权值极少，因而学习速度快；②有一定的泛化能力，通过调整泛化常数的大小可提高网络的泛化能力；③接受实际输入，给出实际输出，输入元素被量化，量化级数可以按需要增加，因而理论上可达任意精度；④因为是局部逼近，所以不存在局部极小点问题，有唯一的极小值。下面通过具体的例子来说明 CMAC 神经网络的优缺点，CMAC 网络的输出误差及均方差分别如图 2-14 所示。

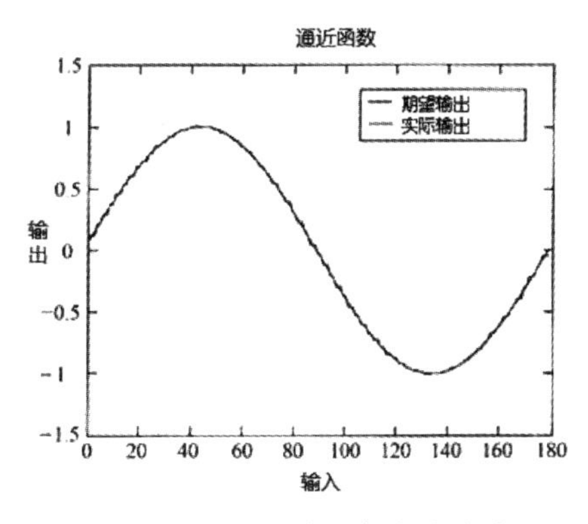

（a）CMAC 网络对曲线的逼近图

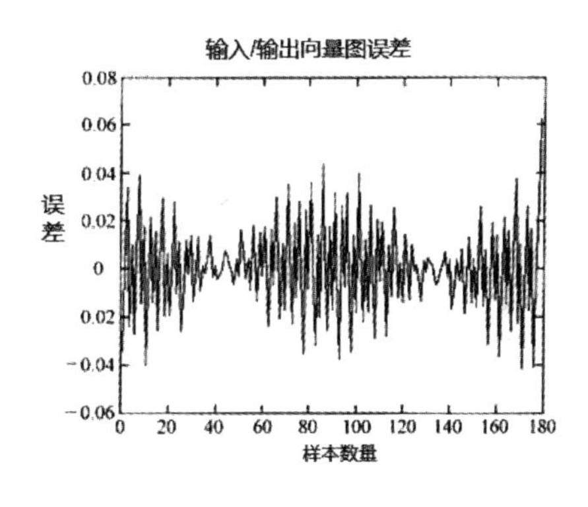

（b）CMAC 网络目标输出与理想输出之差

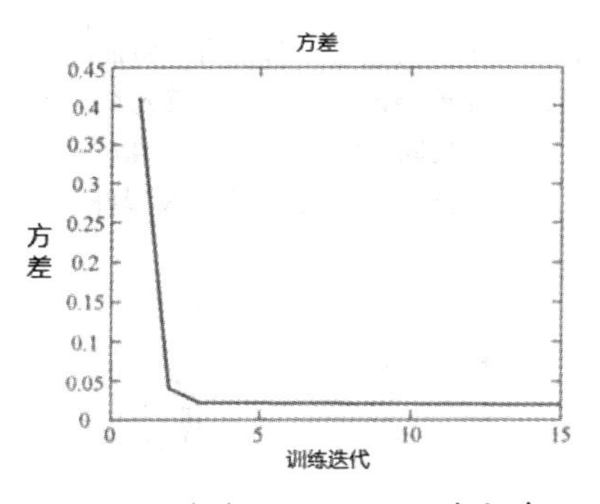

（c）CMAC 网络均方差

图 2-14　CMAC 网络

通过与前面的曲线逼近例子相比较，不难看出，CMAC 网络对非线性曲线具有良好的逼近能力，且能在很短的时间内使网络达到收敛状态。图 2–14（c）的均方差为 0.02，通过增加量化等级可进一步提高精度，虽然这样做会使网络的训练时间增加，但相对于其他网络，CMAC 网络仍然有很大的优越性。

四、CMAC 神经网络的设计

（一）程序编制及模型参数的确定

首先要说明的是，使用的 CMAC 神经网络模型为单输入 / 单输出模型，多输入 / 多输出模型其软件编程相当困难，美国新罕布什尔大学机器人实验室的研究小组专门开发了 CMAC 程序；美国的精密自动化公司开发出了可用于实际控制的 NNPTools，其中包括了 CMAC 网络工具箱，但作为商业软件，其价格高昂，为此，选用单输入 / 单输出模型能够达到很高的精度（多输入 / 多输出模型会因数据的相近可能出现网络的输出碰撞，以至于有效的命令得不到期望的输出，进而直接影响后续的控制行为），能够满足系统的控制要求。

CMAC 神经网络的参数包括泛化宽度、泛化常数、学习速率以及杂散编码数。当输入空间相对简单时，也可以考虑将杂散编码数设为 0 以取消杂散编码；当输入空间较复杂时，应取适当的数值以保证 CMAC 网络的稳定运行。和其他许多神经网络一样，CMAC 网络参数的确定也没有一个严格的参考依据，只能视具体的情况，通过多次的实验来确定最佳的参数。

单输入 / 单输出 CMAC 网络的主程序基于 MATLAB6.5 平台编制而成，为提高网络的运行速度，子程序是基于 VC++6.0。平台编制的“.C”文件，通过 MATLAB6.5 转换为“.MEX”文件。

程序设计中，将 CMAC 网络的训练集、目标向量、仿真向量、控制输出量分别以 trainset.mat、target.mat、simuset Aoutdata.mat 文件形式输出（最后的控制量为 output），这样做为后继的界面编程提供了很好的入口和出口，减少了跨平台编程的任务量。

（二）仿真分析

选取有代表性的数据作为 CMAC 网络的输入，由于肌电信号是时变的、非线性的人体生理电信号，通过加载肌电信号训练 CMAC 网络，不断调整网络的设计参数以确保网络的误差较小，网络的训练速度很快，最后对网络进行仿真，验证网络的性能。

需要指出的是，为了尽可能减小网络的计算误差，首先对输入到网络的肌电信号进行标准化处理，使网络的输入介于（-1，1）。标准化后的肌电信号、CMAC 实例仿真过程分别如图 2-15、图 2-16 所示。从仿真结果不难看出，CMAC 网络具有较高的逼近能力及很好的泛化能力。

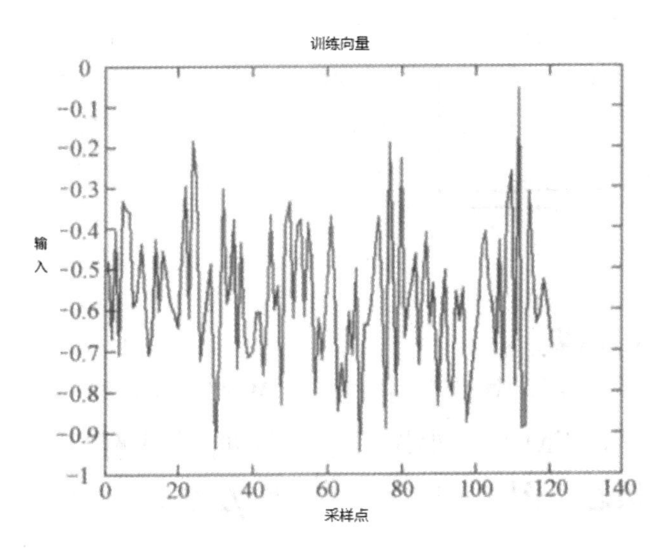

图 2-15　标准化后的肌电信号

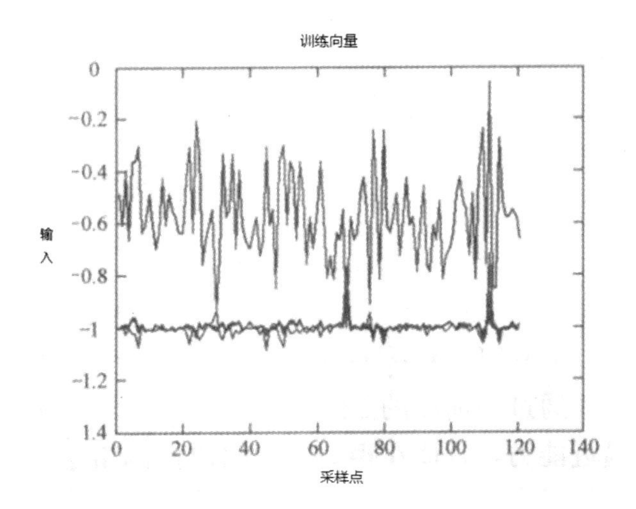

图 2-16　CMAC 网络仿真过程

第五节　神经网络 PID 控制

一、基于神经网络的系统辨识

在输入和输出数据的基础上，从一组给定的模型中确定一个与所测系统等价的模型，称为系统辨识。基于神经网络的系统辨识，就是选择适当的神经网络作为被辨识系统 P（P 可是线性系统，也可是非线性系统）的模型 $\hat{P}$、逆模型 $\hat{P}^{-1}$（假定 P 是可逆的），也就是用神经网络来逼近实际系统或其逆系统。辨识过程：当所选网络结构确定之后，在给定的被辨识系统输入 / 输出观测数据情况下，网络通过学习（或训练）不断地调整权系值，使得准则函数最优而得到的网络，是被辨识系统的模型 $\hat{P}$ 或逆模型 $\hat{P}^{-1}$。

神经网络理论和应用的发展，为系统辨识开辟了一条新的有效途径。1990 年，纳伦德拉提出利用神经网络的学习能力和非线性特性进行系统辨识的思想，神经网络用于辨识要比传统的辨识方法优越，不需要建立实际系统的辨识格式，可以对本质非线性的系统进行辨识，辨识的收敛速度不依赖于被辨识系统的维数。因此，这种辨识方法对对象的先验知识几乎没有什么要求，适用于工程应用。如图 2-17 所示为系统的模型 $\hat{P}$ 或逆模型 $\hat{P}^{-1}$ 的辨识原理结构，可进行离线辨识，也可进行在线辨识。

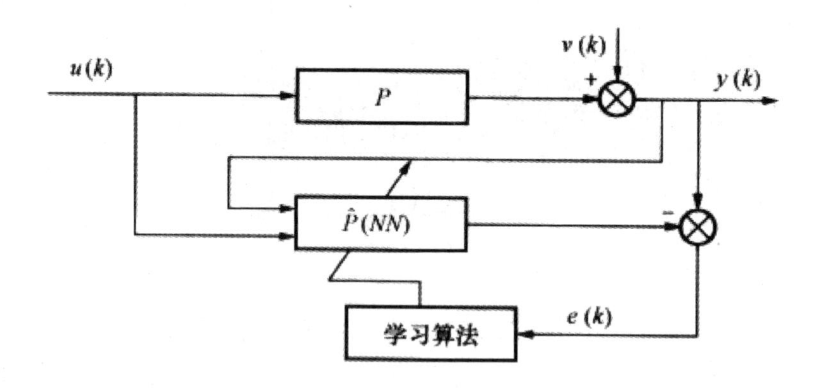

图 2-17　模型辨识原理结构

离线辨识是在取得系统的输入 / 输出数据并存储后再辨识，因此辨识过程与实际系统是分离的，无实时性要求。离线辨识能使网络在系统工作前预先完成学习（或称训练）过程，但输入 / 输出训练集很难覆盖系统所有可能的工作范围，且难以适应系统在工作过程中的参数变化，系统往往运行在复杂的环境中，当环境改变时，系统特性将发生变化。对于反映对象特性改变的样本，离线方式因不具有在线学习能力，所以必须重新训练神经网络以使其学习所有的样本。

在线辨识是在系统实际运行中完成的，辨识过程要求具有实时性，即必须在一个采样周期内产生一次模型参数估计的调整值。在神经网络控制系统中，系统辨识过程是在闭环控制下以系统所得到的观测数据为基础进行的。

目前，神经网络辨识非线性动态系统已得到成功的应用，但多数采用 BP 神经网络算法结构，易陷入局部极小。RBF 神经网络是前馈神经网络中一种特殊的神经网络，RBF 神经网络避免了像 BP 算法那样冗长的迭代计算过程和陷入局部极值的可能,使学习速度比通常 BP 算法的快 $10^3 \sim 10^4$ 倍,且具有良好的推广能力，所以我们把这种算法应用到比例积分微分（PID）自整定控制中。

二、基于 RBF 神经网络整定 PID 控制

在系统实际工作过程中，对象的特性和模型随时都在变化，只不过变化比较缓慢。采用试凑法整定和优化好的 PID 控制器参数，在一段时间后，就有可能不再有很好的控制效果，为了使系统工作机构始终保持良好的控制效果，就要对 PID 控制器的参数进行在线调整和优化。为了满足这种要求，我们采用神经网络 PID 控制器。神经网络 PID 控制器可以分为两大部分：神经网络辨识器，主要用来辨识控制对象的模型和特征；神经网络控制器，主要用来实现 PID 参数在线调整和优化。

如图 2-18 所示为神经网络 PID 控制器的基本原理，是在常规 PID 控制系统的基础上引入一个神经网络辨识器 NNI，对被控系统进行在线辨识，得到对象的模型信息。引入神经网络，即使当被控系统的数学模型未知，或者被控系统具有非线性、不确定、参数时变等特性时，通过神经网络辨识器的辨识，人们仍可以得到被控系统输出值的逼近值。那么就可以根据一定的调整策略在线地调整控制器的比例（P）、积分（I）、微分（D）三个参数，使控制系统能自动适应环境变化，实现 PID 控制器参数的自动调节，从而使系统具有比单一 PID 控制器优良的性能。

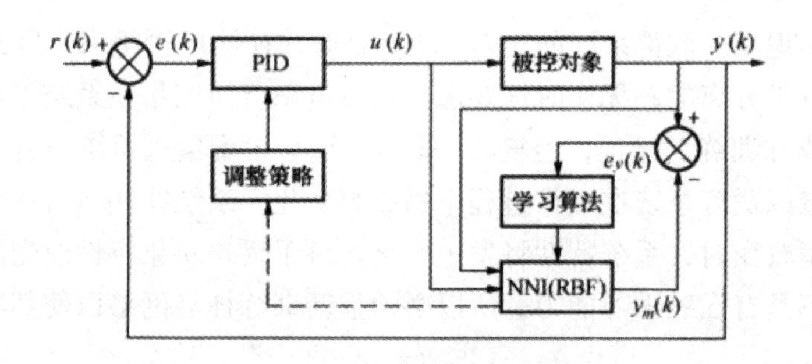

图 2-18　神经网络 PID 控制器的基本原理

采用正向模型的辨识，被控系统的输入和输出及其时延信号作为 RBF 网络辨识器的输入，经过有限次的学习后，就有 $y \approx y_m$。此外，RBF 神经网络的学习算法采用在线学习算法，所谓在线学习就是样本数据的收集和训练同时进行，没有时间上的先后。上述方法使 RBF 神经网络能在线训练，有利于精确地辨识被控系统，完成系统的动态建模。

第三章　智能化控制技术在工程起重机智能化控制系统设计中的运用

第一节　塔式起重机国内外研究现状

一、塔式起重机概述

塔式起重机简称塔式起重机，亦称塔吊，起源于西欧。在各式起重机械中，塔式起重机具有独特的技术性能指标，已成为建筑工地的主要施工机械。它最早出现在西方工业革命的城市建设中，由早期的系缆式桅杆吊演变而来，并随着建筑物结构体系和施工方法的演进，塔式起重机也演变出各种型式和规格，已成为起重机械中的一个重要门类，是反映施工企业装备水平的重要装备之一。

塔式起重机具有下述一些突出优点：①塔身高，其起重臂的铰点装置处于塔身（桅）的顶部，这点与其他类型起重机不同，它使塔式起重机的有效起吊高度大，这样就能满足建筑物施工中垂直运输的全高度；塔式起重机的起重臂比较长，旋转后其水平覆盖面（有效作业面）广；②塔式起重机在工作时能同时进行起升、回转、变幅及行走等工步的运动，能同时满足建筑施工中的垂直与水平运输的要求，作业效率高；③塔式起重机的驾驶室设于塔桅的高处，使司机的视野开阔，工作条件比较好；④塔式起重机的构造比较简单，具有维修、保养容易等诸多优点。所以，塔式起重机已成为现代建筑施工中不可缺少的重要起重吊装机械，是所有建筑施工机械中特大型的主要特种设备。

塔式起重机属于一种非连续性搬运机械，是工业与民用建筑施工中，完成预定构件及其他建筑材料与工具等吊装工作的主要设备。因此，塔式起重机在高层工业和民用建筑施工的使用中一直处于领先地位。应用塔式起重机对于加快施工进度、缩短工期、降低工程造价起着重要的作用。

任何一台塔式起重机，不论其技术性能还是构件上的差异，总可以将其分解为金属结构、工作机构和驱动控制系统三个部分。塔式起重机金属结构部件由塔身、塔头或塔帽、起重臂架、平衡臂架、回转支撑架、底架、台车架等主要部件组成。对于特殊的塔式起重机，由于构造上的差异，个别部件也会有所增减。

工作机构是为实现塔式起重机不同的机械运动要求而设置的各种机械部分的总称。一台性能完善的塔式起重机，往往装备着变幅机构、起升机构、回转机构、大车运行机构和顶升机构等工作机构，有的还有其他各种辅助性的机构。这些机构的功能分别是变幅机构改变吊钩的幅度；起升机构实现物品的上升和下降；回转机构使起重臂架可以 360° 回转，改变吊钩在工作平面内的位置；大车运行机构使整台塔式起重机移动位置，改变其作业地点；顶升机构使塔式起重机的回转部分升降，从而改变塔式起重机的工作高度。

上述各个工作机构，既可单独工作，也可根据需要 2 ～ 3 个机构协同配合工作，以利于加快施工速度。塔式起重机工作机构在塔式起重机中的安装位置及原理如图 3–1 所示。变幅机构因其变幅方式不同，可分为小车变幅、动臂变幅和综合变幅。小车变幅是指通过变幅小车，沿着起重臂运行方向进行变幅的方式，这种方式的塔式起重机的起重臂架始终处于水平位置，变幅小车悬挂于臂架下弦杆上，两端分别和变幅卷扬机的钢丝绳连接。变幅小车上装有起升滑轮组，当收放变幅钢丝绳拖动变幅小车移动时，起升滑轮组也随之而动，这样就可改变吊钩的幅度。它的优点是幅度利用率高，而且变幅时吊重物在不同幅度时高度不变，工作平稳，便于安装就位，效率高。这种变幅方式多用于大幅度、大高度的自升式塔式起重机。动臂变幅是指通过臂架俯仰运动进行变幅的方式，幅度的改变是利用变幅卷扬机和变幅滑轮组系统来实现的。综合变幅是指根据作业的需要臂架可以弯折的方式。

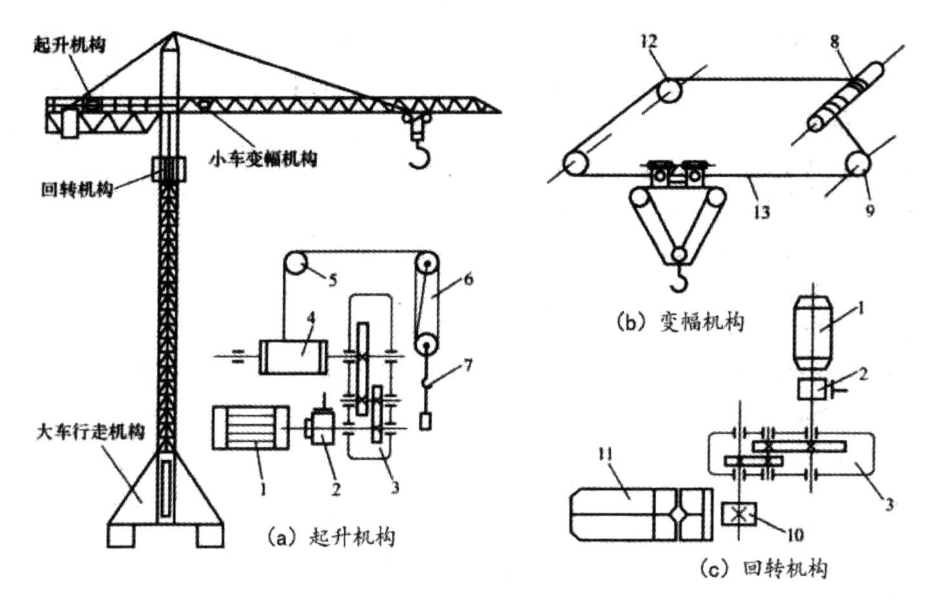

图 3-1 塔式起重机工作机构在塔式起重机中的安装位置及原理

1—电动机；2—联轴器；3—减速器；4—卷筒；5—导向滑轮；6—滑轮组；7—吊钩；8—变幅机构传动装置；9—吊臂根部导向滑轮；10—小齿轮；11—交叉回转支承；12—张紧轮；13—钢丝绳

起升机构由驱动装置、传动装置、工作装置和制动装置四个部件组成。驱动装置主要采用交流电动机来发出动力；传动装置按机构布置需要采用各种减速装置来完成转速与力矩转换的最佳匹配，使电动机在满足工作装置要求的情况下处于高效最佳工作状态；工作装置由卷筒、钢丝绳、滑轮组和吊钩等组成，当传动装置驱动卷筒转动时，通过钢丝绳、滑轮组变为吊钩的垂直上下直线运动；制动装置可控制吊装物品的下降速度或使其停止在空中某一位置，不允许在重力作用下下落。电动机通过联轴器和减速器相连，减速器的输出轴上装有卷筒，通过钢丝绳和安装在塔身或塔顶上的导向滑轮及起重滑轮组与吊钩相连。电动机工作时，卷筒将缠绕在其上的钢丝绳卷进或放出，通过滑轮组使悬挂于吊钩上的吊重起升或下降。当电动机停止工作时，制动器通过弹簧力将制动轮刹住。

回转机构的作用在于扩大机械的工作范围。当吊有物品的起重臂架绕塔式起重机的回转中心做 360° 的回转时，就能使物品吊运到回转圆所涉及的范围以内。回转机构由回转支承装置和回转驱动装置两部分组成，由回转驱动装置驱动回转部分，使其相对固定部分实现回转，并由回转支承装置将回转部分的载荷传递给固定部分。运行机构用以支承起重机本身重量和起升载荷并使起重机水平运行。

驱动控制系统是塔式起重机又一个重要的组成部分。驱动装置主要用于给各机构提供动力，最常用的是 YZR 和 YZ 系列交流电动机。而控制系统主要用于对工作机构的驱动装置和制动装置实行控制，完成机构的启动、制动、改向、调速以及对机构工作的安全性监控。

二、国内外塔式起重机发展过程及现状

（一）国外塔式起重机发展过程及现状

一是系列产品模块化、组合化、标准化。传统起重机制造采取整机制造的方法，不仅耗费了大量的制造材料，也不利于起重机性能的优化，因此，国外起重机制造大多采取模块化制造的技术。相同的构件、部件以及零件分装在同一个模块中，通过不同模块相互之间的组合，对不同类型和规格的起重机进行改造和重组。模块化起重机的制造过程不仅节约了大量的材料，也大大提升了起重机的性能。同时，国外起重机制造技术十分注重标准化流程的运用，即起重机的整个制造过程都配备有专门仪器的检测和专门人员的监督，以防止起重机规格、标准出现问题，确保质量过关。

二是起重机的大型化、高速化和专用化。由于工业生产规模的日益增大，对生产效率的要求也逐渐提升，起重机也逐渐朝着大型化、高速化以及专用化方向发展。同时，随着物料装卸费用在生产运输过程中的比例逐渐增大，对起重机的起重量也提出了更高的要求。起重机的体积越来越大，工作速度也不断提升，同时，在科学技术日益发达的今天，起重机的单位能耗也在不断降低。世界上最大的起重机的起重量为 3 300 t。自动化起重机的运行速度已经实现 450 m/min 的目标。此外，针对不同性质的货物，起重机也在进行专门化的起重服务，起重机的专用化发展趋势使得起重货物的种类不断增多，满足工业发展规模不断扩大的要求。

三是起重机性能自动化、智能化和数字化。随着科学技术的发展以及计算机技术的进步，国外起重机也在朝着自动化、智能化以及数字化方向发展。起重机的发展主要取决于电气传动与控制装置的改进。电气传动与控制装置将机械技术和电子技术进行有效整合，使得计算机技术逐渐运用于电气传动工作之中，建立了完善的驱动和控制系统。同时，随着人工智能技术的发展，起重机也逐渐开始发展智能化、数字化的装置技术。技术革新人员对起重机的内部结构进行程序化的改造，在起重机内部安装了可编程序控制器，同时，建立了故障自动排查器，

使得起重机能够实现智能化、人工化的发展。在起重机发生故障时，起重机内部安装的人工智能程序将能够自动停止起重机的工作，有利于减少起重机工作过程中安全事故的发生。

（二）我国塔式起重机的发展过程及现状

工程起重机行业在“十一五”期间经历了爆发式的增长后，因国家宏观调控、货币政策、国际经济放缓等因素，尤其是行业出现了“零首付”、“变相降价”等恶性价格竞争手段，这些价格竞争手段在短期内虽然可以带动销量、实现企业的规模增长，但这也降低了用户进入的门槛，影响用户群体收益和价值损害和透支企业的长期发展，加速了行业 2012 年后负增长的新常态变化。2016 年，随着国家整体经济环境回暖向好，工程起重机行业进入了弱复苏期的新气象。因新增需求改善、更新需求增加、行业竞争格局改善等多重因素驱动，2017 年工程起重机行业全面复苏，根据中国工程机械工业协会统计数据，2016 年工程起重机累计销售 16698 台（不含中联重科），相比 2015 年减少了 2322 台，同比下降 12.21%，2017 年 1—11 月份汽车起重机累计产销量为 18411 台，同比 2016 年增长了 117.8%，行业再次呈现卖方市场的现象。

汽车起重机和全地面起重机企业数量基本稳定在 30 余家，其中徐州重型机械有限公司、中联重科股份有限公司、三一汽车起重机械有限公司作为行业第一梯队的格局并未改变，三家企业仍占据着行业市场 70% 以上的份额。但第二梯队由原来领衔的北起多田野（北京）起重机有限公司、四川长江工程起重机有限责任公司等变为北汽福田汽车股份有限公司、安徽柳工起重机有限公司，新增了河南卫华特种车辆有限公司、河南骏通车辆有限公司、辽宁瑞丰专用车制造有限公司等汽车起重机企业。汽车起重机产品逐渐完善，额定最大起重量从 8 t 到 160 t，涵盖了所有细分吨位的产品，全地面起重机额定最大起重量达到 2000 t，产品系统趋于多样化。履带起重机和轮胎起重机企业目前不足 10 家，其中徐工集团工程机械股份有限公司建设机械分公司、中联重科股份有限公司、浙江三一装备有限公司是履带起重机和轮胎起重机行业三强的格局没有变化，型谱从 3.5 t 到 3600 t。太原重型机械集团有限公司异军突起，三年时间里已经开发了 150 t 至 750 t 多个型号的履带起重机，贝特（杭州）工业机械有限公司从 3.5 t 到 5.5 t 的小型履带起重机是为满足细分市场而专门研制的。轮胎起重机因市场需求的特殊性多年来销量没有太大的变化，故轮胎起重机主要销往海外市场。制造商主要为徐州重型机械有限公司、中联重科股份有限公司、三一汽车起重机械有限公司、徐州市久发工程机械有限责任公司等。因我国实施简政放权，2014 年国家质量监督检验检疫总局调整了特种设备目录，随车起重机不属于特种设备管理范畴。

三、国内外塔式起重机控制系统发展现状

从总体上看，起重机自动化系统主要可分为运行控制系统、安全监控系统及自诊断系统。运行控制系统主要控制起重机的起升、下降、变幅、转动等功能。自诊断监控系统主要检测系统内部的工作情况。安全监控系统一般基于力矩限制和载荷限制功能，并提供起重机运行的其他工作状况和环境情况。

由于塔式起重机是平面运动与转动相结合的运动设备，因此专门用来控制由惯性而产生摆动的控制策略是很少的。同时，因为塔式起重机是在径向和切向两个方向产生摆动，所以稳定塔式起重机综合运动的载荷要比稳定桥式起重机平面运动的载荷复杂。学者葛拉珊通过只应用回转系统控制器，能够稳定回转方向的载荷运动，但却不能稳定平面方向的载荷运动，因此，葛拉珊得出结论：控制策略必须应用在回转和平面运动中，才能完全地稳定载荷，最终消除摆动。总的来说，塔式起重机的控制策略可分为下面两个方向。

第一，开环控制方法。开环控制，即没有反馈回路，对自动控制系统而言，系统的输入不受系统输出的反馈作用。1995 年，学者派克为了能够消除由于臂架沿着事先规划好的路径运行时产生的残余摆动，应用了多种最优控制技术去控制臂架的加速度轨迹。实验证明塔式起重机在运行中产生了摆动，产生的摆角竟可以达到 10° 。1996 年，派克又应用了另外的控制策略去控制小车和臂架。他使用一种类似静态的标记过滤器去估算钢丝绳—重组合装置在自由摆动频率下的载荷。随着钢丝绳长度的变化，标记位置也发生变化，从而过滤出载荷的大小。从标记过滤器上得到的系数保持为常数，因此只能在特定的钢丝绳长度上产生最优，过滤性质会随着钢丝绳长度的变化而变化。在操作输入和实际过滤器中的输入之间，过滤过程的时间延长了 2.5 s。对于相同的操作输入，不同的过滤器性质产生了不同的响应，并且过滤器的线性本质也限制了它在降低塔式起重机速度时的效率。

第二，闭环控制方法。闭环控制，即有反馈回路，对自动控制系统而言，任何一个环节的输入都可以受到系统输出的反馈作用，系统的输出同控制装置的输入有交互作用，因而影响到传动装置与被控对象的输入。学者葛拉珊和阿布列维

奇在1995年采用一种时间最优控制策略，产生了臂架、小车和钢丝绳长度的轨迹，滑模控制器被应用在这些轨迹的跟踪上。在计算机仿真中，时间最优控制轨迹产生了未受控制的载荷摆动，仿真说明了不是最理想的轨迹却减小了载荷摆动，但是这种摆动却贯穿于整个运动过程中。学者艾莫沙于2001年采用了两个控制系统：一是在径向和在垂直方向对载荷的位置进行跟踪；二是在径向和垂直方向抑制载荷的摆动。两个系统相互独立。计算机仿真表明，模糊控制器限制平面和回转面的摆动，使摆角较小，也能抑制由对臂架和小车位置的干扰引起的摆动。然而这种控制策略却使机构的运行时间延长了。2001年，学者奥马尔和纳耶费采用了将小车的平动和臂架的转动相互独立的反馈控制器。这种控制策略在摆动周期里对抑制载荷摆动是有效的，但其反馈增益是在特定的载荷质量和钢丝绳长度条件下调节得到的。改变这些参数标志着控制效率的下降。

这些是国外在塔式起重机控制系统上的发展现状，而我国塔式起重机的控制系统与国外先进塔式起重机相比，还存在很大的差距。在控制运行系统即控制起重机的起升、下降、变幅、转动等功能上相对比较落后，而塔式起重机的三大传动机构（起升机构、回转机构和变幅机构）工作性能的优劣，是衡量塔式起重机技术先进的重要指标。如何提升塔式起重机工作装置的性能，怎样提高控制器的控制性能以达到塔式起重机的性能要求，这方面我国才刚刚开始，还有许多工作有待去做。

为了提升塔式起重机工作装置的性能，本节将从下面几个方面进行介绍。

第一，对塔式起重机工作机构进行系统分析。针对塔式起重机的工作原理及工作特点，分别对塔式起重机变幅机构和起升机构进行动力学建模与分析，分析出如何可以提升塔式起重机工作机构的工作性能，分析模型中各个相关参数之间的关系，进而对塔式起重机的工作机构进行系统分析。

第二，对塔式起重机工作机构控制方法进行研究。PID控制器具有结构简单、适应性强、应用性广的特点，可以在一定程度上改善控制系统的性能。但单一PID控制往往不能达到令人满意的程度。因此，可采用神经网络PID控制方法。神经网络PID控制方法具有良好的控制效果，该控制器是将神经网络和PID控制技术融为一体，既具有常规PID控制器结构简单、物理意义明确的优点，同时又具有神经网络自学习、自适应的功能。采用基于在线辨识的RBF神经网络和常规PID控制相结合的控制器，根据RBF网络的辨识信息，在线调整和优化PID控制器参数，解决常规PID控制的参数整定困难、适应性差的缺点。

第三，将基于 RBF 神经网络的整定 PID 控制器应用在塔式起重机的变幅机构和起升机构中，分别应用 MATLAB 对变幅机构和起升机构进行运动控制仿真，得出可以提高塔式起重机变幅机构及起升机构运动控制性能及工作性能的控制方法。

第二节　塔式起重机动力学分析及模型

由于塔式起重机系统本身属于弱阻尼系统，在外扰的作用下，系统的工作装置在运动时会产生振动与摆动，而塔式起重机的实际工作情况复杂，经常会受到外界因素（如风力外扰、吊重质量变动等）干扰，具有复杂的工作特性，因此本节依据其工作特性对小车变幅及起升机构建立动力学模型并进行分析，具体如下。

一、塔式起重机的动力学模型建立

（一）起重机模型建立方法概述

起重机的动力学建模方法常用集中质量法，该方法在塔式起重机的建模中是应用极为广泛的。这种方法，将起升钢丝绳看成无质量的绳索，起升重物和吊钩等效看成一点的质量，钢丝绳、吊钩、起升重物组成一个球状单摆，当对起升重物进行复杂的动力学分析时，这种表达方式既简单又紧凑。集中质量法又分为两种：一是简化模型，二是广义模型。简化模型是将所有外部激励集中表现为单摆悬挂点的位移，这种方法假定吊重的位移只是受到小车位移的影响，悬挂点的惯性坐标是关于时间的已知函数。广义模型是把起重机承重机构和小车加到动力学模型中，在模型中考虑了起重机承重机构和小车及钢丝绳－吊重组合的相互作用。通过上面的叙述，本书将采用集中质量法分别对塔式起重机变幅机构和起升机构进行建模。

（二）小车变幅机构的平面运动动力学模型

为了能够完成包括起吊重物、运送重物到指定地点，并将重物安装就位这三项动作在内的吊装作业全过程，塔式起重机需要进行起升、回转和变幅等运动。因此，每台塔式起重机都必须装设起升机构、回转机构、变幅机构和大车行车机构（固定式塔式起重机不用）。

小车变幅机构就是为了满足运送货物到指定地点的要求而运作的机构，但塔式起重机在吊运货物的过程中吊重会在运动时产生摆动，这种摆动是一种很不利的情况，它会降低工作效率，甚至有在吊运过程中发生碰撞的危险。所以需要研究机构主要部件的运动情况，在对小车位置进行精确控制的同时还要有效控制速度的变化，从而尽量减小塔式起重机工作装置的摆动。

提升货物后，将货物运送到指定地点，这一过程是变幅运动和回转运动综合作用的效果，变幅运动是由小车变幅机构完成的，但为了达到提高效率的目的，在小车变幅时总是伴随着转动，因为这种综合运动较为复杂，所以先分析变幅运动，在变幅运动的基础上再分析变幅和回转的综合运动。由此先建立小车变幅机构平面运动的动力学模型。

小车变幅机构动力学分析，一般直接由牛顿第二定律列出，这样描述问题结果比较烦琐，不利于接下来的控制系统分析和设计，而采用广义坐标下的拉格朗日方程来描述，比较清楚简明，也便于分析和设计。系统的模型简图如图 3–2 所示。

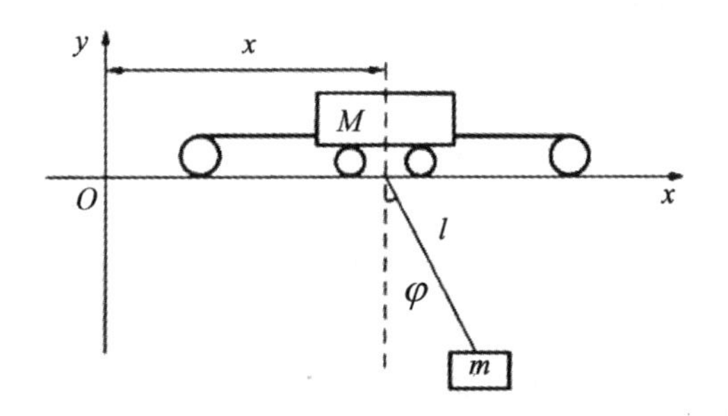

图 3–2　系统的模型简图

二、起升机构的机械结构动力学模型

在塔式起重机各项工作机构中，最为重要并且运转最为频繁的是起升机构，电动机通电后便通过联轴节带动减速器，进而带动钢丝绳卷筒转动。电动机正转时，卷筒放出钢丝绳；电动机反转时，卷筒收回钢丝绳。重物则通过吊钩及起升滑轮系统被吊起或降下。在塔式起重机起升机构运行过程中，当所起吊的货载离地时，塔式起重机的结构和机械系统均受到较大的冲击。这种冲击产生的动载荷是起重机设计时所要考虑的主要载荷之一。由于这种冲击所产生的振动是一种不利的情况，它能降低工作效率，所以需要研究起升机构运行的规律，特别是吊重的运行速度。本书以起升机构的起升运动工作装置为研究对象，将塔式起重机起升机构的机械结构简化成如图 3–3 所示的二自由度系统模型。

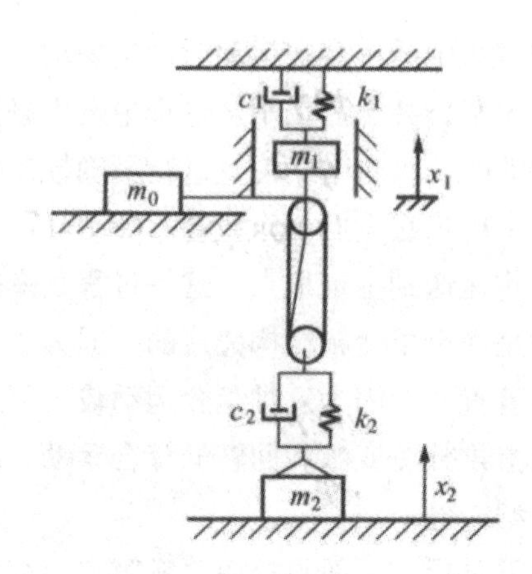

图 3–3　起升机构机械结构的二自由度系统模型

模型中的参数说明如下：

m_1——起升机构臂架在吊重悬挂点的转化质量，kg；

m_2——吊重的质量，kg；

k_1——起升机构臂架在吊重悬挂点的刚度系数，N/m；

k_2——起升钢绳系统在吊重悬挂点的刚度系数，N/m；

m_0——起升机构传动零件转动惯量转化至卷筒周向的质量，kg；

c_1——起升机构臂架在吊重悬挂点的结构阻尼系数，Ns/m；

c_2——起升钢绳系统在吊重悬挂点的结构阻尼系数，Ns/m；

x_1——m_1 的绝对运动的坐标（选 m_1 静平衡位置为坐标 x_1 的原点），m；

x_2——m_2 的绝对运动的坐标（选 m_2 静平衡位置为坐标 x_2 的原点），m。

对塔式起重机结构而言，其阻尼主要来自金属材料本身的内摩擦以及各部件连接界面（接头、螺栓等）之间的相对滑动，即阻尼为结构阻尼。结构阻尼的阻尼力与振动速度成正比。在通常的起重机中 m_0 值远大于 m_1 的值，因此在考虑结构和滑轮组串联的模型时，起升机构的作用仅仅使吊钩产生上升速度；这里 s 表示吊钩位移，速度 s 是由电动机的转速通过传动装置传递过来的速度，也就是说模型是由 m_1m_2 及 $k_1k_2c_1c_2$ 相串联而吊钩具有上升速度 s 的二自由度系统模型。

分析整个起升过程，分为三个阶段。经过分析之后，发现并不是在一开始所有质量都在振动。在起升机构刚启动时，绳索系统是松弛的，因此起升机构运动的第一阶段是在空转，这时松弛的绳索被收紧，当绳索开始受力时，这一阶段结束，这时吊钩具有向上的速度而 m_1、m_2 还静止不动。

从绳索受力开始直到滑轮组的弹性张力等于吊重重量为止，这是运动的第二阶段。在这一阶段中，m_2 还处于静止状态，而 m_1 则在滑轮组弹性张力和臂架弹性张力作用下产生振动。这一阶段中滑轮组的弹性张力取决于钢丝滑轮组的弹性伸长量，它等于上升速度对时间的积分。在实际操作塔式起重机起升机构时，起升速度不宜过快，一般在第一阶段结束时，吊钩的上升速度小于额度起升速度，那么在第二阶段中，吊钩的上升速度将会继续增加。根据第二阶段的实际情况，可将之前的模型简化，其模型及受力分析如图 3–4 所示。

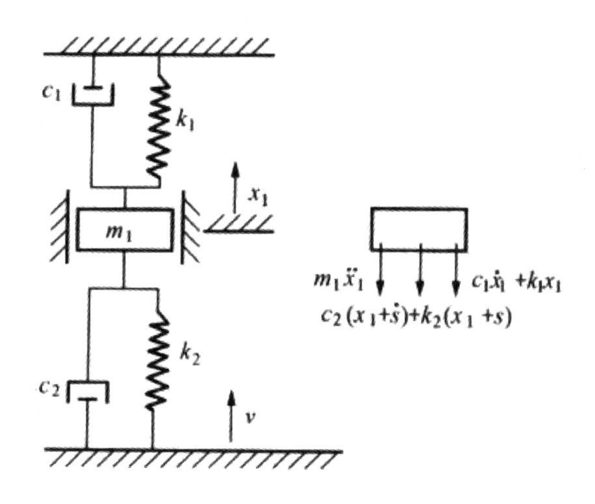

图 3–4　第二阶段简化模型及受力分析

第三节　塔式起重机智能化控制系统方案

一、塔式起重机介绍

本书以徐州建机工程机械有限公司的 XGT7022–12 平头式塔式起重机平台作为研究对象，设计了整车的电控系统。7022 代表的意思是塔式起重机的最大臂长为 70 m，臂端吊重为 2.2 t；12 表示最大起重量为 12 t。塔式起重机工作电源的额定电压为 380 V，额定频率为 50 Hz，电压波动不超过额定值的 10%，工作级别为 A4。如图 3–5 所示为 XGT7022–12 型塔式起重机。

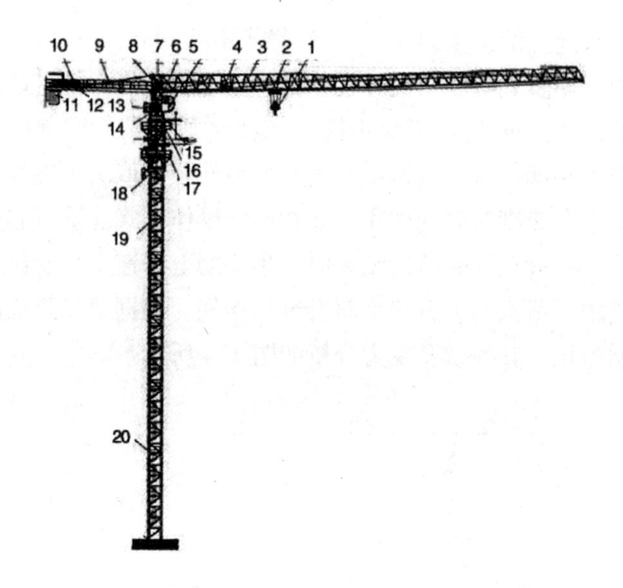

图 3-5　XGT7022-12 塔式起重机

1—吊钩；2—载重小车；3—起重臂；4—变幅机构；5—司机室；6—回转机构；7—起重量限制器；8—塔顶；9 平衡臂拉杆；10—平衡臂；11—平衡重；12—起升机构；13—电气系统；14—回转上支座；15—回转支承；16—回转下支座；17—液压系统；18—爬升架；19—塔身；20—通道

XGT7022-12 平头塔式起重机是由徐州建机工程机械有限公司设计生产的一款建筑用塔式起重机，该塔式起重机为水平臂架、小车变幅、上回转、自顶升式多用途塔式起重机，主要适用于修建高层建筑、居民小区、体育场、地标建筑、桥梁、高大烟囱及筒仓等建筑工程。其起重臂有 30 m、35 m、40 m、45 m、50 m、55 m、60 m、65 m 八种臂长的组合，最大起重量为 12 t。该机的主要特点如下：

①塔式起重机上部采用液压顶升装置来实现增加或减少塔身标准节，进而增加或者减少塔式起重机的高度，使塔式起重机高度能适应建筑物高度变化，且在任意施工高度上塔式起重机起重性能不变。

②塔式起重机三大机构加减速性能好，工作平稳，安全可靠。

起升机构：采用变频调速电路组成调速系统，调速区域宽、高速起升、慢速就位、变速平稳、工作效率高。每个电机配独立的盘式制动器，制动性能较好。

变幅机构：由变频电机，半内藏式行星齿轮减速器、卷筒、机架等组件构成，起制动换挡平稳、传动效率高、噪声低、结构紧凑、制动安全可靠、定位准确、外形美观。

回转机构：由多级行星齿轮传动和鼓形输出齿轮构成，传动效率高、噪声小，并能补偿塔式起重机工作时引起的啮合变动，保证与回转支承齿圈正常啮合。

③工作范围大，工作方式多，适用对象广。

通过增减一些部件及辅助装置，就可以获得固定式、附着式、内爬式、行走式四种塔式起重机类型，以满足不同的使用要求。固定式塔式起重机的最大起升高度为 45 m，附着式塔式起重机的最大起升高度可达 180 m。

④各种安全装置齐全。

⑤司机室独立侧置，视野好，给操作者创造了良好的工作环境。

⑥整机布局合理、外形美观；安装、使用、维修均非常方便。

XGT 7022–12 塔式起重机起升机构：采用 YZP2225M2–4B45kW 变频电机，通过联轴器带动变速箱驱动卷筒，使卷筒获得 5 种绳速。根据吊重不同可选择不同的滑轮倍率，当选用倍率为 2 时，速度可达到 80 m/min、60 m/min、40 m/min、20 m/min、8 m/min 5 种；若选用倍率为 4 时，则速度可达到 40 m/min、30 m/min、20 m/min、10 m/min、4 m/min 5 种。在卷筒另一端装有高度限位器，高度限位器可根据实际需要进行调整。如图 3–6 表示为 XGT7022–12 塔式起重机起升机构。

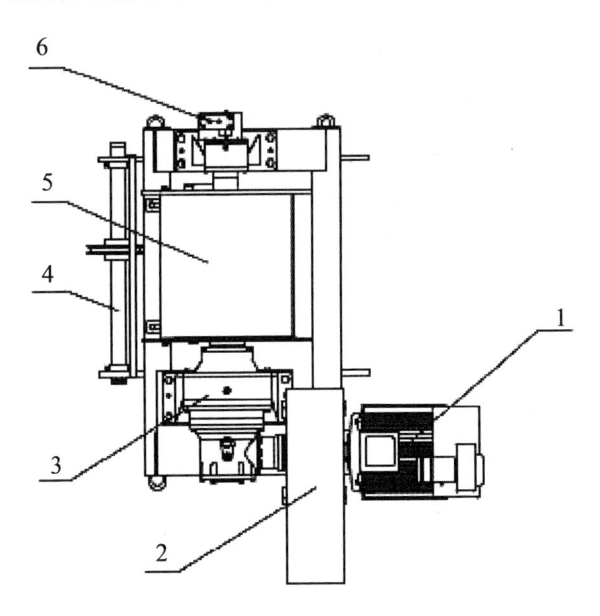

图 3–6　XGT7022–12 塔式起重机起升机构

1—起升电机；2—制动器；3—减速器；4—排绳机构；5—卷筒；6—起升限位

XGT 7022–12 塔式起重机回转机构：回转机构布置在回转齿圈两边，共两套，由 YTRVFW132M1–4F5.5kW 变频电机驱动，一台带风标和制动器，另一台不带，经立式行星减速机带动小齿轮，从而带动塔式起重机上部起重臂、平衡臂和塔顶等回转，其速度为 0.68 r/min，在电机上部带电磁盘式电磁制动器（电压 DC24V），使塔式起重机起、制动中平稳无冲击，制动器为常闭式，通电打开，断电制动，用于塔式起重机工作时的制动定位。如图 3-7 表示为 XGT 7022-12 塔式起重机回转机构。

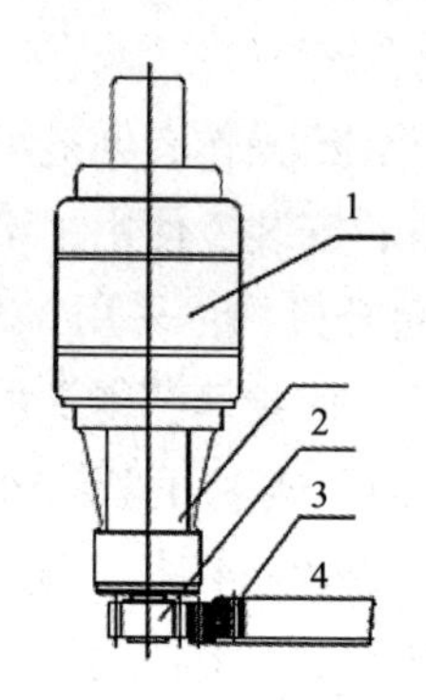

图 3-7　XGT 7022-12 塔式起重机回转机构

1—变频电机；2—减速器；3—回转齿轮；4—回转支承

XGT7022-12 塔式起重机变幅机构：变幅机构是载重小车变幅的驱动装置，采用 YVFE3-112M1-44kW 变频电机，通过中间轴与行星齿轮减速器连接，减速机外壳输出运动带动卷筒旋转，通过钢丝绳使载重小车以 0 ～ 58m/min 的速度在臂架轨道上来回变幅运动，两根牵引钢丝绳均为一端缠绕后固定在卷筒上，另一端则固定在载重小车上，变幅时靠绳的一收一放来保证载重小车正常工作。当电机断电时，制动器断电制动，机构停止运转。如图 3-8 所示为 XGT 7022-12 塔式起重机变幅机构。

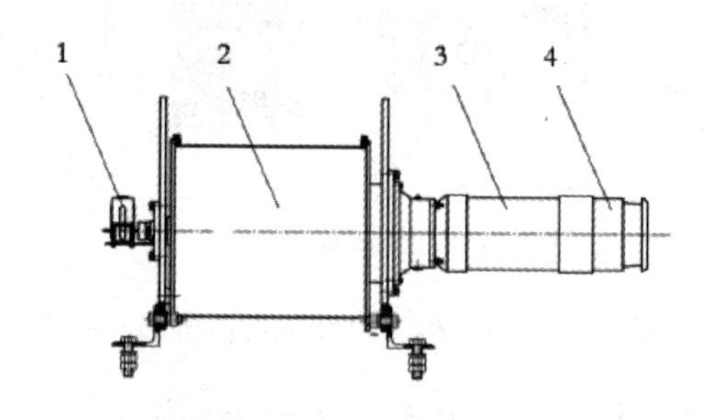

图 3-8　XGT 7022-12 塔式起重机变幅机构

1—变幅限位器；2—卷筒；3—变幅电机；4—制动器

二、塔式起重机智能化控制系统总体方案

基于 XGT 7022-12 塔式起重机的智能化控制系统的设计，主要包括三大部分：

（一）三大主要动作控制系统

本设计采用赫思曼 IMC 系列 PLC 控制器，对三大机构进行控制，完成了智能控制部分，如图 3-9 所示。机构动作采用变频器控制，和传统塔式起重机相比，减少了机械损耗，缩短了工作周期，提高了工作效率。PLC 控制器和变频器之间采用了 CAN 总线的通信方式来对变频器进行控制同时兼顾总线故障时采用端子控制的方案，减少了线束的数量和控制器接口的引脚数，与此同时可以更简单、迅速地实现在线编程、诊断，甚至多个变频器共同作用等新功能。

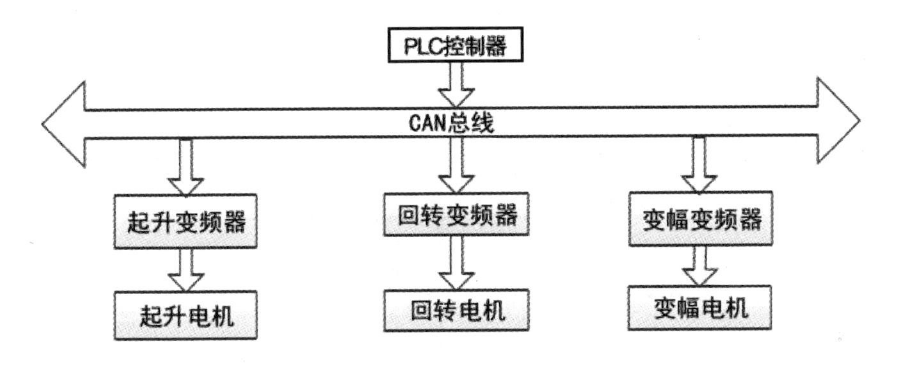

图 3-9　三大机构控制设计图

（二）安全监控系统

本设计利用计算机技术、自动控制技术、传感器技术设计了一个塔式起重机安全控制系统，该系统能够更高效地采集数据和数据处理，如图 3-10 所示，该系统的主要功能如下：

①起重机重量监控：通过在起重机的导向滑轮机构安装监测传感器，利用 PLC 控制器监测传感器的受力状态，计算得到重量，并将重量计算反馈给操作者。

②起重机吊钩幅度监控：通过在起重机的变幅机构安装监测传感器，利用 PLC 控制器监测传感器的状态，计算得到起升小车的实际幅度，并将计算结果反馈给操作者。

③起重机吊钩高度监控：通过在起重机的起升机构安装监测传感器，利用

PLC 控制器监测传感器的状态，通过算法分析计算得到起升小车的实际高度，并将计算结果反馈给操作者。

④起重机回转监控：通过在起重机的回转机构安装监测传感器，利用 PLC 控制器监测传感器的状态，通过算法分析计算得到吊臂的回转状态，并将计算结果反馈给操作者。

⑤风速监控：通过在起重机的顶部安装风速监测传感器，利用 PLC 控制器监测传感器的状态，计算得到吊臂的回转状态，并将计算结果反馈给操作者。

⑥远程监控：管理中心、总调度室和生产厂家都有权利通过远程监控平台对塔式起重机进行监控。PLC 控制器内部集成的 GPRS 模块，可将采集到的数据传递到远程监控平台，管理中心、总调度室和生产厂家就可进行实时监管和对所有相关信息进行获取，必要时还可对起重机进行相应的控制，以防止发生安全事故。

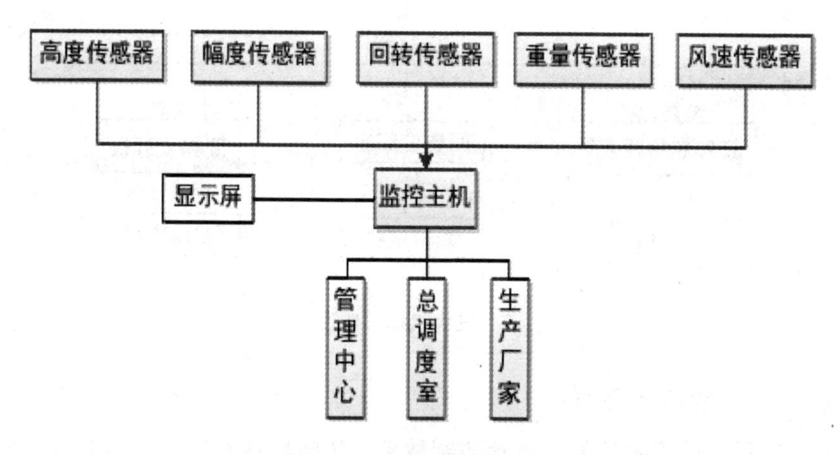

图 3-10　塔式起重机监控系统设计图

（三）人机交互系统

人机交互系统采用一块工业触摸显示器作为操作和起重机控制系统交互双向信息交互的平台，人机交互界面设计图如图 3-11 所示。人机交互系统主要分为主界面、系统设置、系统查询、控制交互几部分；交互的内容包括与安全相关的参数（重量、幅度、力矩、额定重量、风速、安全报警、安全限位等）、与设备相关的参数（设备状态、设备的运行速度、运行频率等）、与设置相关的参数（传感器参数、变频器参数）、与专家诊断相关的参数（动作逻辑诊断参数、设备故障状态、保养状态）等。

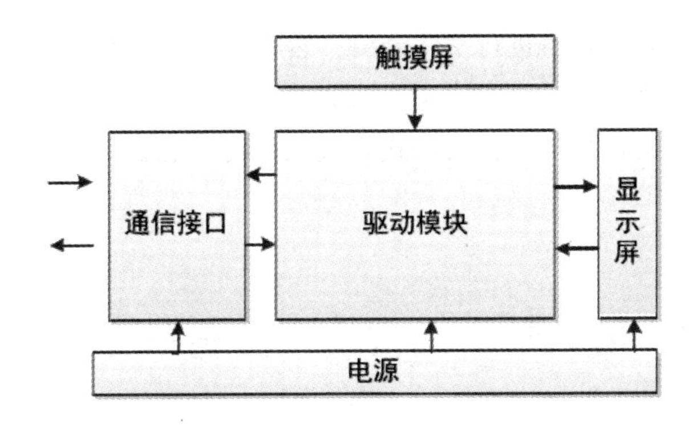

图 3-11　人机交互界面设计图

（四）总体控制系统

塔式起重机总体控制设计图如图 3-12 所示，该图结合了上述动作控制、安全监控、人机交互三个功能。系统的输入量如图 3-12 所示，主要为控制手柄、操作开关、限位开关。控制手柄主要是塔式起重机三大机构动作输入，操作开关主要包括一些旁路按钮、急停开关等，限位开关主要是进行限位信号的输入。PLC 控制器信号经由 CAN 总线的通信方式输出到变频器中，进而进行三大机构的动作控制。此外，该设计还有人机交互与远程监控两部分功能，分别经过 PLC 控制器内置的 RS485 总线通信模块以及 GPS/GPRS 通信模块进行通信。三个功能具体硬件电路图和软件设计见本章第四节和第五节。

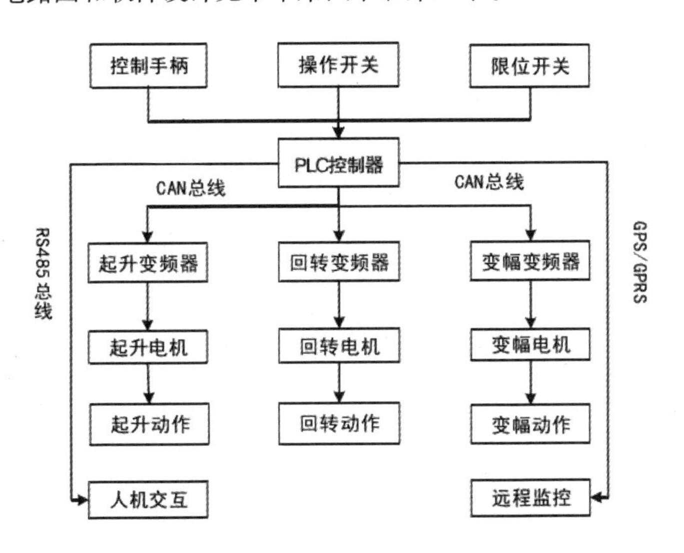

图 3-12　塔式起重机总体控制设计图

本节首先对塔式起重机进行整体介绍，然后对塔式起重机智能化控制系统总体方案进行研究设计，选定了整体控制系统的硬件框架，采用赫思曼 IMC 系列 PLC 控制器作为主控制模块，并对塔式起重机智能化控制系统软件功能框架进行了定义。

第四节　塔式起重机智能化控制系统硬件设计

一、塔式起重机智能化控制系统硬件选型

根据塔式起重机智能化控制系统的总体方案，结合徐州建机工程机械有限公司的 XGT7022-12 平头式塔式起重机的特点，XGT7022-12 平头式塔式起重机的 PLC 控制系统具体要求有工作的可靠性高、控制的灵活性高、接线快捷方便、便于拆卸和安装等。以 PLC 为核心的控制系统还必须具有使用方便、快捷、动态调整性能良好的特点，让塔式起重机的应用更加具有稳定性和可靠性。此外，硬件选型在满足系统要求性能的前提下，还要考虑其经济型、可管理性、易维护性，从而选择性价比最高的电器元件。

（一）PLC 控制器型号的选择

按照合作方要求，需采用徐州赫思曼电子有限公司生产的 PLC 控制器。徐州赫思曼的 PLC 控制器产品主要有 IMCA 系列、IMCT 系列、IMCC 系列等。IMC 系列控制器是赫思曼公司专门为移动机械控制而专门开发的一种 PLC 控制器。IMCA 系列控制器有频率输入、开关量输入、模拟量输入三种方式，内置 GPS 和 GPRS 芯片可实现定位和远程控制功能。PLC 控制器的选型首先需要确定的是输入和输出信号，由此来确定 PLC 控制器的型号。在本设计中，输入信号主要有手柄、限位开关、风速仪等，输出信号主要有指示灯、接触器等。表 3-1 和表 3-2 分别为本设计中的输入点和输出点统计。

表 3–1　输入点统计

输入功能	输入点	功能定义	总数
起升挡位	X00	上升一挡	6
	X01	下降一挡	
	X02	上升 / 下降二挡	
	X03	上升 / 下降三挡	
	X04	上升 / 下降四挡	
	X05	上升 / 下降五挡	
回转挡位	X06	左回转一挡	5
	X07	右回转一挡	
	X10	左 / 右回转二挡	
	X11	左 / 右回转三挡	
	X12	左 / 右回转四挡	
变幅挡位	X13	向外变幅一挡	4
	X14	向内变幅一挡	
	X15	向外 / 向内变幅二挡	
	X16	向外 / 向内变幅三挡	
旁路按钮	X17	旁路按钮	1
回转制动	X20	回转制动	1
力矩限制	X21	100% 力矩	3
	X22	80% 力矩	
	X23	力矩防松	
重量限制	X24	100% 重星	3
	X25	50% 重量	
	X26	25% 重量	

续表

输入功能	输入点	功能定义	总数
变幅限位	X27	变幅向外停止限位	4
	X30	变幅向外减速限位	
	X31	变幅向内停止限位	
	X32	变幅向内减速限位	
起升限位	X33	起升上停止限位	4
	X34	起升上减速限位	
	X35	起升下停止限位	
	X36	起升下减速限位	
回转限位	X37	左回转停止限位	2
	X40	右回转停止限位	
反馈与故障检测	X41	起升制动器反馈	6
	X42	起升风机无故障反馈	
	X43	起升变频器故障反馈	
	X44	回转风机故障	
	X45	回转顶升连锁	
	X46	起升制动器磨损	
总输入点数			39

表 3-2 输出点统计

输出功能	输出点	功能定义	总数
变幅控制区	Y2	变幅向内一挡	4
	Y3	变幅向外一挡	
	Y4	向内 / 向外二挡	
	Y5	向内 / 向外三挡	

续表

输出功能	输出点	功能定义	总数
回转控制区	Y10	回转向左一挡	7
	Y11	回转向右一挡	
	Y12	向左 / 向右回转二挡	
	Y13	向左 / 向右回转三挡	
	Y14	向左 / 向右回转四挡	
	Y15	回转制动	
	Y16	风标制动	
起升控制区	Y20	起升一挡	6
	Y21	下降一挡	
	Y22	起升 / 下降二挡	
	Y23	起升 / 下降三挡	
	Y24	起升 / 下降四挡	
	Y25	起升 / 下降五挡	
报警指示区	Y30	超力矩 100% 报警	5
	Y31	超力矩 80% 报警	
	Y32	超重量 100% 报警	
	Y33	超重量预警	
	Y34	蜂鸣器	
总输出点数			22

塔式起重机动作输入点主要有升降挡位动作输入、回转挡位输入、变幅挡位输入这三个共计 15 个输入点。这 15 个输入点主要通过驾驶员的操纵手柄进行输入。安全限位输入点共计有 16 个，主要包括力矩限制输入、重量限制输入、变幅限位输入、回转限位输入、升降限位输入等，这些输入主要是通过塔式起重机上各式各样的传感器进行检测进而将检测到的数据输入控制器的。反馈与故障检测输入共计有 6 个，当传感器检测到部件出现故障时，该传感器将信息输入控制器中。此外还设有旁路按钮和回转制动输入。塔式起重机输出点主要包括起升、

回转、变幅控制输出区和报警指示区。当输入为塔式起重机动作时，控制器会根据不同的动作输入来决定动作输出。报警指示区的作用就是当控制器有对应的报警信号输入时，会进行相应的输出，如蜂鸣器发出声响指示灯闪烁等。具体设计见本章第四节和第五节。

在本设计中，采用的是开关量输入，开关量输入端口有 40、32、24、16 四种，输出端口也有 40、32、24、16 四种。IMCT 系列控制器基于 32 位平台，有着更快的运行速度，端口总数最多有 90 个。IMCC 系列控制器端口仅有 14 个，远低于统计的输入输出端口数，故不考虑。三种 PLC 的具体参数见表 3-3，因此 IMCA 和 IMCT 控制器都符合控制要求，但考虑到性价比、实用性、功能实现等因素，相较之下，还是 IMCA 系列控制器更加适合。

综上考虑，选择赫思曼公司专门为塔式起重机定制开发的 IMCA 系列控制器更符合本设计的要求。在 IMCA 系列控制器中，其中一款产品 IMCA4040G 有输入点 40 个，输出点 40 个，满足本节设计所需的输入点 39、输出点 22 的要求。该控制器集成监控系统、数据记录、GPS/GPRS 模块远程传输功能，如图 3-13 所示为徐州赫思曼公司的 IMC 系列 PLC 控制器。如图 3-14 所示为徐州赫思曼公司的 IMC 系列 PLC 控制器实际安装图。

表 3-3　IMC 系列 PLC 控制器性能比较表

项目	IMCT 系列	IMCA 系列	IMCC 系列
外形尺寸	240 mm × 195.5 mm × 40 mm	156 mm × 124 mm × 52 mm	158 mm × 124 mm × 52 mm
重量	1.45 kg	0.8 kg	0.8 kg
连接方式	AMP121pin	MolexCMC48Pin	MolexCMC48Pin
防护等级	IP65	IP66	IP66/IP67
供电电压	10...36VDC	9...36VDC	10...36VDC
消耗电流	20mA@24V	100mA@24V	75mA@24V
CPU	32 bit	32 bit	16 bit
运行内存	1MBSRAM	128KBSRAM	16KBSRAM
程序空间	2.5MBFLASH	1MBFLASH	768KBFLASH
用户空间	32KBFRAM	32KBFRAM	.

续表

项目	IMCT 系列	IMCA 系列	IMCC 系列
实时时钟	有	无	无
编程软件	CODESYSV3.5	C	c
指示灯	2	3	12
CAN 接口	2×CAN2.0A/B	1×CAN2.0A/B	2×CAN2.0A/B
RS232 接口	1×RS232	1×RS232	1×RS232

图 3-13　IMC 系列 PLC 控制器

图 3-14　IMC 系列 PLC 控制器实际安装图

（二）变频器的选择

变频技术在塔式起重机的控制系统中的应用开始流行起来，该技术能够简化塔式起重机的控制系统结构，提高控制系统的稳定性和可靠性。在本设计中，塔式起重机的起升、变幅、回转、运行电动机都需要独立运行，整个系统由 3 台变频器传动，使用一台 PLC 控制器加以控制（图 3-15）。由于塔式起重机不同机构的工作要求不同，塔式起重机的不同机构电机参数等也不尽相同，因此在选择变频器时，要根据实际情况，合理选择变频器。对变频器的选择，通常是通过变频器的容量和型式两个方面去选择。塔式起重机的起升机构，对于整个塔式起重机总的性能至关重要。我国市场上变频器种类有很多，如三菱、安川、西门子、施耐德等。起升机构所用电机为 YZP2225M2-4B45kW 变频电机，功率大，转速高。为了使系统有效运行，保证系统的安全性和可靠性，本书选择了法国的施耐德 ATV71 系列变频器，如图 3-16 所示。ATV71 系列变频器适用于起重机的起重，将高性能和先进的功能完美融合在一起，且具有良好的抗高粉尘、抗高污染、抗电网谐波的特性，有着良好的人机界面和操作方式，因此参照产品规格表，选择 ATV71HD45N4 变频器。

回转机构所用电机为 YTRVFW132M1-4F5.5kW 变频电机，变幅机构所用电机为 YVFE3-112M1-44kW 变频电机，相较于起升机构，所用电机的功率较小，转速较低，在考虑系统性能的前提下，本着经济性的原则，回转机构和变幅机构采用的是深圳麦格米特公司的 MV600L 系列变频器，如图 3-17 所示。MV600L 系列变频器是一款新一代高性能的专门应用于起重机行业的变频器，能够满足本设计的各种要求。考虑到留有一定余量，根据 MV600L 产品系列表，选择 MV600L-4T7.5 型变频器。两款变频器都可以采用 CAN 总线的通信方式和控制器进行通信。ATV71 系列变频器和 MV600L 系列变频器的性能参数表分别见表 3-4 和表 3-5。

图 3-15　PLC 控制器安装图

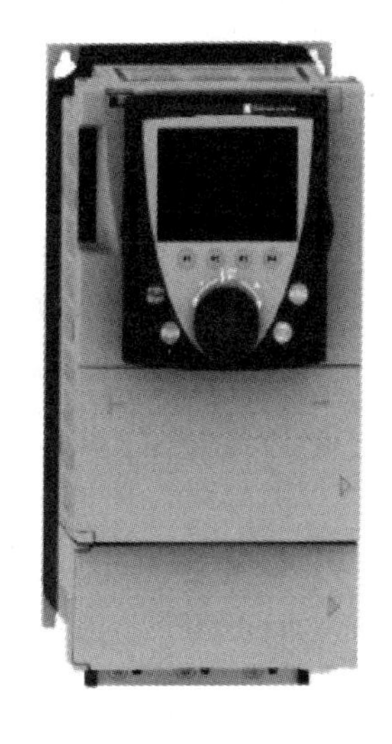

图 3–16　施耐德 ATV71 系列变频器

图 3–17　MV600L 系列变频器

表 3–4　ATV71 系列变频器性能参数表

功率输入	电机功率	45 kW
	最大线路电流	380V：104A
	最大预期短路电流	5 kA
	视在功率	62.7 kVA
	最大充电电流	200 A
功率输出	最大可用额定电流	94 A
	最大瞬时电流	60s：141 A
		2s：155 A

表 3–5　MV600L 系列变频器性能参数表

功率输入	额定电压	3 相：380 ～ 480 V
	额定输入电流	20.5 A
	额定功率	50/60 Hz

续表

	标准适用电机	起升电机
功率输出	额定容量	11.0 kVA
	额定电流	17.0 A
	输出电压	0～额定输入电压（V）
	过载能力	200% 额定电流 0.5 s
运动控制性能	控制方式	无 PG 矢量控制，带 PG 矢量控制，VF 控制，带 PGVZF 控制
	最大输出频率	VF 控制 3000 Hz，其他 650 Hz
	调速范围	无 PG，1：200；带 PG1：1000
	速度控制精度	无 PG 0.2%；带 PG 002%
	速度波动	无 PG 0.3%；带 PG 0.1%
	转矩响应	带 PG<5 ms；带 PG<10 ms
	转矩控制	无 PG 7.5%；带 PG 5%
	启动转矩	无 PG 150%；带 PG 200%

（三）风速仪的选择

在本设计中，需要通过风速仪来进行风速的检测和处理。风速检测结果是塔式起重机能否正常开机工作的必要前提之一，是塔式起重机工作过程中是否能够继续安全工作的必要保障。风速仪能够判断风速大小，并将检测结果传送到控制器中，是本系统风速监测的重要一环。通过设置最大风速来判别是否到达最大风速，当达到最大风速时要停止工作，这对施工安全有着极为重要的作用。国内使用较多风速仪的品牌有优利德、藤原、TZZT 等，在综合考虑控制系统性能和经济性原则后，选择了 FA013A 型风速仪，如图 3–18 所示。FA013A 型风速仪是机械式风速仪，采用非接触式磁传感检测原理，具有抗干扰能力强、可靠性高、工作范围广、FA013 风速测量范围宽等优点，风速仪主要参数表如表 3–6 所示。

图 3–18 FA013A 型风速仪

表 3-6　FA013A 型风速仪主要参数表

工作电压	VCC=DC18 V-DC30V
工作电流	＜ 35 mA
启动风速	＜ 0.5 ni/s
抗风强度	＞ 70 m/s
测量范围	0.5 ～ 6 m/s
分辨率	0.1 m/s
输出方式	电流输出，4 ～ 20 mA 三线电流信号
测量精度	＜ 5 m/s

（四）行程限位器选择

行程限位器的作用是防止起重机发生撞车或限制在一定范围内行驶的保险装置。它一般安装在主动台车内侧，主要是安装一个可以拨动扳把的行程开关。另在轨道的端头（在运行限定的位置）安装一个固定的极限位置挡板，当塔吊运行到这个位置时，极限挡板即碰触行程开关的扳把，切断控制行走的电源，再合闸时塔吊只能向相反方向运行。

幅度、高度、回转三个动作都需要行程限位器，在对市面上主要的行程限位器进行对照后，高度限位器选择了 DXZ1：360W，幅度限位器选择了 DXZ（A）-1-5-4-W，回转限位器选择了 DXZ（A）-1-4-4-W。这三种不同型号的行程限位器都适用于塔式起重机的动作限位，具有体积小、精度高、限位可调等优点，适用于本设计中的塔式起重机动作限位，如图 3-19 所示。

图 3-19　行程限位器

（五）力传感器的选择

本设计所使用的力传感器选择徐州赫思曼公司的 MA 销轴力传感器。徐州赫思曼公司的销轴力传感器通过贴片技术，确保传感精度，适合于塔式起重机的测力，其销轴传感器配备有标准电流接口、CAN 总线接口和无线接口。精度等级达到了 0.5%FS，测量范围可在 10 kN 到 5000 kN 之间，图 3–20 为本设计所选用的销轴力传感器。

图 3–20　销轴力传感器

（六）无线遥控器的选择

本设计所使用的无线操控和接收装置是由上海海希工业生产的 SpectrumB 型无线发送器和 FSE726radiobus 型无线接收装置，采用 2.4 GHz 智能频率管理技术，该技术已经集成于无线系统，完全自动工作。该无线操控和接收装置不再需要手动与其他无线用户协调频率，节省了宝贵时间，主要用于远程启动塔式起重机、塔式起重机小车前后动作，起升机构的起升操作、起重臂的回转操作、无线遥控信号接收装置如图 3–21 所示，无线遥控操作装置如图 3–22 所示。

图 3–21　无线遥控信号接收装置

图 3–22　无线遥控操作装置

二、塔式起重机电气系统设计

（一）三大机构主回路电路设计

起升机构电路设计主要包括三大部分，一是升降保护及变频器电路设计，二是起升制动器控制电路设计，三是起升风机电路设计。三相电通过一个总的三极断路器和上述三部分连接起来，用以进行电路及其元器件的保护和控制。起升机构主回路电路图如图 3–23 所示。

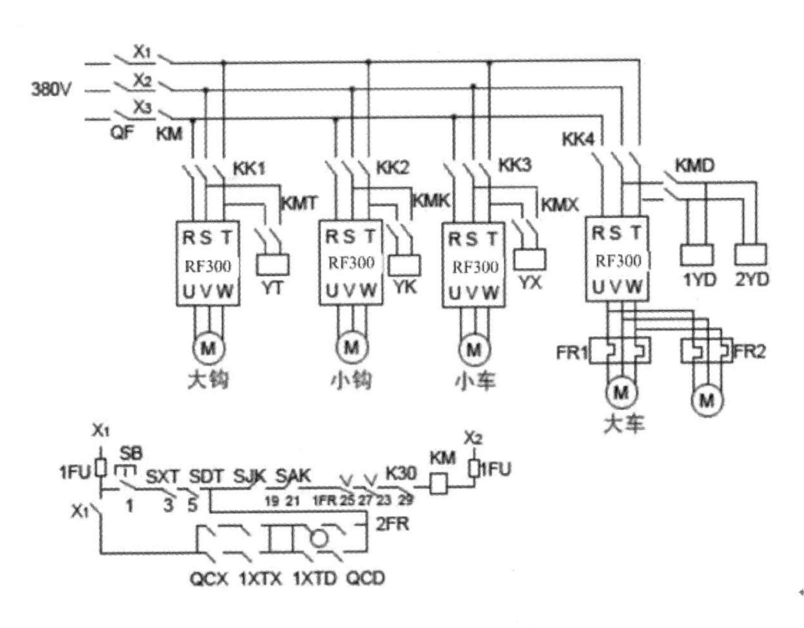

图 3–23　起升机构主回路电路图

三相电的 UVW 分别和高压变频器 HINV 的输入端的 RST 三相连接起来。

变频器输出分为三部分，一是起升电机，二是起升编码器，三是起升制动电阻。本设计使用的起升机构所用起升电机为 YZP2225M2-4B45kW 变频电机。起升编码器的作用就是测量起升机构的距离和速度。起升制动电阻在制动过程中对起升机构进行保护。起升制动器在起升机构中是十分重要的部件，主要用来保证塔式起重机安全工作。在起升机构中，必须使用可靠的制动器来保证塔式起重机的重物能够停止在空中。设计起升风机电路是为了使起升电机更加可靠连续的工作。回转机构设计主要包括回转风机控制及保护、回转机构变频控制及保护、回转变压器控制及保护和制动器供电及控制。回转机构主回路电路图如图 3-24 所示。回转机构有两个回转电机工作，当两电机同时正转时，塔式起重机右转，当两电机同时反转时，塔式起重机左转。三相电的 UVW 三相通过一个三极断路器分别接到变频器的 RST 上，同时在变频器的输入端还有回转制动电阻的接入。而变频器输出端为两个回转电机，本设计所用回转电机 YTRVFW132M1-4F5.5kW 变频电机。每个回转电机都连接一个回转涡流制动器，同起升机构类似，其作用就是起制动作用，能够保证回转机构安全地在所需位置停止。

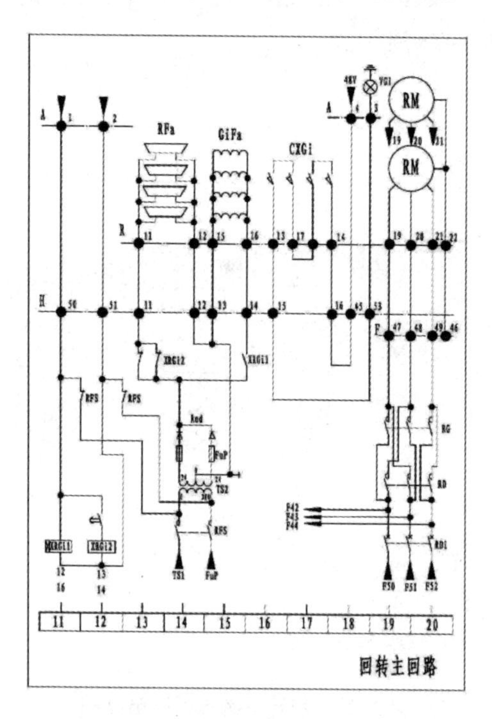

图 3-24　回转机构主回路电路图

同提升机构类似，回转机构也有回转风机。回转风机起到一个强制通风的作用，能够使回转电机加快散热，能够在低转速甚至堵转时正常工作。因为回转机构存在着两个回转电机，因此在设计时，每个回转电机配有一个回转风机，故回转机构也有两个回转风机。塔式起重机所用的三相电电压为 380 V，而回转制动器所需电压为 300 V，因此在设计电路时在回转机构处设计了一个回转变压器来为制动器供电。

变幅机构电路设计主要包括变幅变频控制及保护电路设计、变幅制动器电路设计和顶升泵站电源电路设计三部分。

三相电的 UVW 三相通过一个三极断路器与变频器输入端 RST 进行连接，同时变频器输入端也设计了变幅制动电阻。同起升机构和回转机构一样，为了能够使塔式起重机在合适幅度位置安全停止，也设计了变幅制动器来使塔式起重机安全工作。变幅机构主回路电路图如图 3–25 所示。

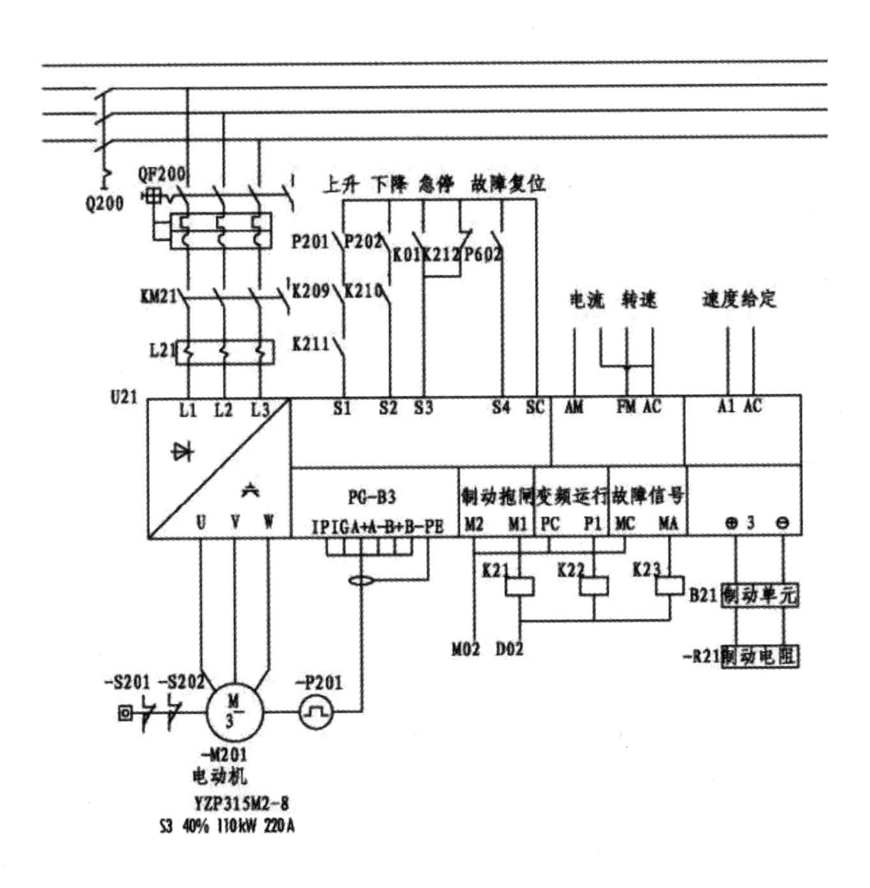

图 3–25　变幅机构主回路电路图

XGT7022-12 塔式起重机设计有液压顶升装置，其作用是将塔式起重机上部结构顶起，来增加或减少一个标准节，从而实现塔式起重机的升高或降下。在变幅机构处设计一个顶升泵站电源，来为液压顶升装置提供电源。

以上为塔式起重机三大机构的主回路电路设计。塔式起重机三大机构的性能直接决定着整个塔式起重机的性能。因此在设计时，本书充分考虑电路设计的合理性和塔式起重机机身占用空间狭小的特点，将塔式起重机电路尽可能设计得简单可靠，尽量少占用宝贵的空间资源。实际塔式起重机生产时，要考虑现场的实际情况，合理进行电路设计的改进，使塔式起重机更加安全、可靠，符合当时当地的施工条件。在安装和拆卸塔式起重机时，要注意对塔式起重机电路的保护，以防止出现各种施工安全事故，减少财产损失。

（二）三大机构控制回路电路设计

三大机构控制回路电路设计的关键是 PLC 的外围电路设计。其中 PLC 的外围电路设计包括两部分，一部分是操作手柄的输入指令电路设计，另一部分是保护监控电路的设计。此外还有起升制动器、起升风机、起升变频器的控制电路设计。

起升机构的指令输入是通过联控台的控制手柄输入来进行的。如图 3-12 所示，PLC 的控制手柄输入端口为 X00、X01、X02、X03、X04、X05，其分别对应着的是上升一挡，下降一挡，上升 / 下降二挡，上升 / 下降三挡，上升 / 下降四挡，上升 / 下降五挡。当驾驶员使用手柄进行不同操作时，便会得到不同的挡位。起升机构监控是通过另外一块 PLC 来进行的。其主要是对起升机构的制动情况和风机故障进行反馈。PLC 根据输入信号将信息进行处理，然后输出，作用到起升制动器和起升风机上。对于起升变频器的控制电路设计，主要是指起升变频器的抱闸控制，对于有机械制动机构即抱闸制动的电机，需要对电机的开启和闭合进行控制，是利用 PLC 编程控制或变频器内部的抱闸程序来进行控制的。如图 3-26 中的 PLC 输入端部分所示，X00 输入为 ON，表示上升一挡；X01 输入为 ON，表示上升 / 下降一挡；X00/X01 为 ON，X02 为 ON，表示上升 / 下降二挡；X00/X01 为 ON，X02 为 ON，X03 为 ON，表示上升 / 下降三挡；X00/X01 为 ON，X02 为 ON，X03 为 ON，X04 为 ON，表示上升 / 下降四挡；X00/X01 为 ON，X02 为 ON，X03 为 ON，X04 为 ON，X05 为 ON，表示上升 / 下降五挡。表 3-7 为起升机构的输出动作控制逻辑表。如表 3-7 所示，当输入为上升一挡时，Y20、Y22、Y25、KAHB2 为 ON，此时 PLC 控制输出为上升、多段速 1，即上升一挡，风机制动和起升风机为 ON，即起升风机和起升制动器工作。同理，当输入为上升二挡时，Y20、Y23、Y25、KAHB2 为 ON，表示的是上升二挡，以此类推。上升时 Y20 有输出表示上升，下降时 Y21 有输出表示下降，二者不能同时有输出。不论起升机构在何种速度下工作，都要满足 X42 为 ON，X43 为 ON，即对风机和变频器进行故障监控反馈。不论起升机构在何种速度下工作，起升制动和起升风机都要工作，起升制动是为了防止紧急事件发生而进行的紧急制动，起升风机是为了给电机降温。

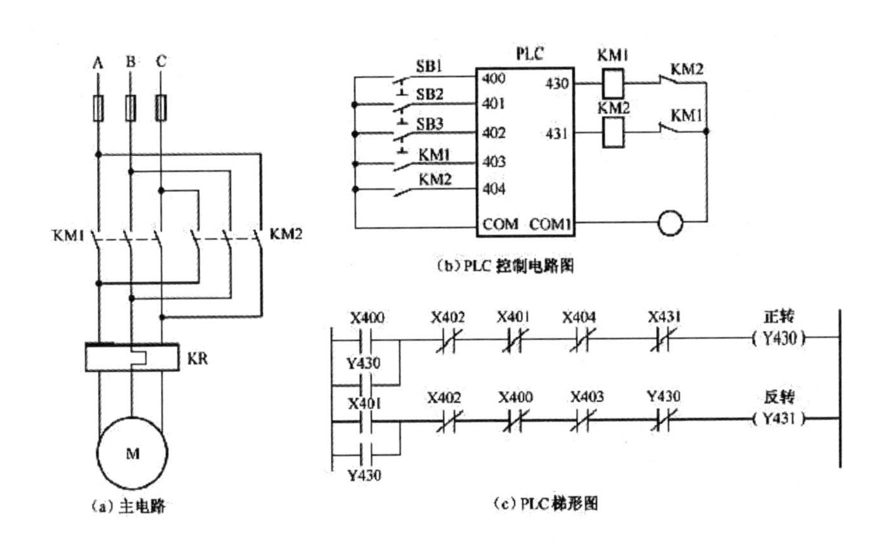

图 3-26　起升机构 PLC 控制图

表 3-7　起升机构的输出动作控制逻辑表

名称	上升	下降	多段速 1	多段速 2	多段速 3	起升制动	起升风机
输出点	Y20	Y21	Y22	Y23	Y24	Y25	KAHB2
上升一挡	ON		ON			ON	ON
上升二挡	ON			ON		ON	ON
上升三挡	ON		ON	ON		ON	ON
上升四挡	ON				ON	ON	ON
上升五挡	ON		ON		ON	ON	ON
下降一挡		ON	ON			ON	ON

续表

名称	上升	下降	多段速 1	多段速 2	多段速 3	起升制动	起升风机
下降二挡		ON		ON		ON	ON
下降三挡		ON	ON	ON		ON	ON
下降四挡		ON			ON	ON	ON
下降五挡		ON	ON		ON	ON	ON

回转机构的控制回路电路设计主要包括回转指令输入部分电路设计、反馈和监控部分电路设计、回转变频和制动部分电路设计等。回转指令输入是指驾驶员通过控制手柄进行回转信号输入，回转信号输入的 PLC 端口为 X06、X07、X10、X11、X12，其分别对应着左回转一挡，右回转一挡，左 / 右回转二挡，左 / 右回转三挡，左 / 右回转四挡。当驾驶员进行不同操作时，会进行向左或向右的不同速度的回转动作。

另一部分 PLC 进行回转制动控制、风标制动和风机控制。当风机、回转等有信号输入时，PLC 进行信号处理并将处理结果输出到风标风机和回转制动器上来进行相应的操作。回转制动是通过回转涡流制动器来进行的，要对回转涡流变频器进行控制，从而进行涡流制动控制。

如图 3–27 中 PLC 输入端口所示，当 X06 为 ON，此时输入表示为回转向左一挡，当 X07 为 ON，此时输入表示向右回转一挡，当 X06 为 ON/X07 为 ON，X10 为 ON，此时输入表示为回转向左 / 向右二挡，当 X06 为 ON/X07 为 ON，X10 为 ON，X11 为 ON，表示的是回转向左 / 向右三挡，X06 为 ON/X07 为 ON，X10 为 ON，X11 为 ON，X12 为 ON 时，表示的是回转向左 / 向右四挡。在回转机构工作时，不管是何种速度，都要满足 X20 为 OFF，X44 为 ON，X45 为 OFF，即为回转制动无输入，回转风机无故障，回转顶升连锁。

表 3–8 为回转机构的输出动作控制逻辑表。当输入为 X06 为 ON 时，即回转向左一挡，此时 PLC 输出点 Y10、Y12、Y15、Y17 为 ON，即表示左回转、多段速 1、回转制动、回转风机有信号输出，即为回转向左一挡。其他输出以此类推。

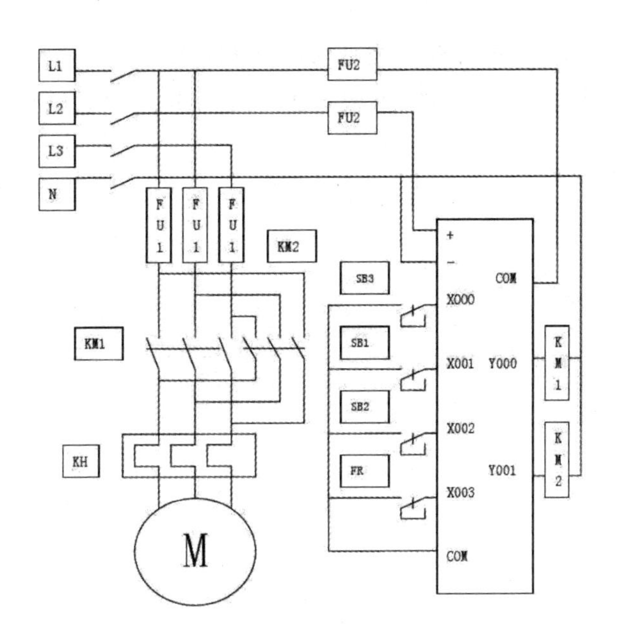

图 3-27 回转机构 PLC 控制图

表 3-8 回转机构的输出动作控制逻辑表

名称	左回转	右回转	多段速 1	多段速 2	多段速 3	回转制动	回转风机
输出点	Y10	Y11	Y12	Y13	Y14	Y15	Y17
左回转一挡	ON		ON			ON	ON
左回转二挡	ON			ON		ON	ON
左回转三挡	ON		ON	ON		ON	ON
左回转四挡	ON				ON	ON	ON
左回转五挡	ON		ON			ON	ON
右回转一挡		ON		ON		ON	ON
右回转二挡		ON	ON	ON		ON	ON
右回转三挡		ON				ON	ON
右回转四挡		ON			ON	ON	ON

变幅机构 PLC 输入控制图如图 3-28 所示，当 X13 为 ON 时，输入指令为变幅向外一挡。当 X14 为 ON 时，输入指令为变幅向内一挡。当 X13 为 ON/X14

为 ON，X15 为 ON 时，输入指令表示为向外 / 向内变幅二挡。当 X13 为 ON/X14 为 ON，X15 为 ON，X16 为 ON 时，输入指令表示为向外 / 向内变幅三挡。

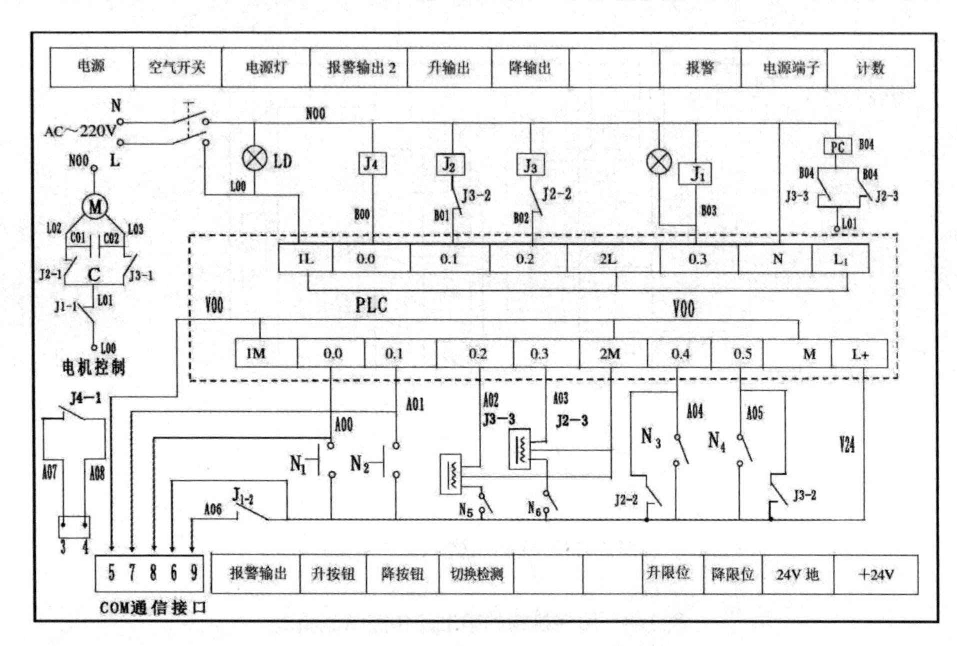

图 3–28　变幅机构 PLC 输入 控制图

表 3–9 为变幅机构动作输出控制逻辑表。当输入指令为向外变幅一挡时，PLC 输出口 Y2、Y4、KAVB 有输出，即向外变幅、多段速 1，即为动作输出向外变幅一挡。其他动作以此类推。不论变幅机构以何种挡位运行，其变幅制动始终是工作的，以防止出现紧急情况。

表 3–9　变幅机构动作输出控制逻辑表

名称	向外变幅	向内变幅	多段速 1	多段速 2	变幅制动
输出点	Y2	Y3	Y4	Y5	KAVB
向外一挡	ON		ON		ON
向外二挡	ON			ON	ON
向外三挡	ON		ON	ON	ON
向内一挡		ON	ON		ON
向内二挡		ON		ON	ON
向内三挡		ON	ON	ON	ON

（三）联动台控制电路设计

塔式起重机联动台，主要用于 50 Hz、额定电压 380 V 及以下的 1 ～ 5 挡调速、制动、缓冲、阻尼、联动、分动等。塔式起重机联动台一般分为左联动台和右联动台，如图 3–29 所示。在本设计中，左联动台适用于回转机构和变幅机构的控制，而右联动台适用于起升机构的控制。左联动台操作手柄有两个方向，一个用于变幅机构，共有 3 个挡位，一个用于回转机构，共有 4 个挡位。右联动台有一个控制手柄，用于起升机构的控制，共有 5 个挡位。此外，左联动台还有启动指示灯、风标指示灯等指示灯和旁路按钮、风标制动按钮和回转顶升连锁开关等按钮。右联动台主要设置了一些力矩、重量的指示灯和急停按钮、电笛等按钮。联动台动作信号和 PLC 输入连接，联动台指示灯和 PLC 输出信号相连接。

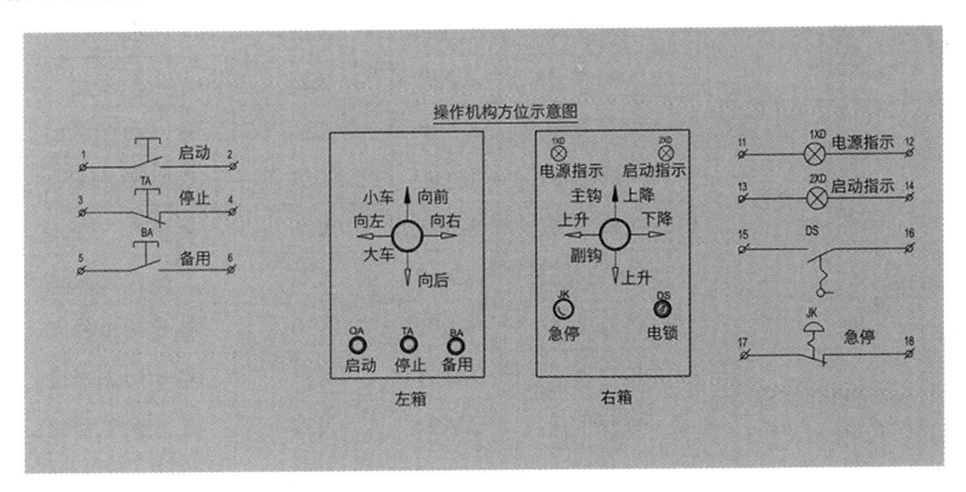

图 3–29　联动台电路设计

（四）限位报警电路设计

限位报警电路是塔式起重机安全工作必不可少的一环。限位保护电路主要是对塔式起重机工作过程中力矩、重量、起升动作、回转动作、变幅动作等进行限位，以免在塔式起重机工作过程中出现重量、力矩、动作幅度等超限。

限位保护电路输入端的信号采集是由重量限制器即测力环来测量并给出的。限位报警电路主要包括输入信号起升、回转、变幅等动作信号，起升力矩保护信号、起升重量保护信号。其输出信号是由限位器和警报灯来指示的。表 3–10 描述的是限位器报警输入信号，当有报警信号输入时，限位电路会根据这些不同的信号做出不同的动作，如当 100% 重量信号从 X21 端口输入时，塔式起重机会进行停止动作操作，同时会发出 100% 重量报警信号，防止出现过载危险。

表 3-10　限位报警输入信号

输入信号	信号	名称	PLC 端口	备注
	旁路按钮	SSJ	X14	
	风标制动	SSF	X15	
起升力矩保护信号	100% 力矩	KA80	X16	停止
	80% 力矩	KA81	X17	报警
	力矩防松	KA82	X20	
起升重量保护信号	100% 重量	KA83	X21	停止
	75% 重量	KA84	X22	报警
	35% 重量	KA85	X23	换速
变幅动作信号	变幅外停	KA 86	X24	变幅向外停止
	变幅外减速	KA87	X25	变幅向外减速
	变幅内停	KA88	X26	变幅向内停止
	变幅内减速	KA89	X27	变幅向内减速
起升动作信号	起升上停	KA90	X30	起升向上停止
	起升上减	KA91	X31	起升向上减速
	起升下停	KA92	X32	起升向下停止
	起升下减	KA93	X33	起升向下减速
回转动作信号	左回转停	KA94	X34	回转向左停止
	左回转减	KA95	X35	回转向左减速
	右回转停	KA96	X36	回转向右停止
	右回转减	KA97	X37	回转向右减速

输出信号通过 PLC 公共输出端口 com3 分别传送到力矩限位器、重量限位器、变幅限位器、回转限位器、起升降限位器，从而分别进行力矩（100% 力矩、80% 力矩）、重量（100% 重量、75% 重量、35% 重量）、起升动作、回转动作、

变幅动作等限位保护。此外，在输出端口设有 100% 力矩，80% 力矩，100% 重量，50% 重量的指示灯和一个蜂鸣器。当起重重物达到或超出上述要求时，对应的指示灯亮起，同时蜂鸣器按照软件设计，发出固定声响。表 3–11 为限位报警输出信号。

在 PLC 输出端口设置中，由于限位报警信号输出较多，为了更好地节省空间、成本等资源，选择通过 com3 公共输出端口进行输出，然后将这些信号再从 com3 口发送至各个限位器。各限位器接收到从 com3 端口的输出信号后，根据这些限位信号所传递的信息，再从各限位器的输出端口进行对应的信号输出，从而达到限位保护的目的，使塔式起重机进行相应的动作来保证塔式起重机的安全工作。

表 3–11　限位报警输出信号

<table>
<tr><th>输出信号</th><th>信号</th><th>名称</th><th>PLC 端 1</th></tr>
<tr><td rowspan="18">报警报信号</td><td>100% 力矩</td><td>KA80</td><td rowspan="18">PLC 内部逻辑控制</td></tr>
<tr><td>80% 力矩</td><td>KA81</td></tr>
<tr><td>力矩防松</td><td>KA82</td></tr>
<tr><td>100% 重量</td><td>KA83</td></tr>
<tr><td>75% 重量</td><td>KAS4</td></tr>
<tr><td>35% 重量</td><td>KA85</td></tr>
<tr><td>变幅外停</td><td>KA86</td></tr>
<tr><td>变幅外减速</td><td>KA87</td></tr>
<tr><td>变幅内停</td><td>KAS8</td></tr>
<tr><td>变幅内减速</td><td>KA89</td></tr>
<tr><td>起升上停</td><td>KA90</td></tr>
<tr><td>起升上减速</td><td>KA91</td></tr>
<tr><td>起升下停</td><td>KA92</td></tr>
<tr><td>起升下减速</td><td>KA93</td></tr>
<tr><td>左回转停</td><td>KA94</td></tr>
<tr><td>左回转减速</td><td>KA95</td></tr>
<tr><td>右回转停</td><td>KA96</td></tr>
<tr><td>右回转减速</td><td>KA97</td></tr>
</table>

续表

输出信号	信号	名称	PLC 端 1
报警报信号	超力矩 100% 报警	HML	Y30
	超力矩 80% 预警	HMA	Y31
	超重量 100% 报警	HLL	Y32
	超重量 50% 预警	HLC	Y33
	蜂鸣器	HBZ	Y34

例如，当 X21 输入口有输入时，即起重机起重重量达到 100% 重量，这时 PLC 从 com3 输出口输出信号为 100% 重量信号，该信号会被传送到重量限位器中，最后 100% 重量信号会从重量限位器的 KA80 端口输出，即表示当前起重重量已达到最大重量的 100%。此外，100% 重量报警灯会闪烁，蜂鸣器会发出连续三声报警声。此外，塔式起重机控制系统会进行起升动作挡位的限制，具体塔式起重机软件设计见下一节。

（五）安全监控电路设计

塔式起重机安全监控，主要用于预防作业过程中可能导致的安全事故，例如超载，通过监控起重机本身的幅度、高度、重量、额定力矩等起重机的本身工作姿态，以及外部工作环境的风速等因素，给操作者最直接的判断依据。监控系统的输入信号表如表 3-12 所示。采集信号的模拟电路设计、安全监控电路设计分别如图 3-30 和图 3-31 所示。

表 3-12　监控系统的输入信号表

监控信号	信号类型	PLC 端口
重量	4–20 niA	X40
风速	4–20 niA	X41
高度	4–20 niA	X44
幅度	4–20 niA	X45
回转	4–20 niA	X46

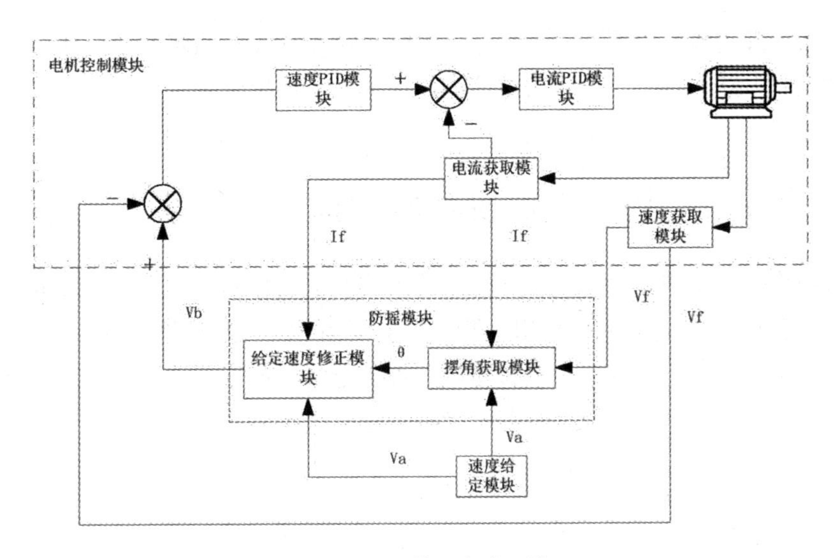

图 3-30　模拟电路设计

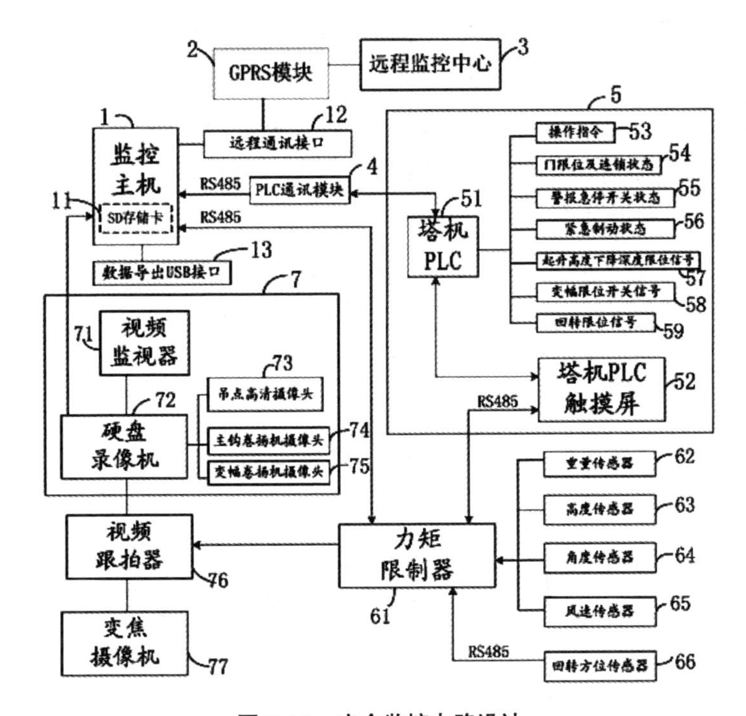

图 3-31　安全监控电路设计

本节首先根据塔式起重机智能控制系统的功能对主要部件进行硬件选型设计，包括 PLC 控制器、变频器、风速仪、行程传感器、力传感器、无线遥控器。

然后对塔式起重机电气系统进行详细设计包括主动作控制回路电路设计、联动操作平台控制电路设计、安全报警电路的设计、安全监控电路设计等。

第五节　塔式起重机智能化控制系统软件设计

传统塔式起重机控制系统采用继电器硬接线电气控制系统，虽然成本低，但是智能化程度低，无法进行数据运算。本节利用PLC控制器与变频器设计的控制系统，可以克服上述缺点，通过塔式起重机电气控制系统软件开发来实现塔式起重机所有动作并且能够对塔式起重机进行安全监控。

一、智能化控制系统软件设计框图

塔式起重机电控系统包括控制器、三大机构以及多种传感器。塔式起重机控制系统网络拓扑形式图如图3-32所示。其中PLC作为控制器核心，承担着整机动作的逻辑运算；通过PLC输出控制中间继电器，进而实现继电器对接触器的控制，实现对相应起升电机、回转电机、变幅电机的控制，GPS、安全监控系统与PLC集成，其将采集到的信号传送至中央控制器PLC进行逻辑运算，再接收中央控制器PLC运算后的命令进行输出。因此，塔式起重机控制程序包含多个部分，以中央控制器PLC所运行的控制程序为主。

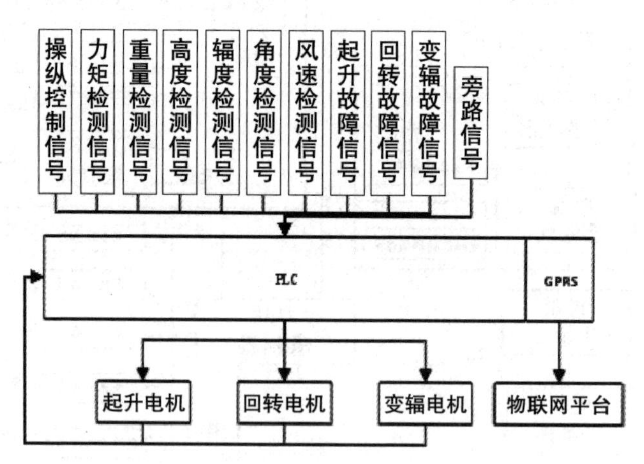

图3-32　塔式起重机控制系统网络拓扑形式图

本节所论述的IMCA4040GPLC控制器程序设计开发是利用MultiprogExpress5.50编程软件来完成的。MultiprogExpress5.50编程软件是德国科维（KW）公司提供的基于目前主流 CPU 以及操作系统或者无操作系统的 PLC 解决方案，完全基于 C++ 的优秀框架设计，并提供基础的 IEC 61131–3 标准中规定的算法指令，用户可以通过使用 C# 或 C/C++ 来进行开发实现。

本设计主要包括四大部分，即基本动作控制（包含变幅动作、起升动作、回转动作），安全保护控制（包含变幅限位报警、回转限位报警、起升限位报警、重量限位报警、力矩限位报警、顶升限位报警、GPS 报警），远程控制（包含远程数据监控、远程控制、远程升级）以及数据记录（包含操作事件记录），如图 3–33 所示。

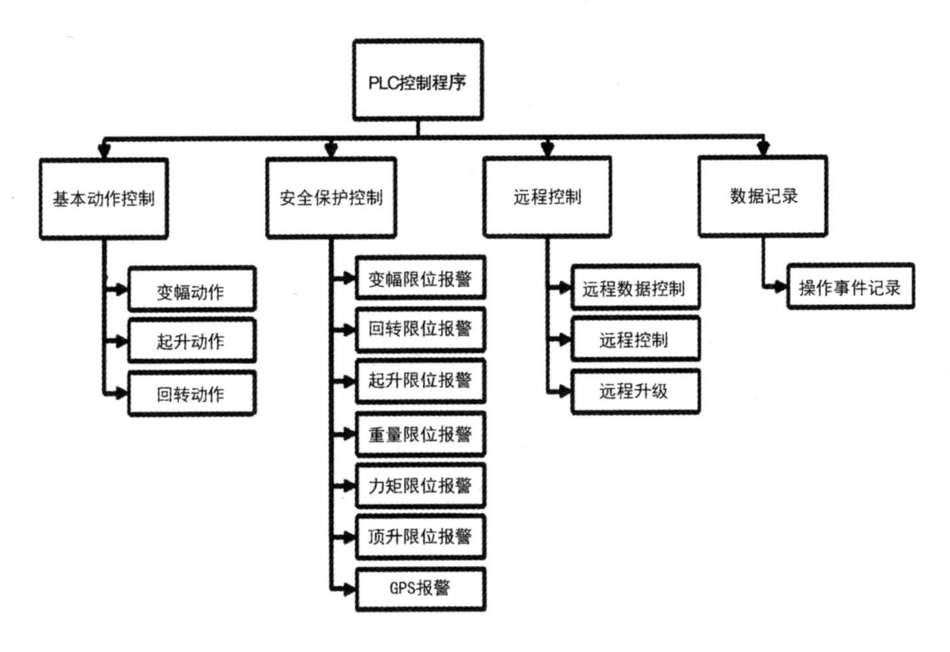

图 3–33　PLC 控制程序功能图

在本设计中，塔式起重机控制系统主要是由塔式起重机联动台和 PLC 共同进行控制。如图 3–34 所示为塔式起重机控制流程图。在塔式起重机启动前，先启动 PLC 进行信息查询与自检功能。若存在问题，结束此次塔式起重机启动，进行检查，若不存在问题，则启动塔式起重机。若塔式起重机自检后没有故障，则塔式起重机驾驶员可以进行塔式起重机动作输入，之后塔式起重机根据当前力矩、重量、风速、是否处在极限位置等进行检查后，将指令传送到变频器，通过起升、回转、变幅三大动作来将重物移动到指定位置。

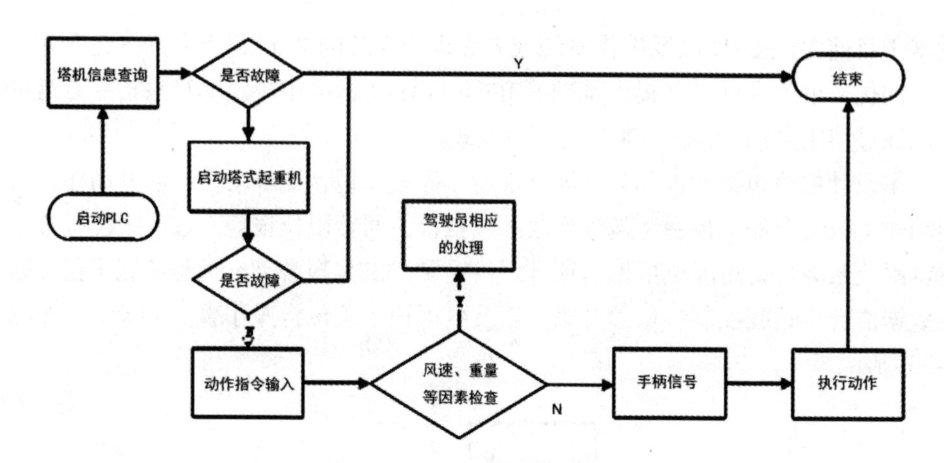

图 3-34　塔式起重机控制流程图

二、塔式起重机主动作程序设计

（一）启停控制

本设计中塔式起重机的启动要保证安全，在塔式起重机启动动作之前，要对当前塔式起重机状态进行检测，满足启动条件时才能进行启动，控制流程如图 3-35 所示，控制功能设计如下：

①在塔式起重机需要作业时，先应检查电压表的读数看是否正常，然后合上总断路器。总断路器闭合后，按右联动台面板上的启动按钮，当旋转释放联动台急停按钮、并按下此按钮时，系统启动（主回路的总接触器和控制回路的总接触器接通），左联动台上的绿色系统启动电源指示灯亮，同时控制电笛鸣叫，允许塔式起重机启动动作。

②急停按钮位于右联动台的面板上，按下急停按钮时切断主回路的总接触器和控制回路的总接触器，从而使各机构紧急停车，不允许塔式起重机动作。

（二）启升控制

本设计中塔式起重机的升降控制可在中央控制器 PLC 与起升变频器之间通过控制端子和 CAN 总线两种控制方式来实现，下面优先选用 CAN 总线控制方式进行起升机构挡位逻辑处理，起升控制系统的控制功能设计如下：

①在起升机构动作时，首先要确认起升变频器是否处于有效状态，起升机构只有在有效状态下才能进行起升动作；

②在进行起升机构动作时，有上升、下降各五个挡位，可以通过 PLC 面板

输入输出的有效指示灯确认各挡位情况，同时变频器面板上显示相应挡位的频率。

（三）回转控制

本设计中塔式起重机的回转控制可在中央控制器 PLC 与回转变频器之间通过控制端子和 CAN 总线两种控制方式来实现，下面优先选用 CAN 总线控制方式进行回转机构挡位逻辑处理，回转控制系统的控制功能设计如下：

①在回转机构动作时，首先要确认当前回转变频器是否处于有效状态，回转机构只有在有效状态下才能进行回转动作；

②在进行回转机构动作时，有左回转、右回转各四个挡位，可以通过 PLC 面板输入输出的有效指示灯确认各挡位情况，同时变频器面板上显示相应挡位的频率。

塔式起重机启停流程如图 3–35 所示。

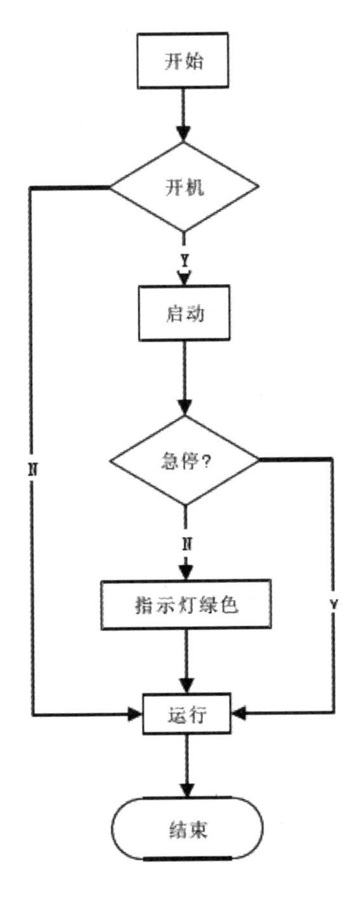

图 3–35　塔式起重机启停流程

（四）变幅控制

本设计中塔式起重机的变幅控制可在中央控制器 PLC 与变幅变频器之间通过控制端子和 CAN 总线两种控制方式来实现，下面优先选用 CAN 总线控制方式进行变幅机构挡位逻辑处理，变幅控制系统的控制功能设计如下：

①在变幅机构动作时，首先要确认当前变幅变频器是否处于有效状态，变幅机构只有在有效状态下才能进行变幅动作；

②在进行变幅机构动作时，有向外、向内各三个挡位，可以通过 PLC 面板输入输出的有效指示灯确认各挡位情况，同时变频器面板上显示相应挡位的频率。

（五）回转顶升联锁控制

本设计中当联动台上的回转顶升联锁开关 SSP 选择到回转位置时，此时回转运动能正常运行，而顶升供电接触器 KPP 断开，顶升系统不能工作。当联动台上的回转顶升联锁开关 SSP 选择到顶升挡时，此时回转运动不能运行，而顶升接触器 KPP 吸合，顶升系统能正常工作。回转制动功能的实现过程是当按下回转制动按钮时，回转运动会立即停止，回转制动器会抱闸。

回转制动系统的控制要求如下：

①回转制动的控制器总线状态正常；

②回转制动功能不影响各辅助制动的独立操作；

③回转制动时，综合制动效能达到最大。

风标电动释放控制功能的实现过程：当同时按下旁路按钮和回转制动按钮 5 s 以上时，回转风标会制动释放，如果释放成功，联动台上的风标释放指示灯会亮绿色。

（六）无线遥控

本设计无线遥控通过 2.4G 通信技术发送操作指令，无线遥控的接收端将操控指令转变 CAN 总线信息，并将信息传递给 PLC 控制系统。PLC 控制系统根据接收到的指令响应，通过逻辑判断处理，给变频器输出频率挡位信息，从而实现无线遥控操作。无线遥控操作的控制流程图如图 3–36 所示。

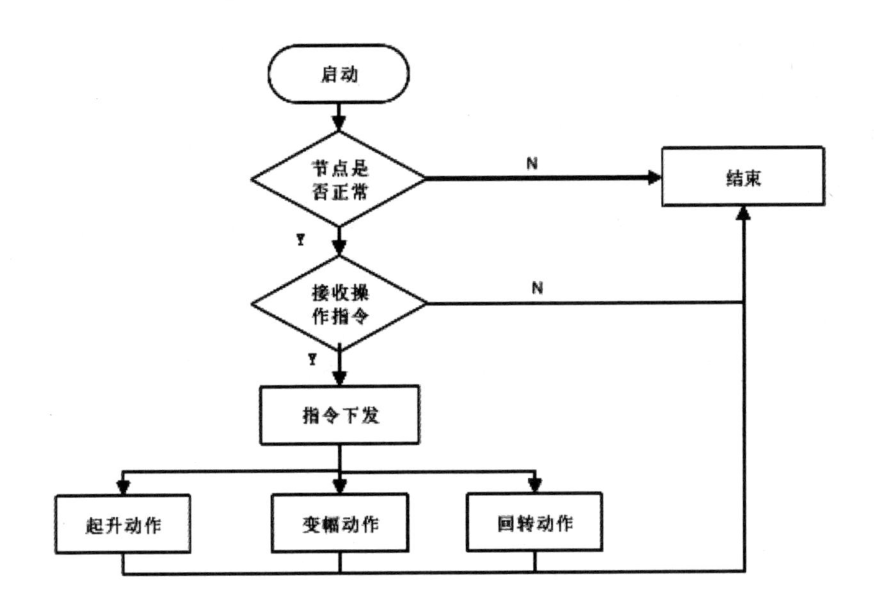

图 3-36　无线遥控操作的控制流程图

三、塔式起重机系统预警和保护程序

塔式起重机预警和保护程序主要包括升降限位保护程序、回转限位保护程序、变幅限位保护程序、力矩限制程序、重量限制程序等部分。当出现预警情况时，控制系统根据出现的不同情况，会闪烁指示灯或者蜂鸣器发出声音。超力矩报警信号灯、超重量报警信号灯、蜂鸣器等都安装在联控台上,以方便驾驶员及时发现。

塔式起重机预警和保护程序和塔式起重机动作程序是紧密结合的，在塔式起重机动作前，会进行各种限位判断是否满足动作条件。塔式起重机动作工程中仍需要塔式起重机预警和保护程序来判断是否将要达到或已经达到控制系统所要求的限位条件。塔式起重机预警保护程序根据重量、力矩等判断，通过联控台上的信号灯和蜂鸣器来指示当前塔式起重机状态，及时对塔式起重机进行调整，以免因某些因素而导致塔式起重机处于危险工作状态，酿成事故。

（一）力矩限制控制

塔式起重机是按恒定的最大载荷力矩设计计算的，使用中不能超过最大载荷力矩，力矩限制器的用途就是检测额定载荷的起升和向前变幅，防止超力矩到达倾翻区发生事故。在塔式起重机出现超力矩 100% 限制、超力矩 80% 限制、力矩防松限制时，力矩限制器的控制功能设计如下：

①断开100%力矩开关，PLC上相应的绿色指示灯熄灭，此时联动台上的“超力矩”红色报警指示灯闪烁，蜂鸣器会发出连续的“嘀嘀嘀嘀”报警声，起升上升运动被禁止，变幅向外运动被禁止，起升、下降运动无四挡和五挡；

②断开80%力矩开关，PLC上相应的绿色指示灯熄灭，此时联动台上的“超力矩”黄色预警指示灯闪烁，蜂鸣器会发出连续的“嘀嘀”报警声，起升上升和下降运动无五挡动作，变幅向外运动被限制到一挡运行；

③断开力矩防松开关，PLC上相应的绿色指示灯熄灭，蜂鸣器会发出连续的“嘀嘀嘀嘀”报警声，起升上升运动被禁止，变幅向外运动被禁止。

（二）起重量限制控制

塔式起重机结构及起升卷扬钢丝绳是按最大载荷设计计算的，工作载荷不能超过最大载荷。起重量限制器就是用于限制超载现象的发生而设定的一种安全装置。该功能由控制器PLC控制，包括超重量100%限制功能、超重量75%限制功能、超重量35%限制功能，起重量限制器的控制功能设计如下：

①断开100%重量开关，PLC上相应的绿色指示灯熄灭，此时联动台上的“超重量”红色报警指示灯闪烁，蜂鸣器会发出连续的“嘀嘀嘀”报警声，起升上升运动被禁止，变幅向外运动被限制到一挡，起升、下降运动无四挡和五挡；

②断开75%重量开关，PLC上相应的绿色指示灯熄灭，此时联动台上的“超重量”黄色预警指示灯闪烁，蜂鸣器会发出连续的“嘀”报警声，起升上升和下降运动无四挡和五挡，变幅向外运动无高速；

③断开35%重量开关，PLC上相应的绿色指示灯熄灭，此时联动台上的“超重量”黄色预警指示灯闪烁，升降动作无五挡。

（三）变幅限位控制

变幅限位器的用途在于防止可能出现的操作失误，使小车距离臂端或臂架根部有一定的安全距离运行。变幅限位器带有由小齿轮驱动的减速装置，通过一个小齿轮与固定于卷筒上的齿圈啮合，减速装置带动凸块旋转，凸块控制微动开关，这样通过调整即可在适当位置使变幅减速或停止运行。同时检测到变幅卷筒上行程传感器测量到小车位置，根据设定的减速和停止位置判断是否减速或者限位动作，该功能由控制器PLC控制，变幅限位器的控制功能设计如下：

①断开变幅向外停止限位开关，PLC上相应的绿色指示灯熄灭，此时变幅向外运动被禁止；

②断开变幅向外减速限位开关，PLC 上相应的绿色指示灯熄灭，此时变幅向外运动被限制到一挡；

③断开变幅向内停止限位开关，PLC 上相应的绿色指示灯熄灭，此时变幅向内运动被禁止；

④断开变幅向内减速限位开关，PLC 上相应的绿色指示灯熄灭，此时变幅向内运动被限制到一挡。

（四）升降限位控制

起升限位器是固定于卷筒支架上的限位开关减速装置，它可由卷筒轴直接驱动或者通过小齿轮啮合于齿圈上来驱动，该减速装置又驱动若干个凸块旋转，这些凸块控制微动开关从而切断相应的运动，同时检测到起升卷筒上行程传感器测量的吊钩位置，根据设定的减速和停止位置判断是否减速或者限位动作。升降限位由控制器 PLC 控制，起升限位器的控制功能设计如下：

①断开起升上升超高停止限位开关，PLC 上相应的绿色指示灯熄灭，此时起升上升运动被禁止；

②断开起升上升超高减速限位开关，PLC 上相应的绿色指示灯熄灭，此时起升上升运动被限制到一挡；

③断开下降超低停止限位开关，PLC 上相应的绿色指示灯熄灭，此时下降运动被禁止；

④断开下降超低减速限位开关，PLC 上相应的绿色指示灯熄灭，此时下降运动被限制到一挡。

（五）回转限位控制

回转限位器带有由小齿轮驱动的减速装置，小齿轮直接与回转齿圈啮合，当塔式起重机回转时，限位器减速装置带动凸块 4T、1T 旋转，凸块控制微动开关 4WK、1WK，这样通过调整即可在适当位置使回转停止运行。同时检测到回转机构上行程传感器测量的回转位置，根据设定的减速和停止位置判断是否减速或者限位动作，回转限位由控制器 PLC 控制，回转限位器的控制功能设计如下：

①断开回转向左运行停止限位开关，PLC 上相应的绿色指示灯熄灭，此时回转向左运行的运动被禁止；

②断开回转向右运行停止限位开关，PLC 上相应的绿色指示灯熄灭，此时回转向右运行的运动被禁止。

（六）旁路功能控制

塔式起重机采用旁路控制功能设计，受控制器 PLC 控制，在起升上升停止限位的缘故不能实现上升动作、变幅内限位的缘故不能实现向内动作时，通过旁路按钮，可实现上升、变幅控制，旁路的控制要求如下：

①当下降运行到超低停止限位时，即下降停止限位开关断开时，起升上升运动被禁止，但当按下旁路按钮时，下降运动能以一挡速度运行；

②当起降运行到超低停止限位时，即下降停止限位开关断开时，起升上升运动被禁止，但当按下旁路按钮时，下降运动能以一挡速度运行；

③当变幅向内运行到停止限位时，即起变幅向内停止限位开关断开时，变幅向内运动被禁止，但当按下旁路按钮时，变幅向内运动能以一挡速度运行。

四、数据记录功能

本设计通过 PLC 采集各个设备部件的工作状态，首先设定工作循环的开始重量（默认为 1 t，根据车型不同适当调整）；当实际重量大于该数字时算作一个工作循环的开始，并开始循环数据记录，小于该重量的 80%（默认为 80%，根据车型不同适当调整）时结束循环记录；数据记录内容见表 3–13。

表 3–13　数据记录内容

序号	类型	内容	备注
1	WORD	年月	
2	WORD	日时	
3	WORD	分秒	
4	WORD	分秒	
5	STRING（6）	车型	
6	STRING（6）	编号（主机）	
7	DWORD	故障代码	
8	WORD	工况代码	
9	BYTE	倍率	
10	WORD	幅度，Scaling=100	
11	WORD	主钩实际起重量，Scaling=100	

续表

序号	类型	内容	备注
12	WORD	主钩额定起重量，Scaling=100	
13	WORD	副钩实际起重量，Scaling=100	
14	WORD	副钩额定起重量，Scaling=100	
15	BYTE	力矩百分比	
16	SINT	主钩起重量百分比	
17	SINT	副钩起重量百分比	
18	DWORD	主钩起升高度，Scaling=100	
19	DWORD	副钩起升高度，Scaling=100	
20	WORD	主臂长度，Scahng=100	
21	WORD	主臂角度，Scaling=100	
22	WORD	副臂长度，Scaling=100	
23	WORD	副臂角度，Scaling=100	
24	DWORD	回转角度，Scaling=10	
25	WORD	风速，Scaling=100	
26	DWORD	工作循环累计计数	
27	WORD	单次工作时间小时数 *10	
28	DWORD	累计工作时间小时数 *10	
29	DWORD	力矩百分比大于 90% 的累计计数	
30	DWORD	力矩百分比大于 100% 的累计计数	
31	BYTE	强制开关状态（BYPASS）	

五、远程升级

本设计中系列产品使用 IMCA4040G 和 ICP6600 显示器，考虑到后续市场车辆维护便利性，产品设计开发时，开发了软件升级功能；在本设计中远程升级功能可以对人机交互用的显示器设备及控制系统使用的 IMCA404G 设备进行远程升级。

（一）升级流程

本设计中升级模式有自动升级和手动升级两种模式，自动升级用于强制执行的情况，手动升级用于在需要争取到客户同意的情况下才能进行的升级工作。

1. 自动升级模式

升级之前平台先要先检测塔式起重机的 GPRS 信号正常，能够正常同物联网建立通讯，塔式应起重机处于供电状态，并且没有处于工作中，如果处于工作中则需要延迟升级，并且应选择在塔式起重机的电池电量充足时进行升级，升级过程中不能施工作业。

2. 手动升级模式

升级之前平台先要先检测塔式起重机的 GPRS 信号是否正常，是否能够正常同物联网建立通信，塔式应起重机处于供电状态，并且没有处于工作中，如果正在施工过程中则需要停止施工。保证施工过程不受干扰。

（二）节点分配

在本设计中远程升级功能可以对人机交互使用的显示器设备及控制系统使用的 IMCA404G 设备进行远程升级，升级设备的节点分配表如表 3–14 所示。

表 3–14 节点分配表

设备名称	设备的节点 ID	备注
终端	X	终端在远程升级的 CAN 网络中充当的是 Client 角色，无须分配节点 ID
显示器	0x12	即终端或显示器向控制器发送数据时在 CAN 网络上的内容是 0x612 DI D2 D3 D4 D5 D6 D7 D8，控制器的回应形式为 0x592 DI D2 D3 D4 D5 D6 D7 D8
IMCA 4040G	0x11	即终端或控制器向显示器发送数据时在 CAN 网络上的内容是 0x611 DI D2D3 D4 D5 D6 D7 D8，显示器的回应形式为 0x591 DI D2 D3 D4 D5 D6 D7 D8

（三）协议主体

远程升级功能的数据主体协议采用如下方式：帧头 + 数据长度 + 内容 + 帧尾 + 校验，具体内容如表 3–15 所示。

表 3–15　数据主体协议

字段内容	长度（字节）	内容解释	备注
帧头	2	53 54 ACS 码解析后意为 ST	
消息长度	2	从帧头后到帧尾的数据长度	使用块传输时，数据长度不能超过 280 字节
命令类型 + 内容	不定		
帧尾	2	45 44 ACS 码解析后意为 ED	
CRC 校验	2	CRC–CCI1T	包含帧头、帧尾校验

1. 终端与显示器

终端与显示器之间的通信主要用于向显示器发送文件数据和显示信息。文件 / 显示信息的传送命令是以协议主体的方式通过块下载实现的。实现过程主要分为 3 个阶段：启动块下载（Initiate Block Download）、块分段下载（Download Block Segment）、块下载结束（End Block Download）。

a. 终端先发送启动块下载的命令（以 256 字节为例）：612 C6 00 00 00 0D 01 00 00。显示器回应：592 A4 00 00 00 27 00 00 00。

b. 接着终端向显示器以块分段下载的方式发送 0x27 组数据。

c. 最后终端向显示器发送块下载结束的命令以此来结束此块的传输。其中，显示器块分段下载的内容协议如表 3–16 所示。

表 3–16　显示器块分段下载的内容协议

命令类型（HEX）		命令内容
00		发送显示器应用程序文件包：文件包以有效数据 256 字节为一个数据包，具体内容如下：文件总包数（2 字节）+ 当前数据包数（2 字节）+256 字节数据，最后一包不足 256 字节，通过消息长度来判断
01	编码方式为 ASCII 只能处理英文字符	发送询问升级的文本信息，256 字节为一个有效数据包。具体内容如下：总包数（2 字节）+ 当前数据包数（2 字节）+256 字节数据，最后一包不足 256 字节，通过消息长度来判断

续表

命令类型（HEX）		命令内容
02	编码方式为ASCII只能处理英文字符	純文本显示,256字节为一个有效数据包。具体内容如下:总包数（2字节）+当前数据包数（2字节）+256字节数据，最后一包不足256字节，通过消息长度来判断
03		图片信息（保留）
04		其他文件（预留）
10		发送控制器/主机应用程序文件包：文件包以有效数据256字节为一个数据包，最后一包不足256字节补0，具体内容如下：文件总包数（2字节）+当前数据包数（2字节）+256字节数据
13		其他文件信息（预留）

2. 终端与控制器

终端与控制器之间的通信主要用来向控制器发送应用程序和接收控制器升级结果。每一组文件或信息数据（256字节，最后一包不足256字节的补0）的传递都是封装成协议主体通过块下载的方式实现的。

实现过程主要分为3个阶段：启动块下载、块分段下载、块下载结束。具体过程如下：

a. 终端先发送启动块下载的命令：611 C6 00 00 00 0D 01 00 00。控制器回应：591 A4 00 00 00 27 00 00 00。

b. 接着终端向控制器以块分段下载的方式发送0x27组数据。

c. 最后终端向控制器发送块下载结束的命令以此来结束此块的传输。

其中块分段下载的内容协议如下：控制器升级结果在重启后发送591 4B 00 00 00 XX 00 00 00，XX为0或者8表示升级成功，其他表示失败。主机/控制器向终端反馈升级进度采用启动域上传的方式进行查询：591 4F 00 00 AA XX 00 00 00。AA：文件类型（0x10：主机应用程序；0x11：主机DAT文件；0x12：主机TLK文件）。XX：进度百分比。

六、自动收车功能

通过人机交互系统的界面可设定目标的高度、幅度值，当功能生效后自动将起重机的吊钩收至目标状态。当司机动作时、故障时自动退出该模式。

七、安全监控功能

（一）变幅小车的幅度

变幅小车幅度的测量方法：首先根据安装在变幅小车上行程传感器的内置电位器测得变幅卷筒的钢丝绳出绳量或者进绳量 L，加上初始位置的偏移即可获得变幅小车的幅度数值。将计算得到幅度数据通过总线发送给显示屏，并通过 GPRS 传递给远程监控平台进行实时监控。

（二）起升高度

起升高度的测量方法：首先根据行程传感器的内置电位器测得起升卷筒的起升钢丝绳出绳量或者进绳量 L，其次根据起重机制造厂家给出的最大起升高度的计算公式计算出在当前工况下的最大起升高度，最后用最大起升高度减去起升钢丝绳动作量 L 与滑轮组倍率的比值即可得到当前的起升高度。将计算得到高度数据通过总线发送给显示屏，并通过 GPRS 传递给远程监控平台进行实时监控。

（三）实际重量

实际重量的测量方法：首先根据重量传感器测得起升钢丝绳受力 F 的情况，根据倍率 R，高度 H，钢丝绳的单位重量 ρ 等计算可知实际重量情况。控制系统将计算得到重量数据通过总线发送显示屏，并通过 GPRS 传递给远程监控平台进行实时监控。

（四）额定起重量

塔式起重机的额定起重量是由产品开发的结构人员通过整体的考虑计算得出的，本设计根据计算得到的额定起重量表，根据传感器采集到实际幅度数据，查表得到当前幅度下的额定重量数值。控制系统将计算得到的额定重量数据通过总线发送给显示屏，并通过 GPRS 传递给远程监控平台进行实时监控。比如：塔式起重机的当前吊臂长度为 65 m，使用的倍率是 4，当前的工作幅度是 20 m，通过查表 3–17 可知，额定起重量为 12.0 t。

表 3–17　XGB7022–12 起重量性能表

吊臂长度 /m	70		65		60		55		50		45		40	
倍率	a=2	a=4	a=2	a=4	a=2	a=4	a=2	a=4	a=2	a=4	a=2	a=4	a=2	a=4
额定起重量 /t	6	12	6	12	6	12	6	12	6	12	6	12	6	12

续表

工作幅度/m	3	6.00	12.00	6.00	12.00	6.00	12.00	6.00	12.00	6.00	12.00	6.00	12.00	6.00	12.00
	15	6.00	12.00	6.00	12.00	6.00	12.00	6.00	12.00	6.00	12.00	6.00	12.00	6.00	12.00
	20	6.00	9.54	6.00	12.00	6.00	12.00	6.00	12.00	6.00	12.00	6.00	12.00	6.00	12.00
	25	6.00	7.44	6.00	8.13	6.00	8.63	6.00	9.81	6.00	10.63	6.00	10.96	6.00	10.99
	30	6.00	6.03	6.00	6.61	6.00	7.03	6.00	8.01	6.00	8.69	6.00	8.98	6.00	9.00
	35	5.21	5.03	5.71	5.53	6.00	5.88	6.00	6.72	6.00	7.31	6.00	7.57	6.00	7.57
	40	4.46	4.28	4.89	4.71	5.20	5.02	5.94	5.76	6.00	6.27	6.00	6.50	6.00	6.50
	45	3.87	3.69	4.26	4.08	4.54	4.36	5.19	5.01	5.65	5.47	5.80	5.68		
	50	3.40	3.22	3.75	3.57	4.00	3.82	4.59	4.41	5.00	4.82				
	55	3.02	2.84	3.34	3.16	3.56	3.38	4.10	3.92						
	60	2.70	2.52	2.99	2.81	3.20	3.02								
	65	2.43	2.25	2.70	2.52										
	70	2.20	2.02												

（五）风速

风速的测量方法：首先将安装在司机室上方的风速传感器测得的模拟信号数值转换为实际风速值，然后将计算得到的风速数据通过总线发送给显示屏，并通过 GPRS 传递给远程监控平台进行实时监控。

本节主要描述的是控制系统的软件设计，主要包括对塔式起重机智能控制系统的方案设计，对主要控制功能的软件模块和流程的详细设计。软件功能模块包含以下内容：主动作控制程序、预警和保护程序、远程升级程序、自动收车程序、安全监控程序。本节通过对软件设计的分析完成了对智能控制系统主要控制功能的软件设计实现工作。

第六节　人机交互与远程监控系统设计

人机交互系统和远程监控系统共同组成了塔式起重机系统的安全监控系统。人机交互系统是驾驶员通过 ICP6600 显示器对塔式起重机工作风速、重量、力矩等进行监控，同时对塔式起重机相关参数进行设定的一个交互系统。塔式起重机厂商或上级监管部门通过远程监控系统可以对塔式起重机进行实时监控，以此来避免可能发生的事故。

一、人机交互系统设计

塔式起重机的安全监控系统，主要利用行程限位器、风速传感器、销轴传感器等传感器来检测以及传回所检测到的信息。这些信息通过 CAN 通信传到人机交互设计中的一块 ICP6600 显示器上。ICP6600 显示器（800 × 600），色彩丰富、显示逼真，可根据客户要求量身定制图形界面，清晰直观地显示起重机作业参数。拥有 LED 背光照明，无论是在强日照下还是夜晚都可以为操作者提供清晰的可视图形界面，并且在远程监控平台上，也可以实时看到这些数据，以及监控塔式起重机的工作。本节采用 ICP6600 显示器作为操作员和塔式起重机控制系统进行双向信息交互的平台。系统的控制器和显示器通电后，系统有一个初始化过程。初始化主要是对起重机相关的参数进行配置，初始化首先是进行系统自检，如果有故障要根据故障表进行故障排除，之后再进行初始化过程，检查完工况后，如果工况和实际操作工况一致，则继续检查倍率是否和实际倍率一致，如果都一致，那么此时塔式起重机才可以进行作业，如果不一致，则要修改一致，重新初始化。控制器的初始化我们无法直接观察到。在初始化过程中，如果塔式起重机系统存在故障，则该系统会报警，直到故障排除后界面才显示正常。

设置正确后（工况设定主要为塔身高度、臂长、倍率），系统会进入主界面。该系统主要由主界面、系统设置、系统查询、面板调试、工况设定、控制交互等几部分组成。交互的内容包括与安全相关的参数（重量、幅度、力矩、额定重量、风速、安全报警、安全限位等）、与设备相关的参数（设备状态、设备的运行速度、运行频率等）、与设置相关的参数（传感器参数、变频器参数）、与专家诊断相关的参数（动作逻辑诊断参数、设备故障状态、保养状态）等。主界面主要显示高度、高度百分比、幅度、幅度百分比、风速、回转角度、时间、实际吊重量、额定重量百分比、进度条、预警、超载报警、故障报等内容。按照起重机在作业中不同的工况将力矩限制器参数划分成相应的不同工况并用工况代码表示。在起重机作业前，请设置力矩限制器的工况代码与起重机实际的工况相符；同时设置力矩限制器的工作倍率与起重机实际的工作倍率相符。进入该界面后首先确认设置工况和倍率是否和实际工况倍率一致：如果一致则按“OK”键进入起重机监视界面；如果不一致，按返回键直接进入工况和倍率设置界面（图 3–37），设置完成后方可操作起重机进行作业。

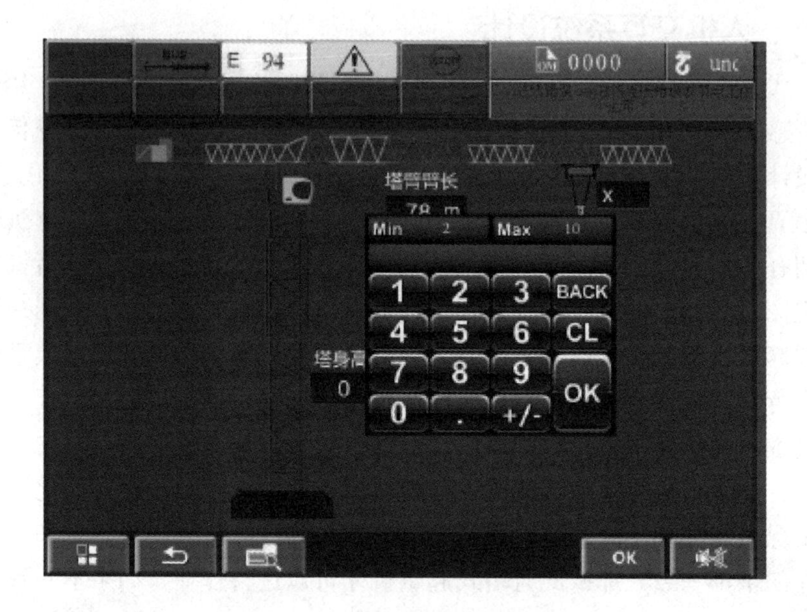

图 3–37　工况和倍率设置界面

图 3–38 为设备节点状态查询界面，该界面显示了系统各个部件之间的通信状态，以及各种状态图标的含义。当总线通信出现故障时，操作者可以通过故障查询界面查询具体故障来源，从而为解决故障节省时间。绿色表示当前设备工作正常，红色则表示设备出现问题，需要进行检查。监控系统所监视的主要设备有主机、回转编码器、主钩高度传感器、幅度传感器、显示器、主钩力传感器、风速传感器、IO 模块、变幅变频器、回转变频器、起升变频器等。图 3–39 为主机端口查询界面，主要用以判断各个端口是否接入信号，当模块端口有信号接入时，对应的状态栏将显示为绿色，即有信号接入，否则为灰色。该模块信号输入为 24 V 高电平。例如，当驾驶员进行上升一挡操作时，X0 有信号接入，因此此时 X0 显示绿色，其他挡位显示灰色。若驾驶员进行了塔式起重机动作的输入，而端口却显示没有信号输入，则此时塔式起重机监控系统会报警，塔式起重机需停止工作进行检修。

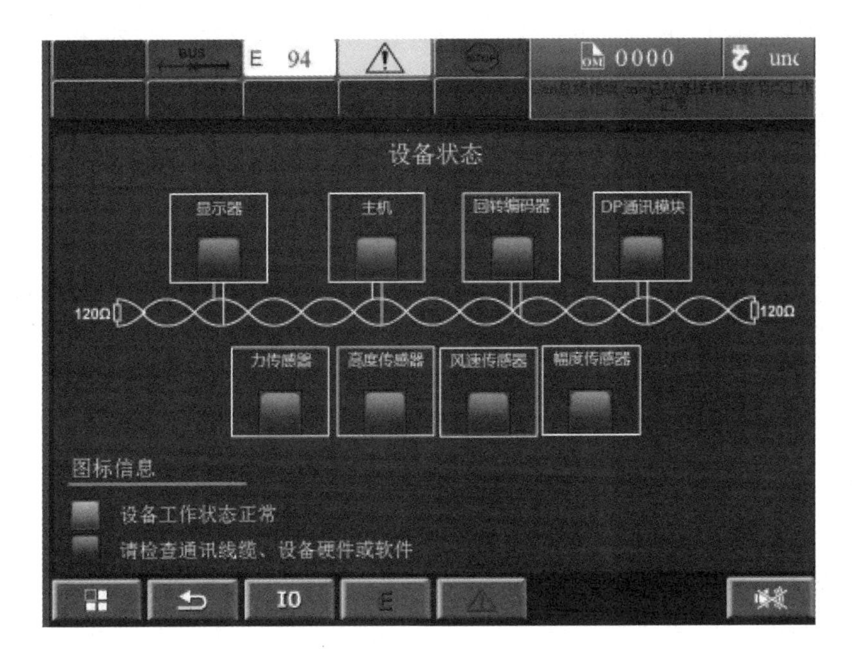

图 3-38 设备节点状态查询界面

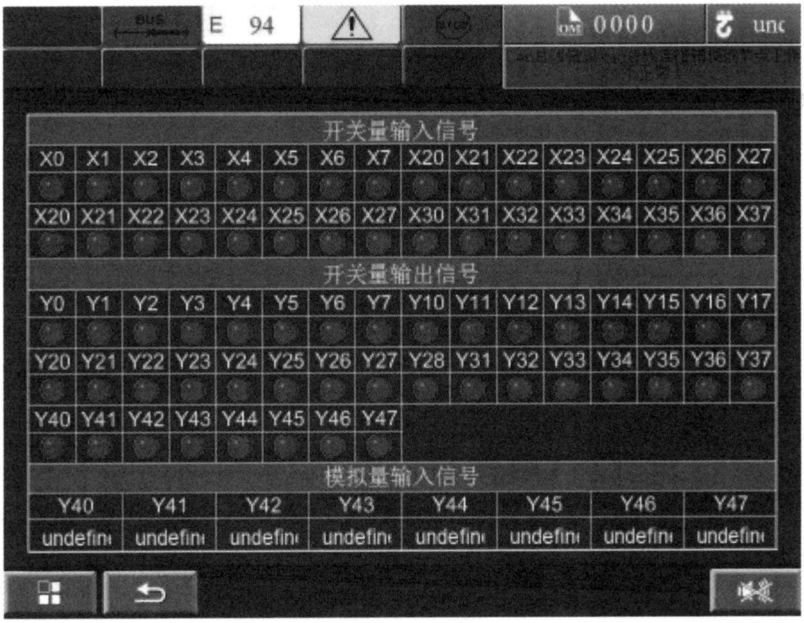

E 94 0000 unc

开关量输入信号															
X0	X1	X2	X3	X4	X5	X6	X7	X20	X21	X22	X23	X24	X25	X26	X27
X20	X21	X22	X23	X24	X25	X26	X27	X30	X31	X32	X33	X34	X35	X36	X37
开关量输出信号															
Y0	Y1	Y2	Y3	Y4	Y5	Y6	Y7	Y10	Y11	Y12	Y13	Y14	Y15	Y16	Y17
Y20	Y21	Y22	Y23	Y24	Y25	Y26	Y27	Y28	Y31	Y32	Y33	Y34	Y35	Y36	Y37
Y40	Y41	Y42	Y43	Y44	Y45	Y46	Y47								

模拟量输入信号							
Y40	Y41	Y42	Y43	Y44	Y45	Y46	Y47
undefin	undefin	undefin	undefin	undefin	undefin	undefin	undefin

图 3-39 主机端口查询界面

二、远程监控

随着我国经济建设的快速发展，以塔式起重机为代表的起重设备得到了越来越多的需求。但是随之而来的就是各种塔式起重机事故，塔式起重机事故发生率有逐年上升的趋势。为了减少塔式起重机事故的发生，有效地保证施工安全和人员安全，塔式起重机厂商以及施工安全监管部门对塔式起重机进行统一管理和有效监督已经势在必行了。远程监控系统如图 3-40 所示，传感器将检测到的数据显示在显示器上，并通过 PLC 内部集成的 GPRS 模块，将采集到的数据传递到远程监控平台，把装有塔式起重机智能安全防护系统的塔式起重机纳入系统，就可进行实时监管和实时获取所有相关信息，必要时可以对起重机进行相应的控制，同时也可以用短信的方式将数据发送到管理人员的手机上。

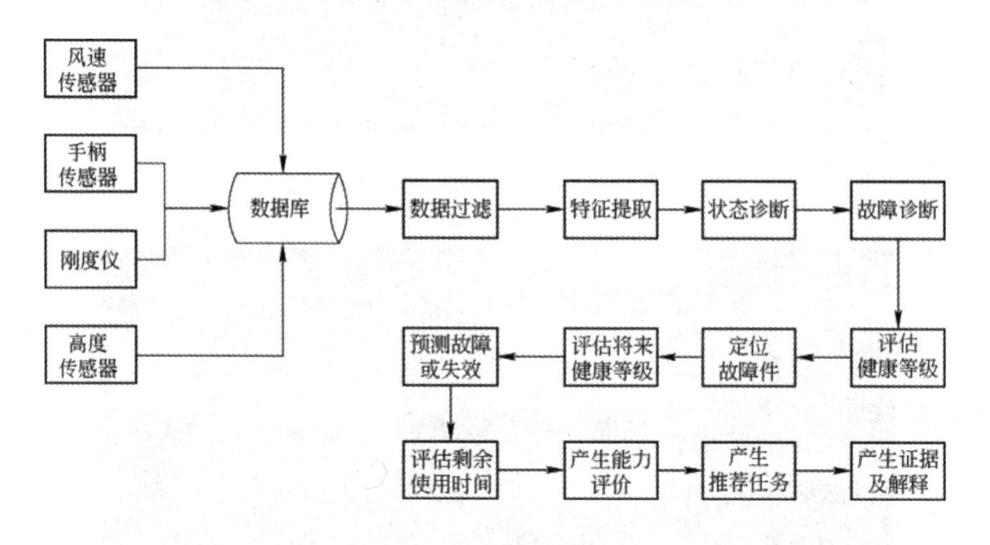

图 3-40　远程监控系统

远程监控平台，通过互联网可方便地进行通信，施工安全监管部门通过管理界面录入需要在册的塔式起重机，把装有塔式起重机智能安全防护系统的塔式起重机纳入系统，就可进行实时监管和实时获取所有相关信息，用户界面简单，使用方便，而且数据库内容齐备，远程监控界面如图 3-41 所示。PLC 硬件本身集成 GPS 与通用控制器的逻辑控制功能，实现数据信息交互与共享，实现对塔式起重机的智能化安全监控管理。

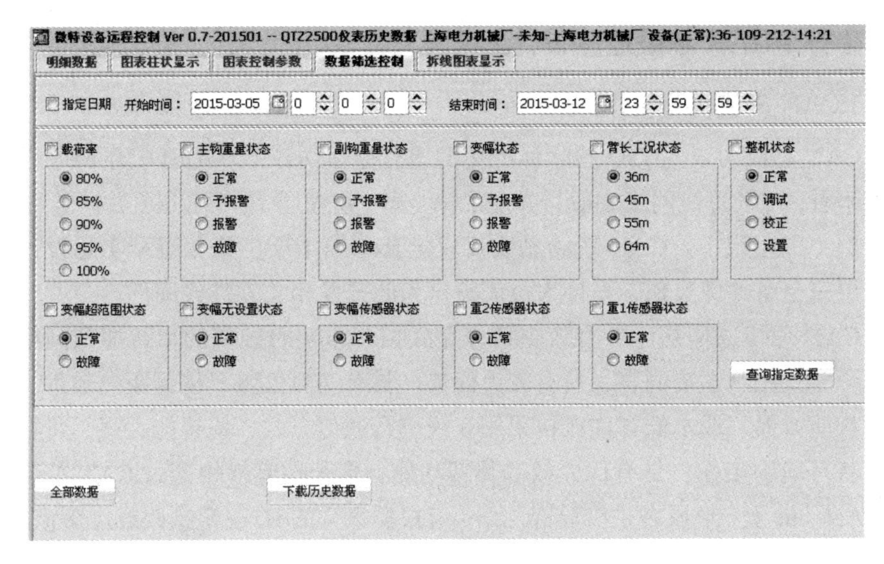

图 3–41　远程监控界面

三、远程控制

远程监控平台，通过互联网可方便地与塔式起重机的控制系统进行通信，并进行相应的人机交互，监管部门通过管理界面向塔式起重机发送操控指令控制系统根据接收到的信息，执行相应的动作 GPS 控制要求如下：

①定位功能检测，当 PLC 上的 GPS 和 GPRS 指示灯亮绿灯时，在 GPS 平台上，点击定位按钮后，显示定位成功时，表明定位功能检测合格；

②锁机功能检测，当 PLC 上的 GPS 和 GPRS 指示灯亮绿灯时，在 GPS 平台上，点击锁机按钮后，显示锁机成功并且 USER 指示灯亮红灯时，表明锁机功能检测合格；

③解锁功能检测，当 PLC 上的 GPS 和 GPRS 指示灯亮绿灯时，在 GPS 平台上，点击解锁按钮后，显示解锁成功时，表明锁机功能检测合格。

四、通信系统设计

这里所说的通信主要指 PLC 与变频器之间的通信，PLC 对变频器进行控制主要采用的是 CAN 总线方式，减少了线束的数量和控制器接口的引脚数，与此同时可以更简单、迅速地实现在线编程、诊断，甚至增加了多个控制器共同作用等新功能。

（一）CAN 总线通信设计

1.CAN 总线通信简介

CAN 总线协议是 ISO 国际标准化的串行通信协议。从 OSI 七层网络模型的角度来看，现场总线网络一般只实现了第 1 层（物理层）、第 2 层（数据链路层）、第 7 层（应用层）。CAN 现场总线仅仅定义了第 1 层、第 2 层；实际设计中，这两层完全由硬件实现，设计人员无须再为此开发相关软件或固件。

CAN 总线通信是一种有效支持分布式控制或实时控制的串行通信网络，同其他分布式控制系统而言，具有较大优势：具有实时性强、传输距离较远、抗电磁干扰能力强、成本低等优点；采用双线串行通信方式，检错能力强，可在高噪声干扰环境中工作；具有优先权和仲裁功能，多个控制模块通过 CAN 控制器挂到 CAN–bus 上，形成多主机局部网络；可根据报文的 ID 决定接收或屏蔽该报文；可靠的错误处理和检错机制；发送的信息遭到破坏后，可自动重发；节点在错误严重的情况下具有自动退出总线的功能；报文不包含源地址或目标地址，仅用标志符来指示功能信息、优先级信息。

2.CAN 总线通信设计

本设计使用的是基于 CAN 总线的通信协议，采用的是标准的 CANopen 通信协议，设备之间采用 CAN 总线通信，主控制器通过识别从设备的 EDS 文件，并对从设备通过 SDO 的方式对 PDO 数据进行相关的配置，实现对不同级别的数据读写操作。在通信安全保护策略上，主控制器对从控制器进行节点管理保护，对重要的数据按周期发送和改变发送同时有效的方式进行系统应用层设计，保证系统的实时性、安全性、稳定性。CAN 总线通信设计图如图 3–42 所示，显示器，遥控器通过 CAN 总线与 PLC 进行数据交互，PLC 控制器通过 CAN 总线对起升、回转、变幅三个变频器进行通信。

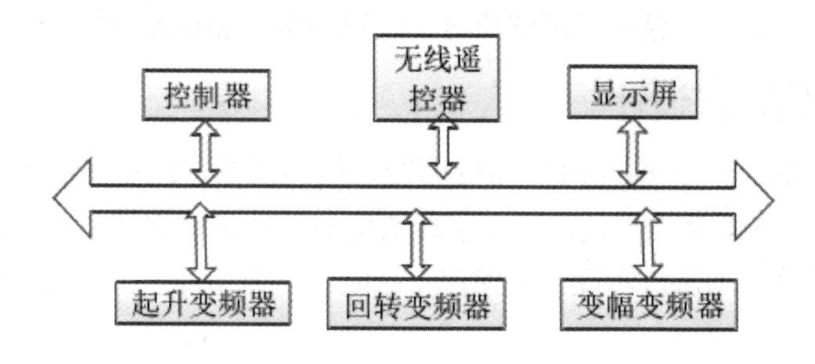

图 3–42　CAN 总线通信设计图

3. 变频器通信

本设计所选择的MV系列变频器仅支持CANopen从站的功能，CANopen通信功能需要MV系列变频器的配件CAN通信卡DICMCAN1L1才可以使用。MV系列变频器通信基于CAN2.0B标准帧格式，即11位标识符和8位数据位。以下对CANopen通信卡的电源以及匹配电阻的设置进行详细介绍。

（1）电源选择

CANopen通信卡的电源可选择使用外部电源或者内部电源，可以通过两个跳线帽J1/J2选择。

（2）匹配电阻选择

CANopen通信卡内置匹配电阻，用户可自行通过2 bit拨码开关来选择匹配电阻是否有效。图3–43为本设计所用的变频器与控制器之间的通信卡。

在通信设置中，需要对起升变频器、回转变频器、变幅变频器进行参数设置，在设置中，需要对变频器起升功能控制参数、变频器通信参数、变频器参数、变频器工作状态、电机工作参数等进行设置。在对回转变频器MV系列变频器进行设置时，首先要对其回转控制功能进行设置，该部分包括两大部分，一是控制字，另一部分是回转速度给定。控制字即变频器的启停，变频器的正反转，速度给定即为回转挡位所对应的回转频率。

图3–43　通信卡

对变频器的通信参数进行设置，要对变频器 CANopen 地址、CANopen 波特率等通信参数进行设定，这些通信参数只能在变频器端进行设定，而不能在 PLC 端进行设定。

变频器参数设置是指电机启动时的参数设置，包括 P00 组系统管理参数、P02 基本参数、P03 电机参数、P05 速度参数、P08 起停控制参数、P09 数字量输入输出参数、P13 多段速给定及简易 PLC 参数、P25 涡流控制参数。基本参数设置是指对电机模式、运转方向、加减速时间等进行设定。电机参数设置要对变频器控制的电机台数、电机额定功率、额定电压、额定电流等进行设置。在设定时，要包括对电机和变频器的监控设置，使操作人员能够清楚变频器此时的状态以及电动机的电压、电流、转矩等信息。变频器监控主要监控的是其变频器热状态、制动电阻热状态等，而电动机监控主要对电机的工作电压、工作电流、工作转速、工作转矩、通电时间等进行监控。

4. 显示器通信

本设计所选择的 ICP6600 系列显示器支持 CANopen 通信功能，通过自带的配置软件对总线通信数据进行配置，本套设计的通信系统中分配给显示器的设备节点号为 0x01，对于显示内容及关键参数可直接在 CANopen 总线读取即可。

5. 遥控器通信

本设计所选择的 HBC 无线接收设备支持 CANopen 通信功能，通过自带的配置软件对总线通信数据进行配置，HBC 无线接收设备 PLC 控制系统之间通过 CANopen 进行通信，将无线遥控的操作信息传递给 PLC 控制系统，并将 PLC 控制系统的运行信息反馈给操作者，在遥控本身进行光报警提示和实际工作姿态数据显示。本设计中给无线遥控接收装置分配的节点号为 0X08。

6. PLC 控制器参数协议

本设计所选择的 PLC 控制器设备支持 CANopen 通信功能，通过自带的配置软件对总线通信数据进行配置，PLC 控制器与无线遥控、变频器、显示器之间通过 CANopen 协议进行数据交互。本设计中给无线遥控接收装置分配的节点号为 0X02。

（二）远程通信设计

1. 信息交互方法

设备与服务器之间使用基于 IP 协议的数据网络，在传输层使用 TCP 协议；

服务器建立 TCP 监听，塔式起重机发起对服务器的 TCP 连接，TCP 建立后保持常连接状态不主动断开，设备定时向服务器发送心跳数据包并监测连接状态，一旦连接断开则重新建立连接。

2. 设备与服务器通信帧结构设计

设备与服务器之间通信帧结构包括帧头、帧长度、协议版本、帧类型、设备编号、校验和以及帧尾。其中，帧头为固定的 2 个字节（0xA55A）；帧长度为 2 个字节，其值为除帧头、帧长度、校验和以及帧尾外数据帧长度；协议版本为 1 个字节，表示本协议的版本，当前值为 0x00；帧类型为 1 个字节；设备编号注册前为 0x000000，注册后，服务器返回分配 3 个字节设备编号，若返回 0x000000 则注册失败；信息段的字节数 n 是根据不同的数据帧结构变化的，详见具体帧结构；校验和：从协议版本累加信息段；帧尾为固定的 2 个字节（0xC33C）。

3. 数据上报约定

按照实时数据统一保存到远程服务器的原则，设备开机后，首先与远程服务器建立连接，并进行注册流程，塔式起重机作业期间，实时数据的上报频率为 10 s，塔式起重机开机非作业期间，实时数据上报频率为 1 min，设备收到注册请求响应之后，需要把塔式起重机的基本参数、静态参数和 GPS 参数发送给服务器。

4. 心跳请求

塔式起重机向服务器端发送心跳帧，使服务器端能够确认塔式起重机的在线状态。当服务器端收到心跳帧之后，将返回一个心跳回复帧，心跳回复帧用来维持塔式起重机与服务器端的连接。

5. 实时数据

塔式起重机作业期间，实时数据的上报频率为 10 s，塔式起重机开机非作业期间，实时数据上报频率为 1 min。塔式起重机工作期间需实时上传塔式起重机的工作参数。

本节主要描述的是人机交互系统、远程监控系统、远程控制系统及通信系统的详细设计实现。通过对塔式起重机智能控制系统的方案设计分析，对人机交互系统的操作界面内容和系统总线通信内容进行详细设计，并对远程监控平台的监控内容和通信实现协议进行详细的设计，从操作应用的角度实现了人机交互和远程监控的设计。

本章以徐工建机工程机械有限公司的 XGT7022-12 平头式塔式起重机为研究

平台，依据该塔式起重机的工作运行原理和自身特点，结合当下塔式起重机行业的技术发展与应用，设计了该塔式起重机的整套电控系统。本章首先对塔式起重机控制系统进行总体概述，接着对本设计的研究背景以及国内外发展的现状进行描述，最后指出本设计的塔式起重机智能控制系统研究与应用的主要内容：

①塔式起重机控制系统方案研究。对塔式起重机智能控制系统总体方案进行研究设计，包括动作控制系统、安全监控系统、人机交互系统等技术路线及软件的总体设计。②塔式起重机控制系统硬件设计。根据控制功能需求进行硬件选型设计以及电气系统的设计。③塔式起重机控制系统软件设计。控制系统的软件设计，分别是主动作控制程序、预警和保护程序、远程升级程序、自动收车程序、安全监控程序的方案及控制流程的详细设计。④人机交互与远程监控系统设计。人机交互系统、远程监控系统、远程控制系统及通信系统的详细设计实现。本设计的塔式起重机智能控制系统已经基本完成，还有以下方面需要进一步改善。

第一，变频器、控制器、远程监控管理平台之间的信号传递，以及相互之间的安全控制的全面性和可靠性。受实际使用的环境、电磁干扰等因素影响，远程GPRS信号及CAN信号会受到干扰导致通信不稳定，需要进一步改善。

第二，塔式起重机的工作状态监管需要进一步改善。本设计虽然对力矩安全部分进行了限位预警保护，但是对塔式起重机的工作时间、工作状态、控制电机等缺少有效的预警保护。

第三，在塔式起重机的智能控制应用方面，目前的自动控制系统都是基于固定目标的操作，针对不同的场景对动态目标物体的识别和摆放还需要进行深入的研究分析。

第四章 智能化控制技术在挖掘机智能化控制系统设计中的运用

第一节 挖掘机智能化研究现状和发展趋势

目前，挖掘机被广泛用于城市建设、农田水利和露天开采等工程，在保证工程质量、提高劳动生产率方面发挥着重要的作用。传统挖掘机以驾驶员为基础来完成各种动作，但这种方式存在以下问题：① 功率利用率低；② 操作难度大，技术要求高，工作强度大；③ 工作环境恶劣、危险，水下、太空等领域人类无法直接进入；④ 视野受限，仅依靠驾驶员目测进行环境观察。近 20 年来，通过对液压节能、混合动力以及动力与传动匹配等先进技术的研究，传统挖掘机存在的油耗高、排放差和功率利用率差的问题得到了较大程度的解决，但挖掘机液压系统故障检测难、维修难度高、操作难度大、安全性低等问题依然严重制约着生产效率。为应对不断提高的作业精度及效率要求，适应危险、恶劣环境，智能化、自主化已成为挖掘机的主要发展趋势。

智能化挖掘机是利用人工智能技术、数字化技术、机器人技术和信息物理网络技术对传统挖掘机进行升级改造的产物，它集智能自主作业、智能感知、远程遥控、智能诊断等功能为一体。目前，国内外典型的智能化挖掘机系统有美国卡内基梅隆大学的自主装载系统（Autonomous Loading System，ALS），英国兰卡斯特大学的智能挖掘机系统（Lancaster University Computerised Intelligent Excavator，LUCIE），国内中南大学、浙江大学都有比较成熟的智能化挖掘机试验平台。近些年，智能化挖掘机得到了快速发展。首先，得益于多传感器融合和存储技术的进步。该技术可以收集和存储大量离线和在线样本数据，为精确测量挖掘机姿态、提升环境感知和故障诊断能力提供了基础。其次，得益于人工智能技术的不断创新和日益成熟。人工智能是一种计算机程序，可以不断学习新知识以优化性能，并使机器以人类思维方式思考。当前，机器学习（Machine Learning，ML）是人工智能的一个热门领域，该技术已在图像识别、语音识别和其他模式识别领域得到了广泛应用。人工智能技术与自动控制结合，会产生更有效的智能轨迹控制算法；挖掘机日积月累的运行状态信息形成海量数据，将人工智能技术应用到环境感知和大数据下的故障诊断中，也将极大提升挖掘机的智能化水平。

本节综述了智能化挖掘机在轨迹控制、智能感知、远程控制、在线监测与故障诊断四个方面的研究现状，论述了各项技术的机理、特点及不足，并对智能化挖掘机存在的问题进行了分析，指出了智能化挖掘机未来的发展趋势。

一、智能化挖掘机系统组成

智能化挖掘机是在传统挖掘机的基础上采用智能技术升级改造完成的，除具有传统挖掘机的基本系统之外，还具有机器感知系统、网络通信系统、故障诊断系统与智能控制系统，以便实现自主智能化作业。智能化挖掘机的系统组成如图4–1所示。机器感知系统可以实时获取自身及周围环境信息，然后将信息反馈到智能控制系统，辅助操作员完成作业任务；机器与操作员通过网络通信系统实现远距离人机交互，以便操作员实时掌握作业情况；故障诊断系统实时显示机器健康信息，确定故障类型及故障位置，实现自我修复或发出警告。

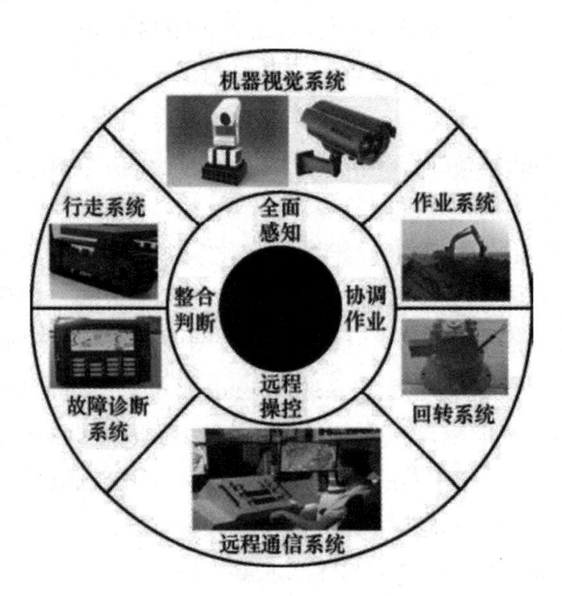

图 4–1　智能化挖掘机的系统组成

二、智能化挖掘机轨迹控制

（一）轨迹控制

1. 轨迹规划方法

轨迹规划是指构建一条从起点到终点，无碰、高效、节能的运动序列。轨迹规划可分为关节空间轨迹规划和笛卡儿空间轨迹规划两种。关节空间轨迹规划对关节角、角速度及角加速度进行规划，由于直接规划控制变量，所以控制方便，但需经过运动学正解求工作空间轨迹。笛卡儿空间轨迹规划直接规划铲斗末端的位移、速度与加速度，便于工作任务分解，但需通过逆运动学求解关节变量，计算量较大，控制不便。轨迹规划通常采用 3 次样条插值函数、高次多项式插值函数、B 样条函数、正弦及修正的正弦函数进行规划。有学者采用 3 次样条插值在关节空间进行轨迹规划，其计算效率高，但存在加加速度突变，造成关节冲击。为了降低关节冲击，学者安吉丽思 Angeles 等采用分段多项式样条插值函数进行轨迹规划，该方法无须求解运动学逆解，但是多项式系数较难计算。美国卡内基梅隆大学的学者辛格（SINGH）等人提出了一套实时轨迹规划和执行复杂挖掘运动的参数化过程方法，可以实现液压挖掘机实时轨迹规划和执行复合挖掘动作。

国内浙江大学的学者朱世强等人在 7 次 B 样条曲线规划的基础上，研究了机械臂脉冲连续的新型算法。学者张斌等人采用预先设置齿尖轨迹的方法，利用 Visual C++ 开发了可以自动计算执行机构速度和加速度的程序，实现了 3D 实体仿真。学者翁文文等人对比了变阶 5 次多项式曲线与 5 次非均匀有理 B 样曲线（Non-Uniform Rational B-Splines，NURBS）的规划效果，实验显示 5 次 NURBS 曲线运动更平稳。浙江大学学者李勇等人将铲斗运动划分为加速、匀速、减速三个阶段，采用正弦函数规划了加速度连续的铲斗齿尖轨迹，如图 4-2 所示。

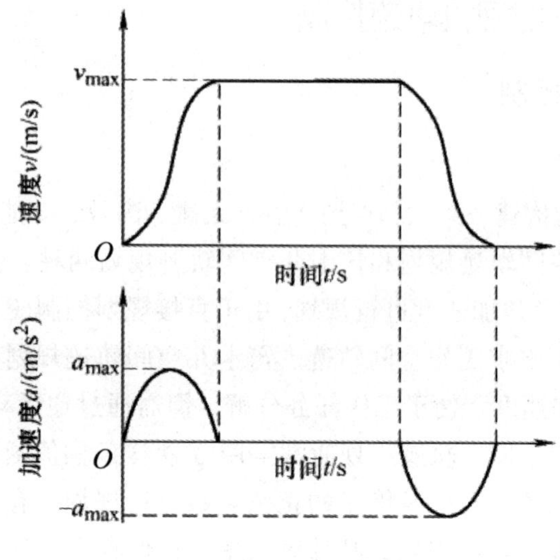

图 4–2　正弦加减速规划

综上所述，现有方法虽能满足一定的作业需求，但各有利弊，表 4-1 总结了轨迹规划常用函数的优缺点。针对不同的作业工况，如何选择最佳的轨迹规划方法，规划出吻合度更高的齿尖轨迹是现阶段国内外的研究重点。

表 4–1　常用规划函数优缺点表

规划函数	优点	缺点
3 次多项式	计算简单	加加速度不连续，冲击较大
高次多项式	速度、加速度连续，冲击较小	系数计算复杂，效率低
B 样条	保凸性好、关节角度变化小、导数连续、局部支撑性	无法描述抛物线外的二次曲线
NURBS	局部特性好，权因子、控制定点和节点矢量可调整	求导程序复杂

2. 轨迹优化

机械臂在使用过程中，由于受到机械结构、力矩等条件的限制，其速度、加速度需要加以约束，因此需要采用优化方法对轨迹进行优化。最优运动轨迹指的是一条能够使某一或多个性能指标达到最优，而且满足相关约束条件的轨迹。其中，运动时间、能量消耗是轨迹规划优化时主要考虑的两个指标。

（1）基于时间最优的轨迹规划

机械臂的运动时间与生产效率挂钩，因此以运动时间最短为目标的轨迹规划是目前的研究热点之一。在使用 3 次多项式进行轨迹优化时，存在加速度突变问题，实际应用时会产生较大冲击。为了解决这一问题，布达佩斯大学的学者纳吉等人采用直接转换法生成速度轮廓，实现了机械臂的全局时间最优。在对速度和加速度进行约束的条件下，学者孙志毅等人基于4–3–3–3–4 分段多项式插值函数，采用差分进化算法获得了运动时间最短的挖掘轨迹。但是，采用优化算法进行时间最优的轨迹优化时，往往将约束条件直接作为判断条件使用，这样每迭代一次都需要对约束条件进行判断，整个寻优过程时间较长，甚至搜索不到最优解。

（2）基于能量利用最优的轨迹规划

为降低挖掘机能耗，韩国斗山公司的学者采用 B 样条函数对执行机构位移进行参数化处理，建立了泵的最大流量与执行机构运动约束之间的耦合关系，实验结果表明挖掘机运动平稳，能显著降低能耗和机械磨损。在矿用电铲方面，学者斯塔夫等人建立了电铲挖掘力与能耗的数学模型，为电铲的挖掘轨迹优化及能量消耗分析提供了依据。国内大连理工大学的学者王晓邦等人采用不同幂次的高阶多项式规划了以能量消耗最低为目标的电铲轨迹，结果表明 6 次多项式最符合实际要求，但是忽略了电机输出功率的时变特性，而且对速度和加速度的范围并没有进行约束。单一指标最优往往满足不了具体的作业需求，因此需要多种优化指标综合最优的轨迹规划方法。但是，综合最优计算量较大，会间接影响生产效率。针对整个作业循环，韩国学者金贤邦等人采用递归几何算法完成了以时间最短、扭矩最小为目标的轨迹规划。在考虑土 – 斗相互作用的基础上，重庆大学的学者邹志红等人采用 B 样条对铲斗齿尖进行了时间最优、能量利用最优以及机器损伤最小的多目标轨迹规划。在包含以能量利用最优为目标的轨迹规划时，挖掘力对目标函数影响较大，因此需要研究更精确的挖掘力模型，提高挖掘力理论值与真实值之间的吻合度。

（3）铲斗轨迹控制

根据不同的控制目标，挖掘机铲斗轨迹控制可分为两类：以控制精度为目标的位置伺服控制和以力协调为目标的柔顺控制。

1）位置伺服控制

挖掘机电液伺服系统是典型的非线性系统，主要表现在比例阀死区、间隙、流量压力非线性、阀控非对称缸动态响应不对称、非线性摩擦、系统参数随温度变化等方面；联合动作时，还存在流量耦合、结构动力学耦合和负载不确定性。

这些影响因素要求轨迹控制方法具有一定的适应性和鲁棒性。目前，位置伺服控制方法主要有以下几类。

① PID 控制。PID 控制因其设计简单，在挖掘机控制领域得到了广泛应用。燕山大学的学者高英杰等人采用传统 PID 控制实现了对挖掘机铲斗轨迹的控制。南京工业大学的学者冯造等人采用改进的遗传算法对挖掘机轨迹跟踪 PID 控制参数进行优化，通过 Ziegler–Nichols(Z–N)方法使初始种群在 PID 参数范围内产生，采用自适应的适应度函数、交叉和变异概率，避免了寻优时过早收敛和停滞。但是上述方法比较适合速度不高的场合，当运动速度过快或负载变化剧烈时，无法保证 PID 控制精度。由于工作环境复杂多变，传统 PID 控制方法往往难以满足智能化挖掘机的高精度作业要求。

②滑模控制。滑模控制能够在一定程度上克服系统的非线性与不确定性，是一种鲁棒性控制方法。为了降低负载扰动和系统非线性的影响，澳大利亚机器人研究中心的学者哈利等人设计了基于模糊规则的滑模控制器，首先利用极点配置法设计了等效控制，然后采用开关控制确保系统达到滑模，最后通过模糊整定降低了系统的抖振。沈阳化工大学的学者张金萍等人基于拉格朗日法建立了包括回转在内的挖掘机四自由度动力学方程，提出了自适应模糊滑模控制方法。该方法采用自适应模糊的输出项代替滑模控制的切换项，降低了抖振，并通过仿真进行了验证。滑模控制的主要缺点是系统的“抖振”现象，当负载剧烈变化时，需要增大功率来克服系统的不确定性，这样会引起系统饱和，甚至破坏系统的稳定性。

③自适应鲁棒控制（Adaptive robust control，ARC）。鲁棒控制适合处理小范围内的快变不确定性，而自适应控制适合处理大范围的慢变不确定性，两种方法有机结合形成自适应鲁棒控制。美国普渡大学的学者卜范平等人为了解决液压机械臂非线性及强耦合问题，研究了基于加速度观测器的自适应鲁棒控制方法。该方法同时考虑了系统非线性、载荷及参数不确定性的影响，可以保证控制误差渐进收敛。中南大学的学者何清华等人也将 ARC 应用到挖掘机控制中，采用非连续投影法近似处理阀的非线性增益系数以及系统的非线性，提高了轨迹跟踪精度。但当传感器精度不够时，测量噪声对 ARC 控制精度影响较大，这就对传感器的精度提出了严格的要求。

④时延控制（Time Delay Control，TDC）。时延控制与其他控制方法相比，不需要进行系统识别，其通过时延估计来补偿系统非线性与复杂的动力学耦合。韩国先进科学技术研究院的平浑昌等人为了克服挖掘机液压系统非线性时变的影响，采用了时间延迟控制技术，将直线平地作业误差控制在 10 cm 之内。与传统

时延技术相比，离散时延控制不需要加速度信息，这样就避免了包含在加速度信息中的噪声，因此更适合实际应用。为了提高控制精度，韩国釜山大学的学者金季云等人将离散时延控制与非线性滑模控制结合，降低了系统计算量与传感器数量，将跟踪精度控制在 2 cm 之内。但要保证 TDC 控制精度的话，系统需要较高的采样频率。

⑤智能控制。人工智能技术可以有效处理非线性等不确定性问题，将其与控制技术结合，可有效处理挖掘机轨迹控制问题。在综合考虑土壤与工作装置相互作用以及控制系统非线性因素的基础上，韩国首尔大学的学者帕克等人采用具有一定自学习能力的回声状态网络，实现了复合动作的精确控制。学者勒德汉等人将模糊自校正和神经网络进行融合，给出了二自由度微型电液挖掘机的轨迹控制模型。国内学者蔡国强等人提出了专门针对非线性行为进行精确建模的方法，并采用径向基（Radial Basis Function，RBF）神经网络对复杂的动态过程进行模拟，获得了较为理想的效果。神经网络虽然在处理非线性问题时效果较好，但是网络参数的选择需要大量的理论和实验数据，适用范围窄，对机载设备硬件要求高。上述控制方法虽然取得了不错的控制效果，但没有考虑多执行器间误差的互相影响。由于每个执行器受到的干扰、负载一般各不相同，造成控制效果也不相同，若其中某个执行器的误差较大，铲斗的控制效果也会不理想。为了解决上述问题，协同控制算法得到了应用。

⑥协同控制。为了进一步提高轨迹控制精度，韩国首尔大学的学者金承铉等人将系统非线性和扰动作为联合动力学中的不确定性来处理，利用 PD 反馈将系统非线性近似线性化，并引入模型参考自适应理论设计了基于 μ-synthesis 的鲁棒控制器来保证系统的鲁棒性。通过对每个关节采用相同的二阶参考模型，提高了轨迹跟踪精度，然而并没有实验验证该方法的有效性。浙江大学的学者李勇将神经网络、自适应控制、终端滑模控制与反馈线性化结合，提出了自适应神经网络终端滑模控制算法。该方法采用自适应回声状态网络在线拟合系统未知函数，从而使该控制方法不依赖系统模型参数，同时引入鲁棒控制项处理观测及拟合误差，提高了控制效果。

2）柔顺控制

柔顺控制主要针对的是挖掘阶段，包括被动柔顺控制和主动柔顺控制。被动柔顺控制一般通过柔性关节或装置来实现，硬件要求高。主动柔顺控制根据力反馈进行主动力控制，可分为直接力控制和间接力控制。在直接力柔顺控制领域，美国加州理工大学的学者雷波特等人提出了基于铲斗位置的混合位移 / 力控制策略，当铲斗处于挖掘阶段时为力控制，自由运动时为位移控制，但在控制模式切换的瞬间系统可能会失稳。与直接力控制相比，间接力控制在挖掘机领域得到了更广泛的应用。为适应不同环境的挖掘阻力，学者维哈等人提出了认知力控制策略，该方法可以根据阻力大小自动调节挖掘深度及铲斗速度，避免过大冲击。澳大利亚机器人研究中心的学者努耶等人设计的鲁棒力控制器可以实现油缸力对目标力的追踪，同时采用观测器消除了非线性摩擦力对系统性能的影响。该系统结构简单，但在实验中用高性能伺服阀代替了多路比例阀，与实际情况差别较大。可见，位置伺服控制可以保证铲斗高精度完成挖掘动作，柔顺控制则可以降低挖掘力对机械臂的冲击。位置伺服控制比较适合挖掘力较小的场合，如松散、沙质土壤。柔顺控制在坚硬土壤或存在障碍物的环境中具有更强的顺应性，但是需要响应快、可靠性强的力传感器，而且系统比位置伺服控制更加复杂。

（二）智能避障控制

在轨迹精确控制的基础上，自适应载荷需求的自主挖掘成为挖掘机发展的新趋势。因此，通过传感器技术和智能化算法来使挖掘机避开工作环境中的障碍显得尤为重要。挖掘机避障可分为移动避障与机械臂避障两种，在此我们主要讨论后者。机械臂避障与移动避障的区别：① 空间维数高；② 避障同时，还要避免连杆相交。针对这一问题，韩国首尔大学的学者帕克等人利用神经网络改善了传统方法求解伪逆方程所需时间较长的问题，实现了挖掘、联合控制和避障同步完成，并指出采用神经网络算法可以有效提高挖掘机的避障能力。学者金成根等人重点研究了可集群控制智能工程装备的系统构架、人与物识别、调度、资源分配以及导航策略，其基于 GPS 的碰撞预测与障碍规避系统可避开静止和移动的障碍。国内中南大学的学者朱建新等人在分析工作装置运动特性的基础上，提出了工作装置回转避障方法，该方法通过安装在挖掘机两侧的激光雷达对施工场景进行辨识，通过求解障碍物的可行域，采用避障算法控制挖掘机完成避障动作。上述研究大多是针对机器感知系统可以观测到的障碍物采用避障方法进行避让的。但在非均匀介质环境中，挖掘环境存在较大的不确定性，可能存在连续多障碍物的情况，且具有不可观测性，因此如何在此类环境中避开多个障碍物，同时满足满斗率要求，是实现挖掘机智能化的重要条件之一。

（三）无人化控制

在轨迹精确控制和智能避障的基础上，智能化挖掘机开始向整机无人化作业方向发展，以满足特殊环境作业和确保操作员人身安全的需要。无人自主作业挖掘机的发展主要分为两个阶段：基于轨迹规划的自动挖掘阶段与面向现场工况的自主作业阶段。基于轨迹规划的自动挖掘通过对工作装置进行轨迹规划，采用复杂的控制算法能够完成简单工况的自主作业。澳大利亚机器人技术中心的自主挖掘项目（Australian Center for Filed Robotics，ACFR），通过对小松微型挖掘机进行一定程度的改造，使其具有任务分解、状态监控及路径规划等功能，采用模糊滑模控制将自主挖掘机的轨迹作业精度控制在 20 cm 以内，同时在液压系统非线性及系统不确定性方面具有较强的鲁棒性。英国兰卡斯特大学的学者占俊等人研发的智能化挖掘机系统 LUCIE，可以在不同土壤和障碍环境中高效完成直沟渠的自主挖掘作业。国内中南大学的学者赵鑫等人在山河智能挖掘机的基础上，搭建了基于 OpenGL 的挖掘机可视化虚拟样机系统，实现了挖掘机自主挖掘的虚拟控制。在挖掘机自主智能作业的研究中，学者匡河等人总结了 ACFR 实验室关于挖掘机自动化的一些方法，并指出机器人技术和计算机技术为挖掘机自动化提供了有力的保障。面向现场工况的自主作业挖掘机，具有复杂工况实时建模、任务分解、自主避障等功能。美国威斯康星大学的学者赛欧等人研制的智能控制系统（Intelligent Excavation System，IES），具有环境感知、自主避障、自主作业等功能。小松将智能化挖掘机与智能施工技术结合，实时采集工况信息并制订施工方案，部分实现了挖掘机的全自动作业。国内自主作业挖掘机主要处于轨迹规划的自动挖掘阶段，而国外部分已达到面向现场工况阶段。基于轨迹规划的自主作业主要是面向确定性工况，采用离线的轨迹规划方法，结合挖掘机感知系统，可以完成工况较为单一的无人挖掘作业。如果环境改变，轨迹无法实时更新，同时其无法与其他机械配合完成复杂的作业任务。面向现场工况的挖掘机根据作业现场情况能够及时调整作业任务划分，在非确定性环境下自主作业，是智能化挖掘机的主要发展方向。

三、智能化挖掘机感知技术

（一）姿态测量

姿态数据是轨迹规划的数据基础，智能控制系统会根据轨迹规划的结果来控制工作装置的运动，同时判断实际轨迹与期望轨迹的吻合度。

1. 接触式测量

接触式测量是指在工作装置上安装传感器来测量其姿态，如在液压缸上安装位移传感器来测量其伸缩量，进而通过运动学求解来获取工作装置的姿态信息。

为了实现矩形沟渠的自主挖掘，日本政府公共工程研究机构和筑波大学利用旋转编码器和电位计来获取挖掘机的姿态信息。英国兰卡斯特大学的学者古俊等人采用旋转电位计和倾角传感器来估计智能化挖掘机 LUCIE 的姿态信息。国内中联重科股份有限公司采用传感器测量臂架油缸伸缩量，得到机器工作姿态参数，从而计算挖掘机稳定系数，防止倾翻。华侨大学的学者牛大伟采用微机电传感器（Micro Electro-Mechanical Systems，MEMS）对挖掘机姿态信息进行测量，提高了姿态监测的稳定性与可靠性。由于传感器安装在工作装置上，作业工程中的碰撞会造成传感器的毁坏，同时剧烈震动对数据精确采集产生影响，从而影响测量准确度。

2. 非接触式测量

非接触式测量是以光电、电磁等技术为基础，在不接触被测物体的情况下，得到机器位姿信息的测量方法。非接触式测量主要分为非视觉测量与视觉测量两种。其中，非视觉测量主要有惯性测量、全球定位系统、无线局域网等方法。视觉测量是一种源自计算机视觉的新型非接触式测量技术。美国普渡大学的学者袁晨曦等基于立体视觉技术，通过提取混合运动形态和关键节点特征对挖掘机进行检测和跟踪。加拿大阿拉巴马大学的学者徐佳琦等人研究了一种基于视觉神经网络的机械臂姿态估计新方法，如图 4-3 所示。该方法利用安装在驾驶室上的摄像头对机械臂图像进行采集，通过神经网络将姿态信息反馈至 PI（Proportional-Integral）控制系统，从而对机械手进行控制，实验表明该方法具有稳定的分级性能，但该系统的实时性较难解决。图像采集速度较低或者神经网络处理图像时间较长会给控制系统带来明显时滞，因此图像处理速度是影响视觉伺服控制系统实时性的主要因素之一。

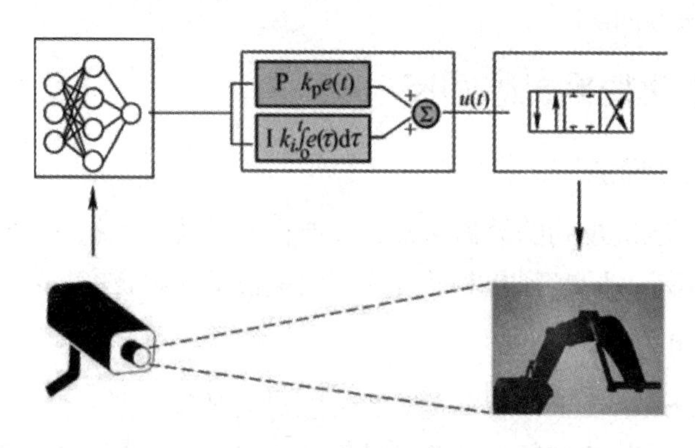

图 4-3　液压缸位置控制系统的反馈结构

由于卷积神经网络在图像识别方面具有优异的性能，美国密歇根大学的学者梁慈云等人采用深度卷积神经网络（Convolutional Neural Networks，CNN）训练挖掘机图片集，得出机器二维姿态信息。然后，堆叠沙漏网络利用二维姿态估计结果，对三维位姿进行预测和重构，与传感器测量相比更加准确。但是该方法存在以下问题：① 图片集来自实验室，当应用到背景复杂的施工现场时性能可能不太理想；② 三维姿态是以二维姿态估计为基础，会产生累积误差；③ 网络结构和硬件计算会产生一定的延迟。为了增强图像质量，国内西南交通大学的学者王海波等人通过加装红外光源和滤光片的方法来避免自然光变化对工业摄像机的影响，采用鞍点检测法能够快速获得工作装置的姿态信息。由于三维点云数据的高可靠性与较强的环境适应性，学者朱建新等人提出了一种基于点云聚类特征值方图的目标识别方法。基于机器视觉的位姿测量需要对图像特征进行准确提取，是挖掘机位姿测量的关键步骤。在复杂的施工背景下，如何提高匹配算法的鲁棒性、准确性，是提高视觉测量精度的关键。

（二）智能施工

为提高生产效率，必须建立一个适应于地质特征的有效挖掘计划，为此需要建立整个施工场的全局模型，同时能够对局部地形进行实时更新。韩国教育大学的学者玄演锡等人采用车载三维激光扫描仪建立施工现场的全局模型，得到工程区域的范围和生产数据，通过安装在驾驶室上方的 2D 激光扫描仪进行局部建模，由于机器前端的施工地形不断变化，因而局部模型需要不断更新，但范围受挖掘机前方半径 8 m 的约束，如图 4–4 所示。由于车载扫描仪的高度有限，当施工现场存在高地或树林时，扫描仪会被阻挡，影响施工效率，而且为了扫描全局需要车辆不断运动。

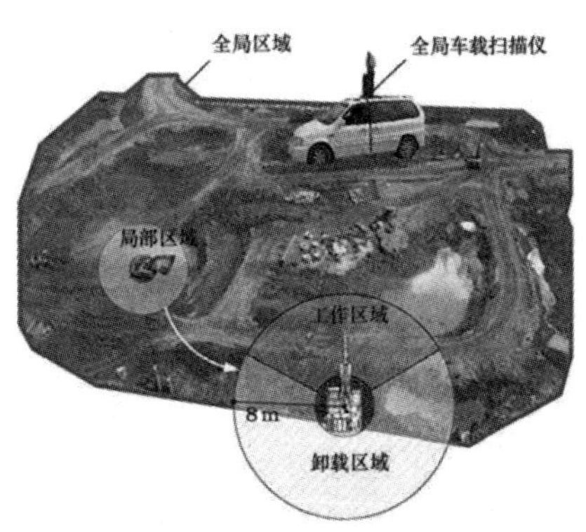

图 4–4　全局与局部地形建模

韩国建筑技术研究院的学者蔡命珍等人开发了一种用于智能开挖的三维曲面建模系统，该系统可以对作业环境模型进行实时更新，自动更新机群作业顺序，指导挖掘机进行自主作业。日本小松公司联合英伟达公司开发了基于 Nvidia Jetson 嵌入式平台的 KomVision 系统，该系统采用人工智能技术对机载视觉信息和定点巡逻无人机视觉信息进行整合分析，可得到高精度的施工现场三维图并制订施工方案，如图 4–5 所示。目前日本小松公司的智能施工技术已经在 4000 多处施工现场得到了应用。

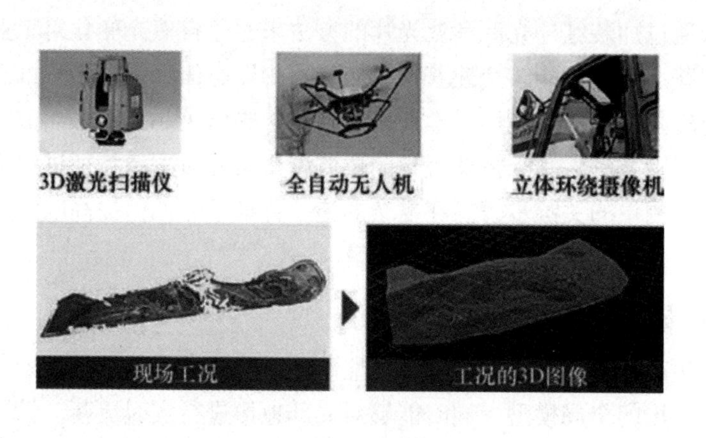

图 4–5　小松工况智能感知系统

挖掘机感知系统常用的传感器主要有视觉传感器、激光传感器等，每种传感器各有特点和局限性。有效组合各类传感器，采用多源信息融合技术对不同传感器信息进行融合，互相验证、互为补充各自信息，可以有效增强感知系统的灵活性和鲁棒性，取得更加可靠、准确的结果。目前基于视觉的控制算法较为丰富，但是受光照、天气影响较大，研究多传感器融合算法，也是提高感知能力的关键。

四、智能化挖掘机远程控制

在复杂、恶劣、危险的施工环境中，利用远程挖掘机替代操作员完成危险工作是理想的解决方案之一。

（一）基于无线通信的远程控制

从遥控视距来看，遥控技术主要经历了视距遥控、超视距遥控和远程无线遥控三个阶段。20 世纪 80 年代初，美国约翰迪尔公司的无线遥控挖掘机，遥控半径达到 1500 多 m。2003 年，澳大利亚机器人中心解决了挖掘机遥控操作中的推力控制问题。国内浙江大学开发的无线挖掘机，遥控半径达 20 m。中南大学与山河智能公司在无线遥控、远程监控等方面合作，将无线遥控距离提高到 100 m。此后，山河智能公司融合多传感技术与无线技术将遥控距离提高到 500 m，并实现了精确控制。时延是远程通信系统无法避免的问题之一，而高速、低功耗、低延迟正是 5G 最引人注目的特点。2018 年，韩国斗山公司首次展示了与韩国移动运营商 LGU+ 共同研发的利用 5G 技术对工程机械进行远程控制的技术，可以远程操控 880 km 之外的仁川挖掘机。2019 年，国内三一重工展示了与华为、中国移动等联合打造的 5G 遥控挖掘机，可以远程控制河南洛阳栾川钼矿的挖掘机作业，将操作误差控制在 10 cm 之内，如图 4–6 所示。

图 4–6 三一重工 5G 遥控挖掘机的遥控画面

（二）基于穿戴式的远程控制

基于穿戴式的远程控制是指通过安装在操作员身上的传感器，将操作员的动作信息映射到挖掘机。韩国蔚山大学的学者匡恩乐等人提出了一种集视觉反馈和便携操作为一体的远程控制方法。该方法利用头盔显示器（Head Mounted Display，HMD）取代传统显示屏，将环境信息反馈给远程操作员，前置、司机室和后置摄像机可以跟踪操作员的头部运动，会根据操控手柄的动作来选择视野，如操作机械臂时便会显示铲斗、动臂、斗杆及周围环境的信息，提高了操作灵活性，如图 4–7 所示。但是由于其使用的是 CCD（Charge Coupled Device）相机，传输立体图像的效果不佳，另外由于眼部被 HMD 罩住，无法观察手柄位置容易造成误操作。

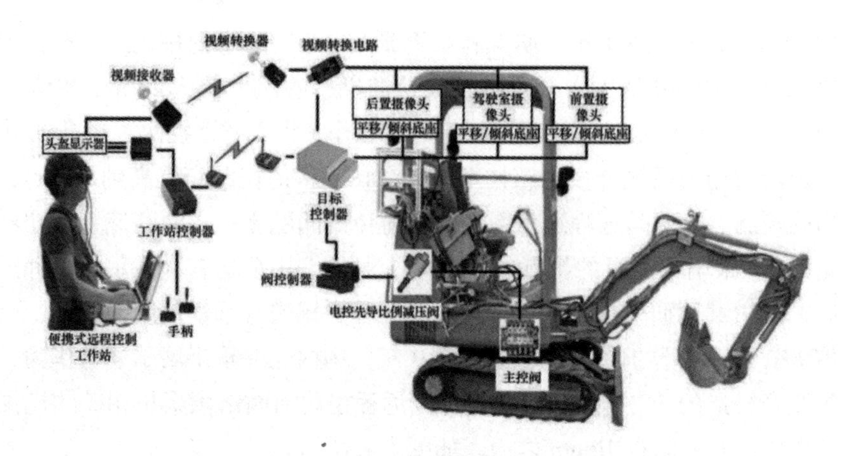

图 4–7　挖掘机机械臂液压缸控制系统的控制器结构

韩国首尔大学的学者金东牧等人设计了一种基于主从关系的远程挖掘机控制系统，如图 4–8 所示。该系统的惯性测量单元通过测量手腕的欧拉角来控制挖掘机回转、动臂和斗杆的运动；测量仪测量上臂相对于重力方向的角度，并通过 RS–232 与计算机通信来控制斗杆的运动；旋转编码器通过测量手臂和小指之间的角度来控制铲斗运动。

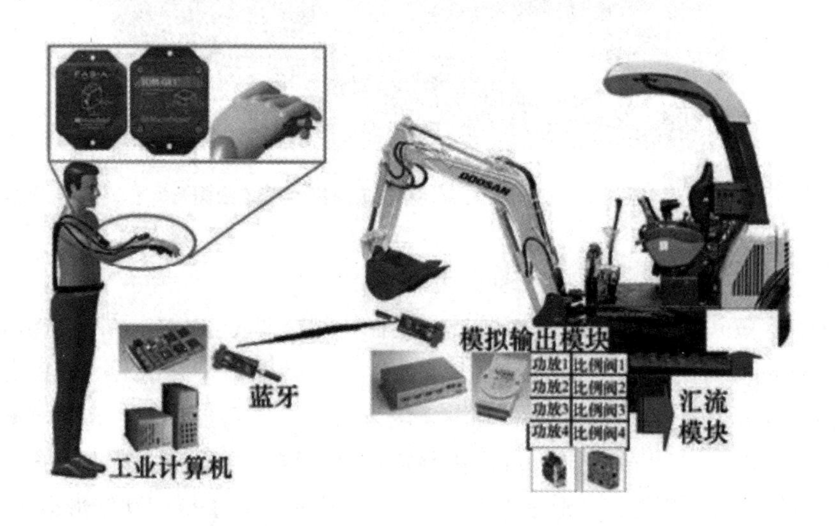

图 4–8　基于穿戴式的远程遥控挖掘机

该装置重量轻且构造简单，但操作时手臂需要长时间保持一定姿势，易产生疲劳且无法完成挖掘机回转与动臂提升的联合动作。此外，还需配备附加设备，如工业计算机和电源，实际应用难度较大。

（三）基于力反馈式的远程控制

力觉感知能够使远程操作员真实感知挖掘机与环境之间的相互作用力，以便操作员能够如亲临现场般实现对机械臂的控制，更加准确地完成复杂的挖掘动作。力觉感知主要通过力反馈式操作手柄来实现。韩国高丽大学的学者通过波变量法设计了一种双边远程触觉装置来控制远程挖掘机，该系统将动臂、斗杆、铲斗的运动分别映射到操作者的肘部、腕部及食指，如图 4–9 所示。在满足挖掘机动力学要求的同时，该装置还具有力觉感知功能，可以使操作者真实感受操控力，以避免出现危险情况。传统操作手柄需要双手操作，而此装置除转动之外只需要单手操作，操作简单。现阶段，国内外远程遥控挖掘机主要集中在中小型挖掘机，大吨位的遥控挖掘机数量较少。在抗震救灾、矿山开采等领域，小型挖掘机生产效率低，难以满足施工要求，并且无线遥控挖掘机成本昂贵，实用性有待提高。基于穿戴式与力觉感知的远程挖掘机仍处于实验室阶段，而且较难完成复杂的联合动作，从操作员到机器的动作映射造成控制精度偏低。

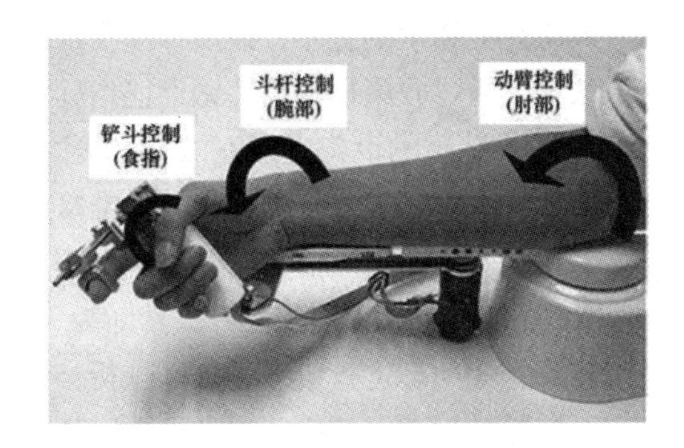

图 4–9　挖掘机力反馈操作手柄

五、智能化挖掘机在线监测与故障诊断

在线监测与故障诊断技术是确保装备高效可靠运行的关键，也是我国建设制造强国的核心技术之一。

（一）在线监测

为了更好地满足客户需求，基于状态的维护（Condition Based Maintenance，CBM）越来越受到厂商欢迎，CBM 需要原始设备制造商对在线状态参数进行持续监控。德国奥伦斯坦科佩尔（O&K）公司的挖掘机监控系统可以实时监测作业过程中的各节点关键信息，显示故障类型以及健康状况，在重大故障发生前会发出警告，避免损失。小松康查士管理系统将机器运行状况上传到公司服务器，用户可以查询挖掘机的状态参数，如油耗、作业情况及故障等。在学术界方面，英国拉夫堡大学采用内嵌式颗粒污染传感器对移动机械的液压系统进行动态数据监测，根据液压油中金属颗粒的大小、形状来确定磨损发生的位置及程度，为及时维修做准备。韩国机械材料研究所的学者李永拔等人通过分析液压油污染程度来检测大型挖掘机齿轮传动箱的磨损程度，并采用频率响应特性来判断齿轮箱的轮齿是否失效。国内河北天远集团研发的“工程机械远程监控系统”，具有状态实时监测、故障诊断与报警功能。三一重工研发了基于 GPRS（General Packet radio Service）的远程监控平台，具有数据监测、数据处理、远程监控等功能。石家庄铁道大学的学者冯萧研究了油液在线监测技术，并开发了基于 LabVIEW 的油液分析管理系统，为挖掘机故障诊断提供了依据。虽然国内挖掘机远程监控技术取得了快速发展，但很多是仿制国外产品，与国外相比仍有差距。

（二）故障诊断

随着计算机技术与人工智能技术的进步，故障诊断技术迎来了快速发展。美国卡特彼勒公司的智讯系统，通过收集挖掘机关键性能指标和运行数据，可以帮助客户实时监测、管理设备，并预测设备的潜在故障。美国捷尔杰公司的 Clear Sky 系统可以准确判断故障点，指导维修人员直接赶赴维修点，也可以进入其监控系统，进行故障查找及排除，有效缩短了维修时间和成本。随着工业制造 4.0 时代的到来，国内三一重工推出了集远程监控与在线诊断为一体的故障诊断平台，该平台能够对挖掘机位置、作业动态进行信息采集和分析，但故障类型仍需工程师诊断。徐工的物联网系统通过对数据挖掘分析，可以实现设备远程监控与故障诊断。随着机器学习在故障诊断领域的应用，石家庄铁道大学的学者李洪儒等人采用双谱熵和深度置信网络（Deep Belief Networks，DBN）相结合的方法对液压泵故障进行预测，该方法采用量子粒子群优化算法优化网络参数，提高了故障诊断准确度。为了提高挖掘机液压系统的可靠性，中南大学的学者贺翔宇等人分别采用偏最小二乘回归、主成分分析和模糊聚类相结合的方法对挖掘机液压系统进行故障诊断。此外，学者何清华等人还采用动态主成分分析方法对挖掘机液压系统故障诊断进行了较为完整的研究。但是，大部分诊断方法只研究了单个故障，对多故障联合发生的情况研究较少。国内工程机械在故障诊断领域虽然发展迅猛，但国内设备主要针对单机现场监控，在远程状态实时监测与故障诊断方面与国外差距较大，监控核心装备大部分依赖进口。通过总结可以看出，挖掘机故障诊断还存在以下问题。

①故障诊断系统主要针对挖掘机液压系统，对其他系统研究较少。

②诊断故障类型单一。大多数故障诊断只是针对某一类型，当多故障同时发生时，采用数学分析方法无法给出准确结果及故障原因。

③国内远程故障诊断智能化程度低。虽然企业与客户实现了远距离故障诊断对接，但仍需工程师判断故障并进行维修。

④深度学习作为智能故障诊断领域中的一颗新星，近年来引起了研究者的广泛关注。目前常用的深度学习模型有四种：深度神经网络（Deep Neural Network，DNN）、深度置信网络、卷积神经网络和递归神经网络（Recurrent Neural Network，RNN）。基于机器学习的智能故障诊断在旋转机械、滚动轴承、齿轮箱等领域取得了快速发展，但在挖掘机整机及液压系统故障诊断方面的研究相对匮乏，有待进一步深入研究。

六、发展展望

（一）高精度控制算法

挖掘机液压系统具有强非线性、机电液强耦合性、时变等特点；执行复合动作时，工作装置存在动力学耦合和负载不确定性；室外作业时，液压系统参数变化范围大，挖掘阻力复杂多变。非线性控制尽管效果较好，但需提前测定液压元件特性，对无法测定的模型参数需要进行辨识，因此探索结构简单、参数依赖度低的高性能智能控制算法是解决问题的关键。其次，作业精度要求较高时，需要多执行器协同运动，研究高精度的协同控制算法也是未来的研究方向之一。

（二）多传感器融合的智能感知技术

目前，感知所采用的传感器主要包括单目摄像头、双目摄像头、各种雷达等。这些传感器各有利弊，施工现场存在环境干扰的情况下，图像识别率不高，如何进行各传感器多层次、多空间的信息互补和优化组合是解决问题的关键之一。多传感器系统获取多样、复杂、完整的信息，主要体现在融合算法上。因此，探索基于深度神经网络的智能融合算法是未来提升感知系统自适应能力与稳定性的关键。

（三）基于大数据分析的智能故障诊断

挖掘机液压系统由多个子系统组成，短时间内存在多个源故障并发的可能，导致多个子系统功能异常，因此故障模式的数量随着系统复杂度增加呈指数增长，造成故障隐藏性高，难以判断故障根源。采用深度神经网络进行故障诊断时需要大规模的网络参数，对于智能机载诊断设备来说，诊断效率受到硬件限制，因此需要探索一种非冗余的小规模网络结构。其次，挖掘机多个系统长时间的运行信息形成海量数据，推动故障诊断进入“大数据”时代，探索压缩感知技术，通过采集极少量数据获取最大限度的机械运行状况显得尤为重要。

第二节　挖掘机智能挖掘目标跟踪系统设计

挖掘机智能挖掘目标跟踪系统可实现挖掘目标的视觉输入，不仅改变了人类通过操纵杆或按键输入方式与挖掘机进行交互的方式，而且能为挖掘机后续自主导航运动提供目标指示。视觉跟踪算法常因障碍物遮挡、背景变化等干扰发生目标丢失，而人类却能对运动目标保持稳定跟踪。因此本章节采用长短期记忆网络（Long Short Term Memory networks，LSTM）模拟人类的视觉跟踪习惯，使用监督学习从视觉跟踪样本中学习如何应对视觉跟踪干扰，实现挖掘机对挖掘目标的准确跟踪。

一、挖掘目标输入方式

挖掘目标的输入方式取决于挖掘机对环境的了解程度，按了解程度从高到低划分为全局输入和局部输入。全局输入是指在工作场地提供激光扫描仪、3D 雷达等固定测量仪器，在挖掘机进入工作地点前，使用激光点云数据、雷达扫描图等数据进行高精度环境 3D 建模还原。可在模型中标注出障碍物、工作区域、可行驶区域等信息。在这种模式下，挖掘机可以提前进行路径规划、挖掘与卸料工位规划。此方法性能最佳，提供信息最丰富，但需前期人为参与，智能化程度低。局部输入是指利用挖掘机车载传感器如超声波传感器、CCD 传感器等在线采集车体周边环境信息，传输至车载计算设备或远程主机进行分析并输出操作决策。以往因为车载计算设备性能羸弱，采集数据后需传递到远程主机处理，处理完毕形成的运动决策在发送回车体执行机构。这增加了时间延迟，导致系统实时性降低，在运动速度快和位置精度高的工况下，问题更加明显。近年来，随着

Nvidia Jetson TX 等车载嵌入式平台的出现，局部输入的运算性能瓶颈逐渐得到缓解。

在挖掘机等工程机械领域，视觉目标输入一直是学界研究的主流。其中包括基于 RGB 全彩摄像头的单目视觉跟踪以及双目视觉空间测量与重建。视觉信息包含特征丰富，探测距离远，具有较好抑制累计误差的能力，因此视觉信息广泛应用于挖掘机环境感知。单目视觉使用单一摄像头读取周边图像，成本低，安装方便，算法开发简便。目前单目视觉算法主要是通过色彩标识、边缘特征、材质纹理和动静对比等方式将运动物体从背景中提取出来，主要方法有角点检测匹配、分水岭图形分割等。双目视觉同时并行安装两个光学参数一致的摄像头，使用空间三角函数关系对图片信息进行空间坐标转换，在一定距离范围内对环境进行 3D 建模还原。当运动物体在空间内发生移动时，可根据运动轨迹进行实时位置跟踪。双目视觉目标解析能力比单目视觉高，信息更全面，但是有效视野狭窄，对安装位置和精度都有较高要求，硬件运算要求成几何倍增长。

本节结合实验条件限制，选择基于单目视觉的视觉跟踪方案，使用基于单目视觉跟踪配合 LSTM 神经网络完成挖掘目标输入，并在自动导航时控制系统指示目标方位。

二、视觉跟踪技术

在 20 世纪 50 年代，计算机视觉理论的出现，为视觉跟踪技术奠定了理论基础。同时军事上武器制导和载人航天领域的应用，也在不断促进它发展与迭代。视觉跟踪算法的跟踪目标检测匹配逻辑是依时间顺序依次提取相邻帧特征之间的空间距离，再根据预先设定的某一规则来判断是否为同一目标，如果是则返回最新一帧中的目标坐标，反之丢失目标。从视频序列中快速准确地提取目标特征是视觉跟踪控制的关键。

（一）传统视觉跟踪算法

经过多年发展，传统视觉跟踪技术主要分为生成类算法和检测类算法。

①生成类算法是指通过选定跟踪对象所对应图像区域，进行特征提取、建模，然后以基本几何图像（如矩形）为单位对下一帧图像进行全局扫描，返回匹配程度最高的区域即为目标。生成类算法包含的图形特征比较全面，因选取特征的不同，各类生成类算法的适用场景和优缺点各不相同。基于时域递归估计和反馈修正的卡尔曼滤波器在跟踪运动目标时表现出算法简便、运算速度快和鲁棒性好等

特点，但无法应对目标遮挡。基于核函数估计进行目标直方图分布匹配的均值漂移（Mean Shift 算法）在边缘遮挡、目标旋转、变形和背景运动不敏感等场景表现优异，但目标尺度发生变化时跟踪很容易失败。基于全局搜索的实时分布场目标跟踪方法，在目标遮挡、复杂背景变化和目标与背景相似干扰等场景工作时表现出优良特性，但由目标匹配不准确引起的跟踪漂移问题没有得到有效的解决。

②检测类算法是类似于解决分类问题，算法核心在于使用机器学习方法对视频序列进行训练，从而得到分类器。当分类器工作时，使用第一帧图像中已标记的目标区域作为正样本，其余背景区域作为负样本，后续视频帧不断输入，分类器迭代后输出最优区域。如使用随机森林（Random Forest）分类器和 K 最近邻（KNN）分类器进行特征筛选的 TLD 算法，可在障碍物遮挡工况下稳定跟踪被遮挡目标。得益于检测类算法对目标区域和背景区域的显著区分，在跟踪精度和稳定性方面显示出优势，其在视觉跟踪领域逐渐占据主导地位。

（二）神经网络促进视觉跟踪发展

近年来，神经网络的发展为检测类算法提供了更为强大的算法工具。卷积神经网络在图像分类、图像标注、视觉特征提取等方面显现出优异的性能，人们尝试将 CNN 网络应用于视觉跟踪领域，并产生了很多性能优异的视觉跟踪算法。学者何凯明等人提出一种基于 CNN 提取目标特征的递归卷积神经网络（Recurrent Convolutional Neural Networks，RCNN）视觉跟踪算法。此算法使用经人工标注分类的图片集训练支持向量机（Support Vector Machine，SVM）分类器，工作时将 CNN 网络提取的候选目标区域图像特征输入 SVM 向量机，而后使用回归器修正预测的目标坐标值。因为 SVM 分类器训练耗时，运行缓慢。为进一步提高效率，学者约瑟夫 – 雷德蒙等人于 2015 年提出 YOLO（You Only Look Once）算法，该算法使用全连接层替代 SVM 分类器，通过 CNN 层提取图像特征并由全连接层输出预测目标位置，PC 端运行速度显著提升，可达 45FPS。

基于 CNN 的视觉跟踪算法可跟踪的目标种类局限于训练图片集中限定的种类，缺乏适应性。而挖掘机工作环境中可能涉及植物、动物、劳动工具、地质地貌等物体种类，因此构建一种普遍适应的神经网络视觉跟踪算法成为新的探索方向。人们观察运动物体时，会不断将当前眼睛接收到的图片和记忆中的图片进行比对，提取出目标的运动轨迹，这需要从环境中提取具有同一目标特征区域，不断与记忆进行特征比对。LSTM 具有控制遗忘的结构设计，非常适合处理时序任务。视觉跟踪任务从时间角度来看，视频流是由一个有序排列、单向流动的图片序列组成的。视觉跟踪的前提是获得视频流的图像特征，我们设计的视觉跟踪系统使用机器学习特征提取工具 Dlib 对图片进行特征提取并返回候选区域，LSTM 神经网络根据输入和自身记忆进行修正，输出最终目标位置。该视觉跟踪系统能够不受目标物体种类的影响，处理视觉跟踪任务也非常有效。

三、视觉跟踪系统组成

（一）硬件开发平台

开发 PC 机 1 台，树莓派 3 B 开发板 1 个，罗技 C270 网络摄像头 1 个，TowerProSG90 9g 舵机 2 个，5V2A 电源适配器 1 个，2.4G 无线路由器 1 个，USB 键鼠 1 套，实验平台如图 4–10 所示。

图 4–10　视觉跟踪系统实验平台

树莓派 3B 开发板是视觉跟踪系统的硬件核心，通过通用输入输出接口针脚与舵机相连，使用脉冲宽度调制控制两个舵机在水平和俯仰方向转动。树莓派 3B 开发板的 GPIO 驱动库提供(ChangeDutyCycle)函数可以进行舵机占空比设置，通过记录函数传入值变化，可以获得对应舵机转角信息。

罗技 C270 网络摄像头是一款 USB2.0 接口 720P 摄像头，经由 Mjpg-Streamer 推送画面分辨率为 640×480，视场为 60°。

舵机可根据 PWM 脉冲信号的占空比转换为对应转角，内部 IC 控制驱动马达转动，同时使用可变电阻检测是否转动到位。如图 4–11 所示为本节所使用的 TowerProSG90 9g 舵机，该舵机的 PWM 周期为 20 ms，脉宽为 0.5 ～ 2.5ms，对应占空比为 2.5% ～ 12.5%，10% 占空比对应 -90° ～ 90° 转角范围。

图 4-11　TowerProSG90 9g 舵机

（二）软件开发平台

Dlib 是基于 C++ 编写的机器学习软件库，内置多种机器学习算法、线性代数工具、图像处理和网络处理工具，同时提供 PythonAPI 接口。在基于卷积神经网络的人脸识别算法中，Dlib 常配合 OpenCV、TensorFlow 等工具用于提取人脸特征，以作为训练的标签数据。本节主要使用 Dlib 中 correlation_tracker 工具，该工具能够识别用户自定义的区域，提取特征并在后续视频流中进行区域匹配。其特点是通用性强，但是容易受累积误差干扰。Mjpg-Streamer 是基于 Linux 系统 v4l2 接口规范的命令行应用程序，现主要应用于嵌入式设备，功能为 JPEG 格式图像获取与转发，可将摄像头获取的 JPEG 视频流通过网络推送到指定 IP 地址，以供浏览器或其他图形软件接收。

TensorFlow 是谷歌（Google）第二代人工智能学习系统，是目前最受欢迎的深度学习框架。该系统底层使用 C++ 代码构建，加快矩阵运算速度，上层功能提供 Python、Java 等编程功能接口。该系统使用张量（Tensor）即多维矩阵进行数据读取、运算和输出，现提供 FC/CNN/RNN/LSTM 等多种算法支持。本节使用 TensorFlow1.2 版本构建 LSTM 神经网络。

（三）视频跟踪流程

树莓派平台安装 mjpg-streamer 软件库，摄像头采集的视频流被 mjpg-streamer 通过 Wi Fi 网络传送给 PC 主机，PC 主机可以通过 IP 地址访问（树莓派 ip 地址 +8080 端口）。

Dlib 软件库运行于 PC 主机上，可以通过鼠标对跟踪目标进行框选，Dlib 会在后续视频帧中进行特征匹配，并返回相似度最高的预测目标框坐标值（目标框四边坐标），坐标值传入 LSTM 神经网络，LSTM 神经网络根据历史传入坐标值数据，对当前帧的目标预测位置进行修正，修正值作为结果输出，并用于 Dlib 跟踪目标初始化。

舵机控制端软件工作于 PC 主机上，软件会以 6 帧图片为单位接收 LSTM 输出的坐标框值，并计算前后三帧预测框中心点坐标均值，判别后三帧中心点运动方向。软件通过 Wi Fi 网络向树莓派平台接收端软件发送运动指令，使目标保留在摄像头视野范围内，完成跟踪任务。舵机水平、俯仰两方向转角作为控制参数输入后续 DDPG 神经网络中。图 4–12 为视觉跟踪系统接收端界面。

图 4–12　视觉跟踪系统接收端界面

四、用户视觉跟踪控制的 LSTM 网络搭建

LSTM 神经网络是由循环神经网络（Recurrent Neural Networks，RNN）发展而来的。RNN 神经网络的输入不仅有当前时刻的输入，还包含上一时刻 RNN 细胞隐藏层的状态。从原理上讲，RNN 的输出会受到以前所有输入的影响，但是

在实际使用中发现，随着时间序列的变长，在优化 RNN 网络时会出现梯度消失或梯度爆炸，网络不再收敛。为了解决这一问题，减少历史状态对 RNN 细胞状态的影响，在 RNN 细胞的输入层、输出层、隐藏层添加了三个门结构，这就构成了 LSTM 细胞（图 4–13）。LSTM 细胞按时间轴连接成一层 LSTM 神经网络。

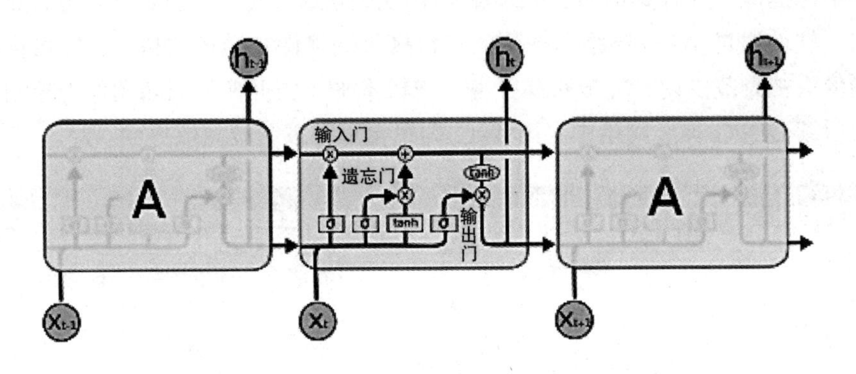

图 4–13　LSTM 细胞结构

LSTM 细胞上有三个门控制器：输入门（Input Gate）、遗忘门（Forget Gate）和输出门（Output Gate）。相对于 RNN 细胞，LSTM 细胞增加了两个状态，隐藏层状态 h 与细胞状态 c，隐藏层状态 h 反映 LSTM 细胞输入输出变化，细胞状态 c 反映 LSTM 细胞记忆变化。这两层状态是 LSTM 长短期记忆遗忘功能的基础。

第三节　挖掘机自主导航系统

当挖掘机获得挖掘目标后，需要自行规划导航路径前往目标附近，使之处于挖掘范围内。在实际工作环境中，变量众多，无法对各类运动场景一一建模分析，同时为提高导航精度，需对挖掘机速度方向进行连续值控制，传统基于监督学习以及输出离散值的强化学习的神经网络无法满足挖掘机自主导航系统要求。（深度确定性策略梯度（Deep Deterministic Policy Gradient，DDPG）神经网络是一种可输出连续值的深度神经网络，无需训练样本，可自行根据规则（奖惩函数）在人为设计的模拟导航环境中学习导航算法。自主导航是挖掘机智能化工作流程中承上启下的重要环节，本节利用 DDPG 神经网络构建挖掘机自主导航系统，为后面章节实现挖掘轨迹控制做了铺垫。

一、挖掘机自主导航任务分析

挖掘机自主导航是一类特殊的移动机器人移动路径规划问题，机器人能够根据对环境的认知，规划出避开障碍的路径是其执行其他工作任务的前提条件。

机器人依靠传感器获取环境信息和自身状态。各类传感器探测范围、分辨率、使用限制不同，机器人控制系统需要对传感器数据进行汇总分析，同一信息互为校验，不同信息互相弥补。传感器多源融合已成为自主导航乃至机器人控制研究的发展方向。

已有路径规划问题的研究主要分两类：环境已知的全局路径规划法和环境未知的局部路径规划法。前者包括可视图法、栅格法、拓扑法等，后者包括人工势场法及基于不同探索贪婪策略的 Q 学习方法。众所周知，Q 学习的输出空间是有限离散的，在场景简单的实验室环境下，可以通过离散环境信息和动作输出来满足自主导航需求。但是不能满足自主导航的方向、速度等连续值的控制精度要求，理论上的缺陷使之无法应用于实际生产中。得益于近年来基于策略的强化学习算法的快速发展，DDPG 神经网络在解决连续状态内的问题时表现优异，因此本节采用 DDPG 神经网络作为算法，对挖掘机自主导航问题进行探索。

在挖掘机实际工作时，操作员根据视觉或者方位指示控制其移动。地形起伏不平，障碍物大小不一。挖掘机移动时不仅需要躲避，有时还需要挖掘装置进行清障作业，甚至支撑车身。为了简化实验变量，本节只出现固定障碍物。因此，挖掘机进行自主导航时有两个连续量参数需要控制，一是移动方向，二是移动速度。移动方向可以挖掘机围绕自身中心的转角为参数，随着角度控制精度提高，值可为 0 ~ 360° 内任意值。移动速度理论上为小于最快移动速度的非负任意值。

因此，构建挖掘机自主导航系统的强化学习算法应输出规定范围内的连续值。

二、基于 DPPG 的挖掘机自主导航模型建模

使用强化学习探索最佳控制策略的存在两大难点：一是模拟训练。需将挖掘机自主导航所遇到的所有工况呈现在模拟训练环境中，工况类型欠缺会导致自主导航算法在实际工程应用中无法识别“陌生”工况而发生危险，而模拟训练环境需要根据所选择的工况和控制量自行编程实现。二是行为规范。需合理设计奖惩函数来引导模拟训练时挖掘机的行为，惩罚过大会导致行为保守，不能完成导航目标，奖励过大会导致行为莽撞，无法应用于实际控制。目前缺乏可用于强化学习训练的三维环境编程工具，故选择编写较为简单的二维固定障碍物自主导航场景用于测试本节课题的可行性。

（一）实验动作状态设计

挖掘机运动场景如图 4–14 所示，其中 D 代表挖掘机视觉跟踪系统所捕获的工作地点，L 代表挖掘机视觉跟踪系统给出的工作地点方位指示线，V 代表挖掘机行走装置。挖掘机运动时需要控制运动速度和运动方向，这两个控制量作为 DDPG 神经网络的输入参数，经过内部 4 个隐藏神经网络计算，用于计算 DDPG 算法从环境中获取的奖励。为了减少网络特征数和加快网络收敛时间，我们将挖掘机运动速度设置为 v，于是 DDPG 每次运行时，挖掘的位置为

$$x_t = x_{t-1} + v\sin\theta, y_t = y_{t-1} + v\cos\theta$$

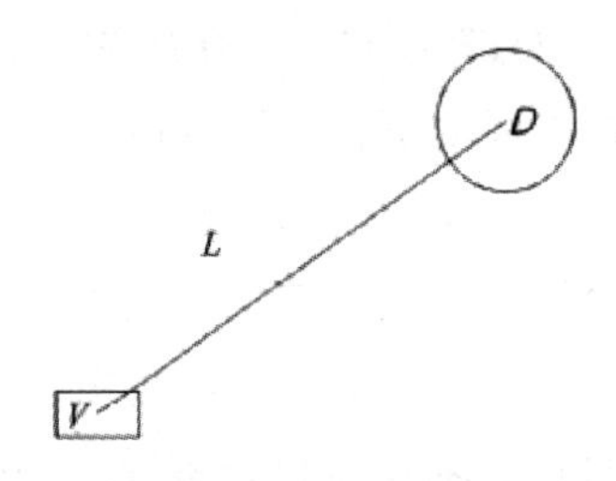

图 4–14　挖掘机移动场景

其中，θ 为挖掘机车身轴线与水平面夹角，用以表征运动方向。因此 DDPG 网络只需要运动方向作为唯一输入量。挖掘机与环境中障碍物或工作地点的位置 l_i 经过正则化后表示为

$$\left[(x_i - x_v)/w,\ \ (y_i - y_v)/h\right] \tag{4-1}$$

挖掘机车身转角 θ 经正则化后表示为

$$\left[\theta / 2T\right] \tag{4-2}$$

为便于 DDPG 网络训练，环境状态 s 表示为

$$s = (n(l_i),\ \ \theta,\ \ 0) \tag{4-3}$$

其中，n 为环境中障碍物和工作地点个数之和，θ 为挖掘机车身转角，当挖掘机到达工作地点时任务标识为 0，反之为 1。

（二）奖惩设计

当智能体施加动作到环境以后，环境给予奖励，使得算法朝着完成目标的方向调整参数，当智能体做出不好的行为时，我们需要从环境给予的奖励值中扣减一定的值，使得智能体后续避免做出此类动作。本节为挖掘机选择的是基于挖掘机与工作地点的距离及挖掘机自身角度与视觉跟踪系统指示方位夹角值的奖励函

数 r。奖励函数 r 用以引导 DDPG 神经网络操作挖掘机朝着工作地点前进，其初始值表示为

$$r=\sqrt{(l_d[0])^2+(l_d[1])^2}\cdot(|\theta_l-\theta_v|+0.01) \qquad (4\text{–}4)$$

由式（4–4）可知，当挖掘机沿车头方向朝工作地点前进时，r 值会不断增大，DDPG 网络也会获得更多奖励。

奖励函数设置逻辑如下：

每次训练：

用式（4–4）初始化 r，

在每次探索时：

①根据当前坐标更新 r 值；

②满足条件①后，没有运动出界或障碍物碰撞，r 值加 10；

③满足条件②后，到达工作地点，r 值加 20，同时任务成功。

结束探索

检测是否触发超声波警戒，如触发 r 扣减 2。

检测是否发生障碍物碰撞、丢失目标、运动出界，若发生，r 扣减 1000，终止训练，否则继续。

结束训练

（三）全连接神经网络

本模型 DDPG 神经网络使用 Tensorflow1.2 搭建，内部各网络均由包含两隐藏层的全连接神经网络组成。全连接神经网络是一种可以通过误差反向传递机制来训练的神经网络，常用于特征在不同维度之间的映射和转换。挖掘机自主导航时环境变量众多，关系不明确，可以通过增加网络宽度（增加神经元数）和增加网络深度来加强对复杂非线性问题的表达能力。本节中 DDPG 神经网络输出动作维度为 1，即车身转角 θ_v，环境信息维度为 6，即包括车身坐标 l_v、车身转角 v，工作地点坐标 g_l，任务完成标识：未完成时为 0，完成时为 1。

三、挖掘机自主导航实验设计及结果分析

（一）模拟实验

1. 模拟环境设计

本节挖掘机自主导航模拟环境根据 OpenAIGym 规范，使用 Pyglet 和 Pymunk 搭建而成。该规范将强化学习控制算法分为执行文件、环境文件和算法

文件，可通过更改环境文件将同一算法应用于不同控制场景。Pyglet 是一个免费、公开源码的跨平台多媒体 Python 库，本环境用于将模拟实验视觉呈现和挖掘机位置更新。Pymunk 是基于 Python 打造的一款开源 2D 物理引擎库，可以模拟刚体的摩擦、碰撞等物理作用，在本环境中被用于检测挖掘机与障碍物之间的碰撞以及视觉跟踪是否丢失目标。

自主导航模拟环境如图 4–15 所示，长宽为（1280，720），左下角带有三段线段的矩形代表挖掘机，其坐标为（150，100），长宽为（50，30），三段长度为 40 蓝色线段代表预设超声波传感器警戒距离；中间三个圆为固定障碍物；右上角的圆为下一工作地点，其坐标为（950，600）；直线为视觉跟踪系统提供的方位指示线。DDPG 神经网络通过控制挖掘机车身转角来控制前进路线。当抵达工作地点后，本次训练结束；当与障碍物发生碰撞时，因障碍物遮挡丢失目标或运动出界，本次训练提前终止。

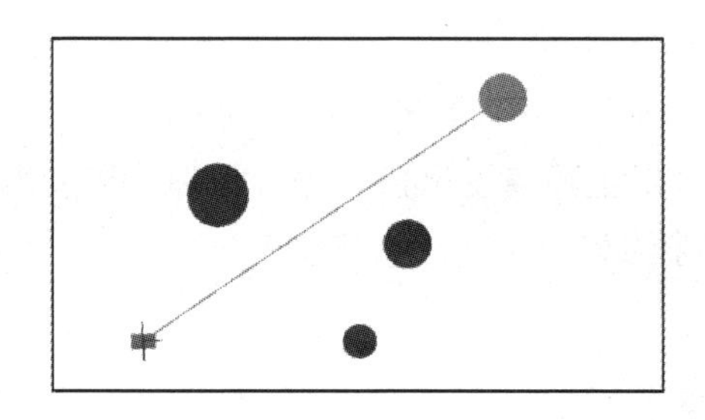

图 4–15　自主导航模拟环境

本模拟环境定义为 env，在实验提供 env.reset（ ）、env.render（ ）和 env.step（ ）三个功能，其中 env.reset（ ）用于每次训练开始时环境初始化，挖掘机回到出发地点，接收视觉跟踪系统的目标指示；env.render（ ）用于神经网络验证阶段输出挖掘机运动画面，为加快训练速度，神经网络训练时需关闭该功能；env.step（ ）用于对神经网络输出动作反馈下一时间步状态 s_{t+1}，当前动作所获反馈 r_t，任务完成标识 done。

2. 模拟实验结果分析

在自主导航模型训练阶段进行 1000 回合训练，每回合训练分为 300 次探索，其在环境训练中驶往工作地点所需探索次数统计如图 4–16 所示；在训练开始时，挖掘机车身角度初始化为小于 1 弧度的任意正值，DDPG 尝试变化行驶方向，以避免和工作地点前方三个障碍物发生碰撞。当训练超过 254 次回合以后，DDPG 网络逐渐收敛，曲线上下震荡次数减少，在随后的训练中，网络只出现少许波动。

自主驾驶模型已经学习到前往工作地点的最佳行驶线路。因为 DDPG 训练是需要从经验回放记忆库随机抽取记忆进行离线学习的强化学习方法，因此网络在训练时会表现出偶然性的波动。我们需要使用 DDPG 在每次训练中每一步探索过程中获取的奖励的总和，即累积奖励来评价其对环境的理解程度。这是评价无关模型强化学习算法的通用指标。自主导航模型经 3000 回合训练所获累积奖励的统计情况如图 4–17 所示。随着训练回合的增加，累积奖励的波动不断减小。在 400 次回合以后，稳定在 18 附近区间。

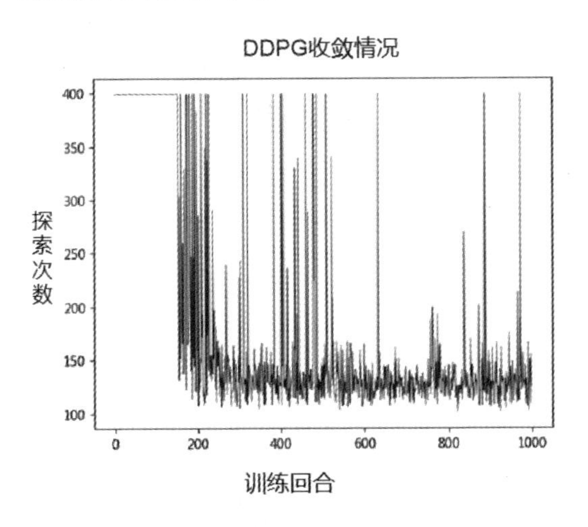

图 4–16　探索次数统计

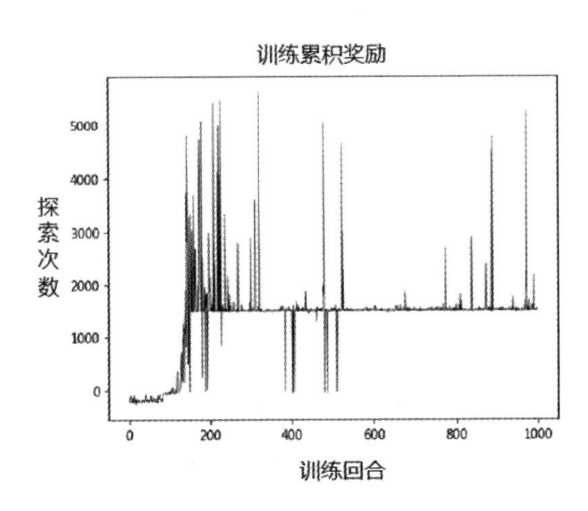

图 4–17　自主导航模型经 3000 回合训练所获累积奖励的统计情况

验证阶段分为固定初始位置和随机初始位置两部分进行，测试自主导航模型表现。从固定初始位置出发，模拟实验中进行 100 个回合，每回合 300 次探索，共完成 300 次移动，无碰撞出现。挖掘机自主导航前往工作地点的行驶路径分布和所需时间步统计分别如图 4–18 和图 4–19 所示。

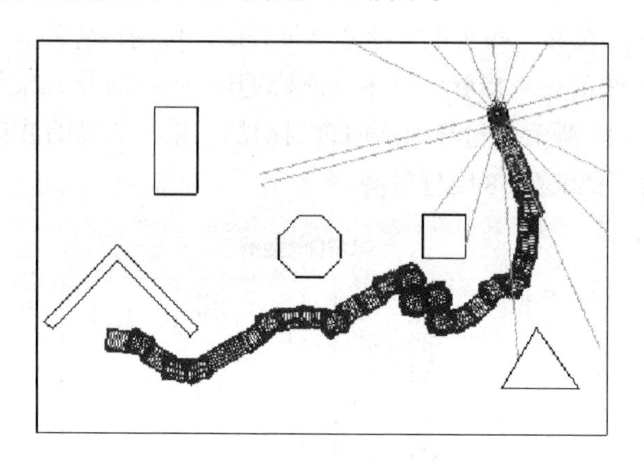

图 4–18　行驶路径分布

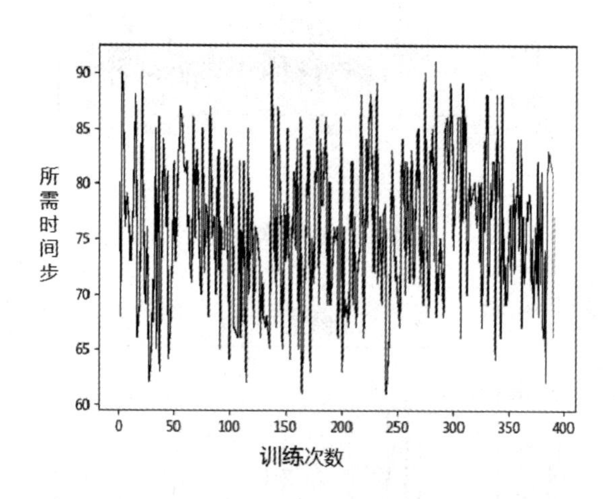

图 4–19　所需时间步统计

因为挖掘机初始化时车身轴线与水平面夹角为 0 ～ 90° 范围内任意值，DDPG 网络根据工作地点位置调整车身行进方向，路径前半段分布比较发散。当避开障碍物之后，行驶路径也比较平直地重叠在一起。从图 4–19 可知，在 300 次模拟中挖掘机自主导航耗时变化平稳，耗时最大波动率仅为 4.54%。因此基于 DDPG 自主导航神经网络在模拟实验中表现优秀，能够稳定工作。

从随机初始位置出发时，小车初始位置范围为 $(170 \leqslant x \leqslant 430, 30 \leqslant y \leqslant 200)$，在此范围中，挖掘机与工作地点无视野遮挡，并可避免运动出界误判。模拟实验中进行 100 个回合，每回合 300 次探索，共完成 390 次移动，无碰撞出现。挖掘机自主导航前往工作地点的行驶路径分布如图 4–20 所示。

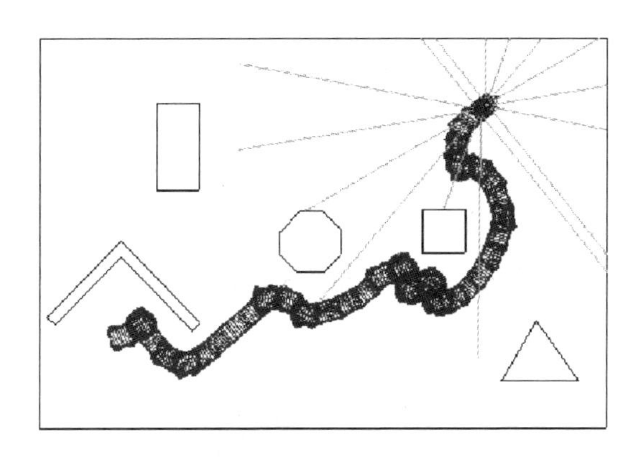

图 4–20　行驶路径分布

由图 4–20 得知，小车需调整车头方向，朝着工作地点移动，路径比较分散；小车调整好方向后，几乎直线移动，路径相对集中。时间分布绝对值因移动路径不同而差异较大，但整体时间分布与路径分布图保持一致。

（二）实物实验

1. 硬件平台

挖掘机在平面内进行地点转移时只需要车身底盘参与。挖掘机底盘大多为履带式，通过两侧履带不同转速和转向的配合，实现车身前进、后退与转向，为差分驱动结构。在实物实验中，自主导航实验小车平台选用 4 个直流减速电机驱动的小车底盘，配合树莓派 3B 开发板、超声波传感器、三轴陀螺仪传感器以及上节使用的视觉跟踪系统搭建而成，如图 4–21 所示。

图 4–21　自主导航实验小车平台

图 4–21 中，自主导航实验小车平台从下往上分为 3 层，第一层为动力层，4 驱动电机和动力电池布置于此，此外 MP6050 三轴电子陀螺仪在该层中心位置，以提供小车车身转角信息；第二层为数据处理层，放置树莓派 3B 开发板及电源、L298N 电机驱动板；第三层为传感器层，安装有视觉跟踪平台，三个 HC–RS04 超声波传感器分布于小车前方及左右两侧。超声波传感器是以频率超过 20 kHz 的超声波在空气中传播遇到障碍物后发射原理工作的有源非接触式距离传感器。超声波传感器工作频率多为 40 kHz，超声波频率越高，绕射能力越弱，反射能力越强。图 4–22 为本研究选择的 HC–RS04 超声波传感器，具体技术参数见表 4–2。

图 4–22　HC–RS04 超声波传感器

表 4–2　HC–RS04 超声波传感器参数

参数	参数值
工作电压	DC 5 V
工作电流	15 MA
工作频率	40 kHz
最远有效距离	4.5 m
最近有效距离	2 cm
探测角度	15°
触发方式	10 微秒高电平

三轴电子陀螺仪可将测量芯片内微型磁性体在旋转运动时产生的科里奥利力作用下 X、Y、Z 三个方向上的位移信息转换为 X、Y、Z 轴的角位移信息。图 4–23 为本设计所使用的 MPU–6050 三轴电子陀螺仪，具体技术参数见表 4–3。

图 4–23　MPU–6050 三轴电子陀螺仪

表 4–3　MPU–6050 三轴电子陀螺仪参数

参数	参数值
工作电压	3 ～ 5 V
通信方式	标准 I2C 协议
陀螺仪范围	±250%，±500%，±1000%，±2000%
加速度范围	±2 g，±4 g，±8 g，±16 g

2. 控制流程

在实验小车移动过程中，车身两侧超声波探测器始终给予 DDPG 神经网络以惩罚信号；而车头处的超声波探测器担当两类功能：一是当车头未对准工作目标时，即视觉跟踪系统输出转角与三轴陀螺仪水平角度不同时（实际中角度差值小于 5° 时均作为转角相同处理），其探测距离信息作为惩罚信号使用；二是车头对准工作目标时，其探测距离信息作为任务成功表示，当车头与工作地点距离小于 5 cm 时，视为任务成功。

图 4–24 为搭建的一个 0.8 m × 1.3 m 的实验场景，参照模拟实验在桌面放置三个圆形障碍物与一个工作地点标志。实验小车以任意一处为起点，从图像中输入工作地点后开始运行，需要避免与所有障碍物发生碰撞。

图 4–24　实物实验

控制程序运行流程如下，其中控制参数如图 4–25 所示：

①小车初始化，记录三轴陀螺仪初始水平角 θ_0，视觉跟踪系统正对车头；

②视觉捕捉工作地点标记，记录视觉跟踪系统转角 θ_1，车头对准标记并使用超声波传感器测量标记与车头的距离 l；

③记录车体轴线与场地边缘的夹角 θ_2；

④传入 θ_1、θ_2，进入 DDPG 神经网络进行目标建模，建立车身坐标与世界坐标的换算关系；

⑤ DDPG 输出车身转角 θ_3，通过 Wi Fi 网络将角度命令传入视觉跟踪系统 TKinter 界面，车身转向直至陀螺仪水平角等于 $\theta_0 + \theta_3$，车身前进 0.03 s。底盘在负重情况下，0.03 s 前进车轮六分之一周长，即 2 cm。检测是否碰撞，更新 DDPG 网络奖励值；

⑥更新三轴陀螺仪水平角 θ_0，视觉系统保持跟踪，更新视觉跟踪系统转角 θ_1；

⑦不断循环，直至抵达工作地点。

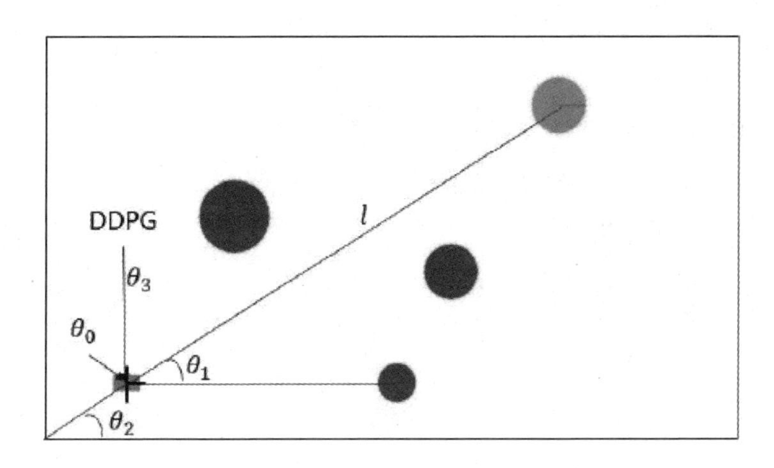

图 4–25　控制参数

如图 4–26 所示为挖掘机自主导航模型实验小车在实物实验中的运动路径，结果表明小车能够平稳顺利到达目标点。该实验验证了 DDPG 神经网络解决自主导航问题的可行性。如图 4–27 所示为小车自主导航时，视觉跟踪系统跟踪目标的情况，黑框为程序跟踪结果，按顺序 1 ～ 9 排列。由于小车移动过程需要频繁启动和暂停，受到惯性、振动以及响应延时等问题的影响，导致小车期望的转角 θ_1 变化频繁，车身转角记录则更加稳定。

图 4–26　移动路径

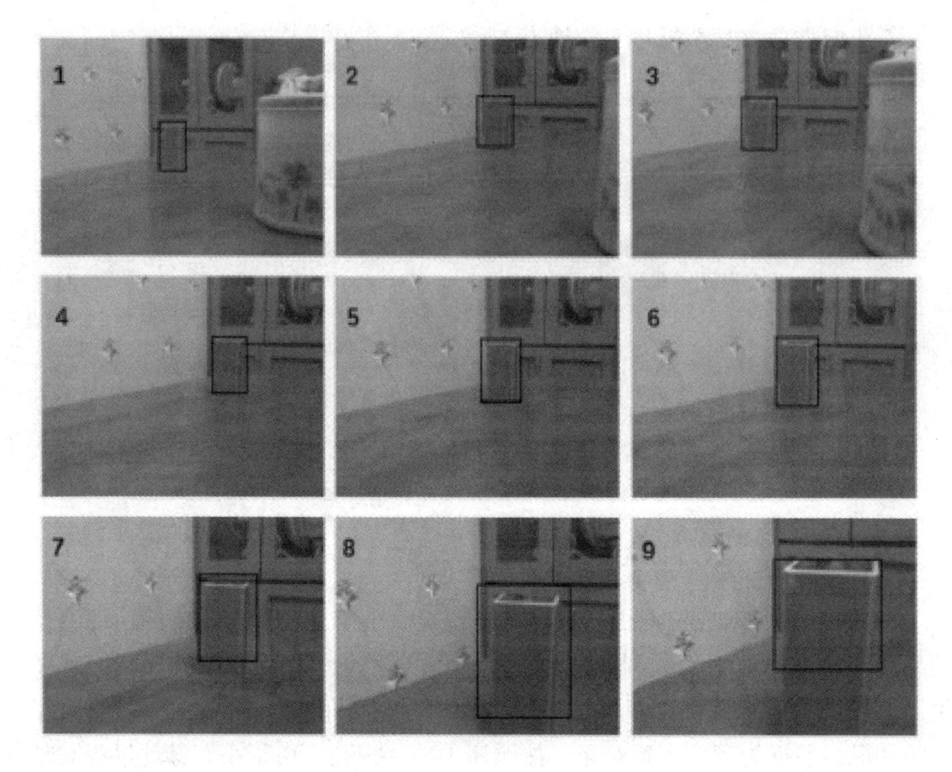

图 4-27　视野中跟踪目标变化

第四节　挖掘机智能轨迹控制系统

挖掘机自主导航到挖掘目标附近之后，才能开展挖掘作业。轨迹一般指铲斗斗齿轨迹，轨迹控制是挖掘机智能化工作流程中至关重要的一个环节，直接影响挖掘机的工作成效。轨迹控制阶段的控制量为挖掘装置各转角，均为连续值。因此，本节采用自主导航系统 DDPG 神经网络，在挖掘轨迹模拟环境中学习轨迹控制方法，实现挖掘机自主导航与挖掘轨迹控制算法的初步融合。

一、挖掘机智能轨迹控制分析

挖掘机反铲工作装置由动臂、斗杆、铲斗及对应液压缸组成，随着工作任务的不同，需要通过对各自液压缸单独调度或者联合调度来满足对运动轨迹的要求。当挖掘疏松土质时，铲斗挖掘能够最大限度发挥铲斗油缸的工作能力，减少三组油缸的整体行程，提高挖掘效率；当需要最大挖掘深度时，需要将动臂降低到最低位置，使用斗杆挖掘，即可最大限度装满铲斗。挖掘机实际工作中需要三组液压缸协同工作来满足对轨迹和挖掘力的要求时，常采用复合挖掘。

液压系统是轨迹运动的动力来源，由于挖掘机的液压控制系统是复杂时变非线性系统，因此以往学界对于挖掘机轨迹控制的研究着重于对挖掘机动力学模型、液压控制系统进行建模优化。同时对适用于线性非时变系统的 PID 控制技术进行改进优化，采用诸如非线性 PID 控制器、参数自整定模糊规则 PID 控制器、滑膜变结构 PID 控制器、BP 神经网络自适应 PID 控制器等解决液压系统的响应阶跃超调、轨迹跟踪误差、稳定性差等问题。

挖掘轨迹控制是挖掘机智能化最重要的内容，它与挖掘装置的运动平稳性、挖掘精度、受力冲击息息相关。以往轨迹规划关注的重点是根据液压系统的输出特性和挖掘阻力模型，以实现最大挖掘效率为目的，计算出预测铲斗轨迹。然后根据所需控制精度进行插值，得出铲斗在轨迹各控制点上的速度、加速度信息，最终得到铲斗运动轨迹。通常，人们从以下两方面进行轨迹控制研究：

①优化轨迹拟合平稳性。学者刘凉等人采用五次多项式插值法，能在已知轨迹各控制点速度和加速度等参数的前提下，实现铲斗运动轨迹各处加速度值连续，避免瞬时冲击。学者梅江平等人在研究三自由度机械手提出关节空间内基于五次非均匀有理B样条曲线的轨迹规划方法，该方法能有效减小机械手运动时的震动。

②建立铲斗轨迹与液压系统控制联系。学者冯培恩等人提出基于规则的挖掘任务规划方法，将挖掘预测轨迹进行等步长离散，将预测轨迹信息转换为挖掘装置关节角空间，再映射到液压驱动空间。这建立了液压系统输出与铲斗轨迹之间的联系。学者任志贵等人提出了基于模糊速度的挖掘轨迹规划方法，实现了液压驱动到控制信号的转换，在理论层面通过液压控制信号实现了对铲斗轨迹的控制。

由以上可知，以往对挖掘机轨迹控制的研究主要是从液压物理特性和轨迹动力学出发，为挖掘机创造指令响应更快，姿态更精准的“手”。

然而，美国卡特彼勒公司于 2017 年推出 2D 智能坡度控制系统，可缩短基坑基面、坡面等施工时间，无须测量人员参与。日本小松制作所于 2017 年推出 KomVision 系统，使用环绕多摄像头系统配合无人机现场巡逻采集挖掘目标区域图像，进行挖掘任务分解和轨迹规划。这为研究挖掘机轨迹控制提供了全新视角，既提高了挖掘机轨迹控制智能化程度，又提高了挖掘施工效率。企业界目前正思考如何让“手”更智能地完成工作任务，提高施工效率，迫切需要从运动学角度对挖掘轨迹进行合理规划，将所需轨迹曲线转换到挖掘机关节空间。基于强化学习的神经网络方法具有良好的自适应能力和自组织的学习能力，为该问题的解决提供了良好工具。

挖掘作业只需铲斗触及挖掘目标，回转铲斗即可完成工作，仅需控制铲斗一个部件运动。然而复合挖掘应用于直线掘进、曲线切削、土地压实、移除障碍等轨迹控制类作业时，相较于挖掘作业而言，对挖掘装置各组件的运动协调性和控制精度要求更高。因此本节选择最为复杂轨迹控制类作业作为研究对象，使用 DDPG 神经网络对其进行任务规划。

二、神经网络改进

本节中挖掘动作控制参数同样为连续值，将上章中 DDPG 网络动作输出值维度修改为 3，即动臂相对转角 θ_1、斗杆相对转角 θ_2 和铲斗相对转角 θ_3 三个控制量；环境状态维度修改为 13。

三、挖掘机智能轨迹控制实验设计及结果分析

（一）模拟实验环境搭建

由于缺少关于挖掘轨迹的强化学习模拟环境，因此本节自行选择 Pyglet 多媒体软件库构建本模拟实验环境，根据图 4–28 设置挖掘轨迹运动学模型，其简图如图 4–29 所示。

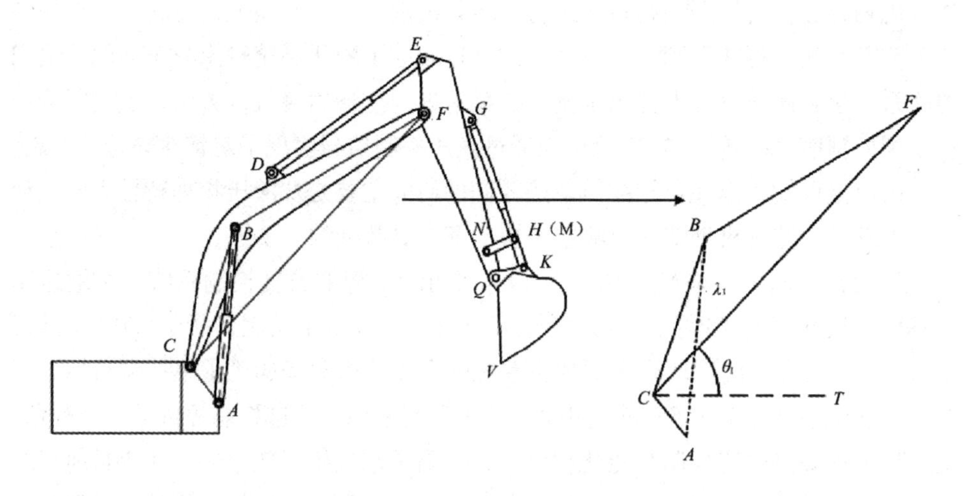

图 4–28　轨迹控制模型夹角及尺寸示意图

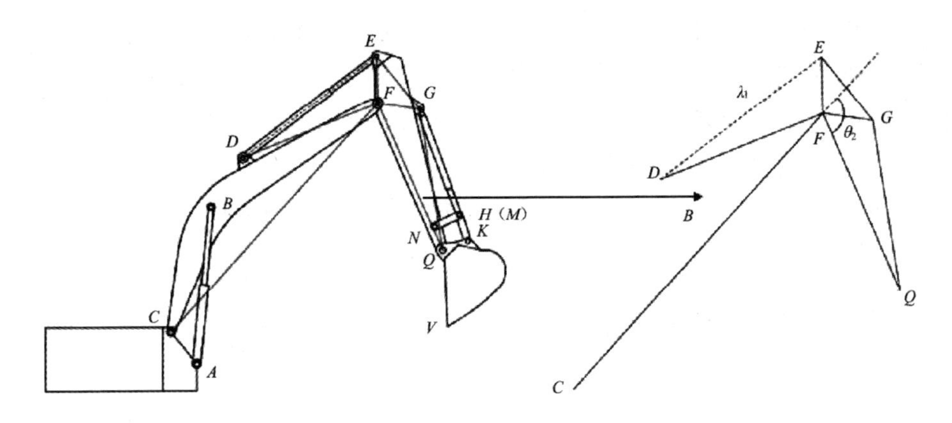

图 4–29　挖掘轨迹运动学模型简图

在图 4–29 中，虚拟环境长宽分别为 600、600；动臂铰点坐标为（300，300）；红色区域分别表示动臂、斗杆和铲斗，其长度分别为 168、100、40；蓝色正方形区域表示挖掘目标，边长为 20，以上单位均为像素。上下两底边的运动轨迹为水平工况下斗齿的运动空间。斗齿运动时不可移出该运动空间。红色区域表示挖掘装置简易模型，将轨迹移动路径分解为独立的挖掘区域，通过不断移动挖掘区域位置，可实现 DDPG 算法对工作任务的自适应。θ_1、θ_2 和 θ_3 为挖掘装置角度控制量。

（二）模拟实验设计

学习率（Learning Rate，LR）是对神经网络性能有极为重要影响的超参数之一，表示在一次探索中，挖掘模型能学习多少经验，通常学习率越小，神经网络学习会更精细，更容易避免局部最优解，但同时也会带来学习速度的下降。学习率越大，神经网络调整自身参数的动能也越大，网络参数在累积奖励较大的几个参数集合之间来回震荡，无法使之稳定在全局最优解。在本模型 DDPG 网络中，Actor 网络学习率 LR_A=0.002，Critic 网络学习率 LR_C=0.001，Actor 网络参数更新两次，Critic 网络更新一次，这样使得 DDPG 更愿意尝试新动作，同时更稳定收敛。

奖励衰减因子 γ 表示网络工作时，从时序上奖励之间的关联程度。当 γ 小于 1 时，既往奖励对当前奖励的影响权重随时序距离增加而呈指数级减少，本模型中，γ=0.9。网络软更新因子 θ 表示 DDPG 中使用估计网络更新现实网络的程度，适宜的 θ 值能使得 Actor 网络更快朝 Critic 网络引导的方向收敛。在本模型中，θ=0.01。

DDPG 网络学习阶段是由多次训练组成，在每次训练开始时，挖掘装置被初始化为不同的姿态，需要进行若干次探索。经验回放记忆库 M 容量为 30000，当探索 30000 次后，DDPG 会从中随机抽取 32 条探索经验的记忆，学习挖掘装置轨迹运动，同时进行现实网络参数更新。

为验证 DDPG 网络学习效果，需要重置模拟环境进行验证。在验证阶段，当挖掘目标位置发生改变后，记录斗齿和挖掘目标中心点坐标值。

（三）实验结果分析

1. 水平工况实验

第一个实验轨迹路径为水平直线，虚拟环境内坐标范围（$100 \leqslant x \leqslant 200$，$y$=150），水平轨迹常用于场地平整作业中，因其对施工精度和人员操作熟练度要求高，还要配以测量人员协助，实际施工中耗时耗力。训练阶段挖掘区域中心在上述坐标范围内随机出现，挖掘模型需调整姿态触及该区域。挖掘模型在训练阶段中触及挖掘目标的探索次数如图 4–30 所示：训练开始阶段，DDPG 网络参数为随机值，挖掘模型三个关节动作随机，在一次训练中经过 400 次不同 θ_1、θ_2 和 θ_3 转角组合，仍未使斗齿触及挖掘目标。因此图 4–30 中初期为直线。当训练 155 次以后，挖掘模型偶然触及挖掘目标，DDPG 网络得到该成功记录后，不断尝试复现上次成功的转角组合。随着网络参数迅速调整，偶然成功次数增多，曲线上下剧烈波动。当训练到 230 次以后，随着 DDPG 网络收敛，挖掘模型工作状态趋于稳定，仅偶尔随网络的随机动作波动。

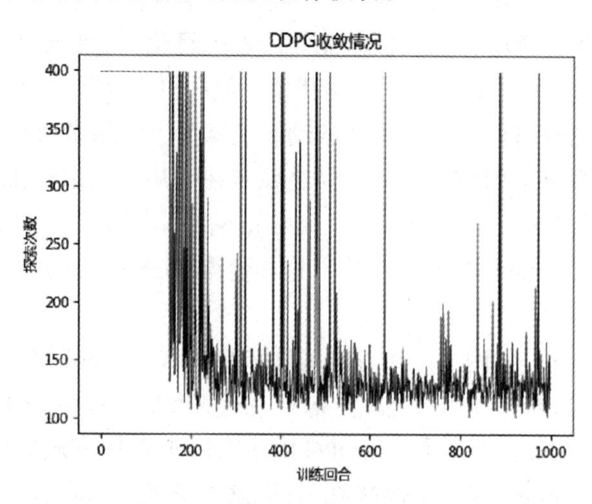

图 4–30　挖掘模型在训练阶段中触及挖掘目标的探索次数

挖掘模型在训练阶段所获累积奖励如图 4–31 所示。

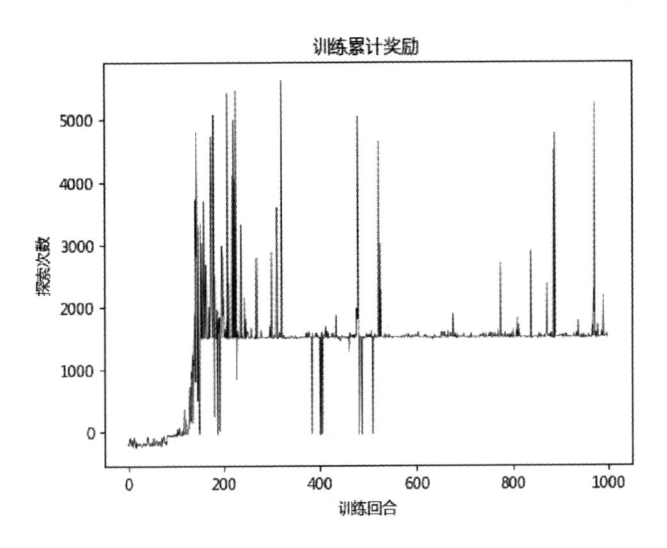

图 4–31　挖掘模型在训练阶段所获累积奖励

DDPG 神经网络作为一种强化学习算法，由于没有标签存在，无法向监督学习方式一样使用损失函数作为评价指标。为此引入累积奖励来衡量 DDPG 神经网络的工作状态，累积奖励是指在一次训练中，若干次探索从环境中获得奖励的综合。

若 DDPG 网络参数处于稳定状态，累积奖励也将随之稳定。从图 4–31 中可以看出，在训练初期，随机动作获得累计奖励较少且不稳定，当网络收敛以后，累积奖励也稳定在 1500 左右。

验证阶段挖掘区域水平移动由鼠标单击控制，单击一次鼠标左键，挖掘区域水平坐标 X 减去 2，以此类推；直到 X 小于 100，单击一次鼠标左键，X 加上 2，以此类推；直到 X 大于 200，X 再次减去 2，以此类推，实现挖掘区域水平往复运动。验证阶段挖掘模型的水平运动轨迹如图 4–32 所示。图片由挖掘模型对不同位置挖掘目标的轨迹叠加而成，蓝色轨迹为水平工况的工作区域，挖掘模型轨迹显示 θ_1，θ_2，θ_3 夹角满足设定范围，挖掘模型能够完成对水平工况的运动学模拟。

图 4–32　验证阶段挖掘模型的水平运动轨迹

挖掘模型对斗齿轨迹的跟踪情况如图 4–33 所示。

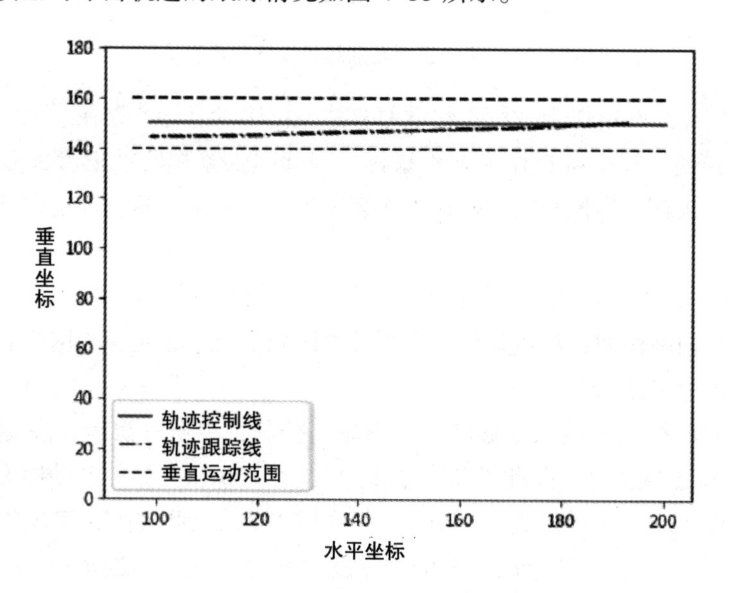

图 4–33　挖掘模型对斗齿轨迹的跟踪情况

图 4–33 中轨迹控制线为平整工况的工作范围，其垂直坐标上下波动 10 构成斗齿垂直运动范围。轨迹跟踪线条平滑，与轨迹控制线之间的最大距离为 5.52，符合模拟实验要求。

图 4–34 为水平工况下挖掘装置相对转角和绝对转角的变化情况，转角变化平稳，无急加速和瞬时冲击带来的冲击。分析可知，水平工况下铲斗与斗杆转角

变化幅度较大，动臂转角变化平缓，验证了挖掘模型奖惩函数的设计思想。

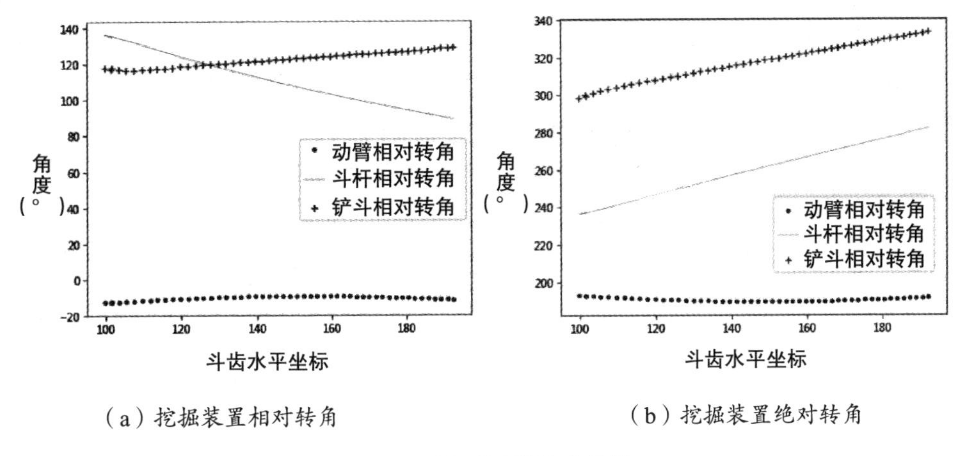

（a）挖掘装置相对转角　　（b）挖掘装置绝对转角

图 4–34　挖掘装置转角变化情况

2. 曲线工况实验

第二个实验采用同一虚拟环境，仅挖掘目标的移动范围更改为（$50 \leqslant x \leqslant 200$，$100 \leqslant y \leqslant 50$），训练阶段挖掘目标中心点可为其中任何一点。DDPG 神经网络训练阶段分为 1000 次训练，每次 400 次探索，探索 400 次后仍未触及挖掘目标即为失败。训练阶段 DDPG 网络收敛情况和所获累积奖励分别如图 4–35 和图 4–36 所示。

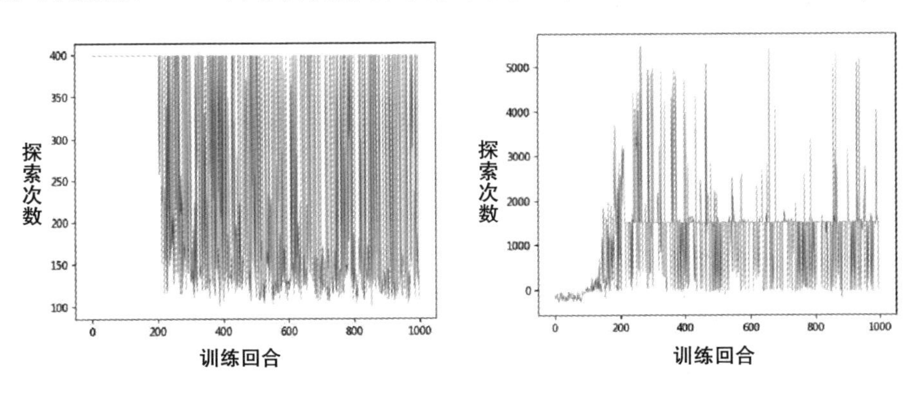

图 4–35　训练阶段 DDPG 网络收敛情况　　图 4–36　训练阶段所获累积奖励

在训练阶段，从开始至 224 次训练回合，DDPG 网络尝试没有取得成功，在此之后偶然学习到成功样本，整体处于剧烈波动状态。经过 427 次训练回合后，网络波动情况减少，直至收敛，但仍有波动情况出现。数据统计分析得知，1000 次训练中，训练成功次数超过 673 次，网络所获累计奖励在 1523 上下浮动。由此可见，随着任务复杂度上升，DDPG 神经网络训练难度也不断提高。验证阶段曲线轨迹是由鼠标单击生成的，Pyglet 软件库中 on_mouse_release 函数可在鼠标单击后释放时将横纵坐标传递给环境，挖掘目标随即移动到当前坐标，快速移动单击鼠标便得到一条任意曲线。验证阶段挖掘模型的运动轨迹如图 4–37 所示。图片由多张挖掘模型对不同位置挖掘目标的轨迹叠加而成，蓝色轨迹为曲线跟踪的工作区域，挖掘模型轨迹显示 θ_1，θ_2，θ_3 夹角符合设定要求。

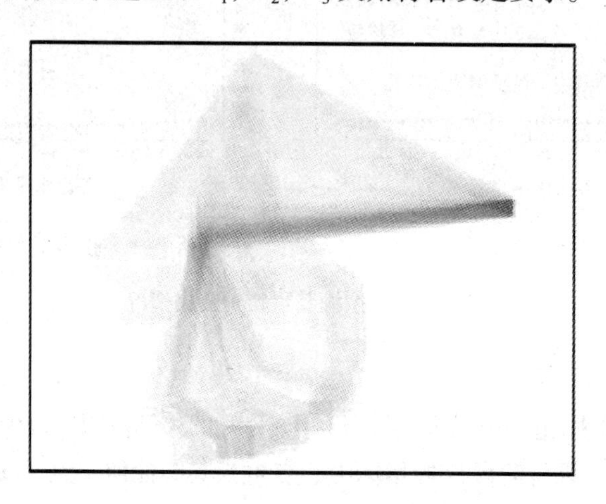

图 4–37 验证阶段挖掘模型的运动轨迹

此时挖掘模型对斗齿轨迹的跟踪情况如图 4–38 所示。

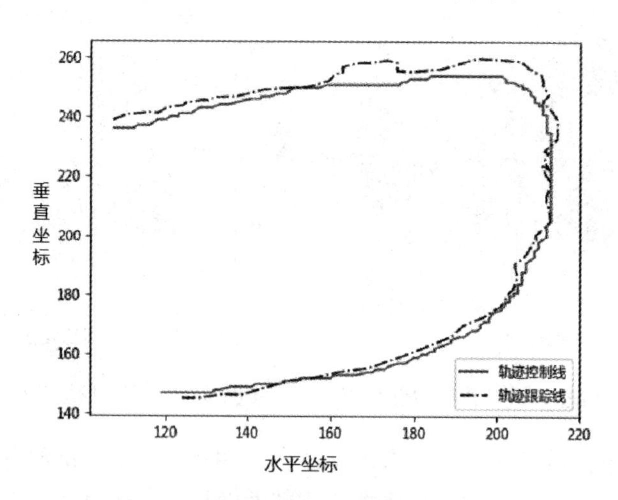

图 4–38 挖掘模型对斗齿轨迹的跟踪情况

由图 4–38 可知，黑色轨迹跟踪线基本与红色轨迹控制线保持一致，在图 4–38

右上角时偏差较大。原因主要有两点：其一，由在该处区域多次单击鼠标，诱发挖掘模型多次调解姿态所致；其二，该区域纵坐标接近训练范围边缘，导致挖掘模型运行不稳定。图 4–39 为挖掘模型跟踪任意曲线时的挖掘装置转角变化情况。由图 4–39 可知，挖掘装置各部件绝对转角和相对转角整体变化平稳，仅当运行轨迹在图右上角时出现少许毛刺，挖掘装置会出现震动。

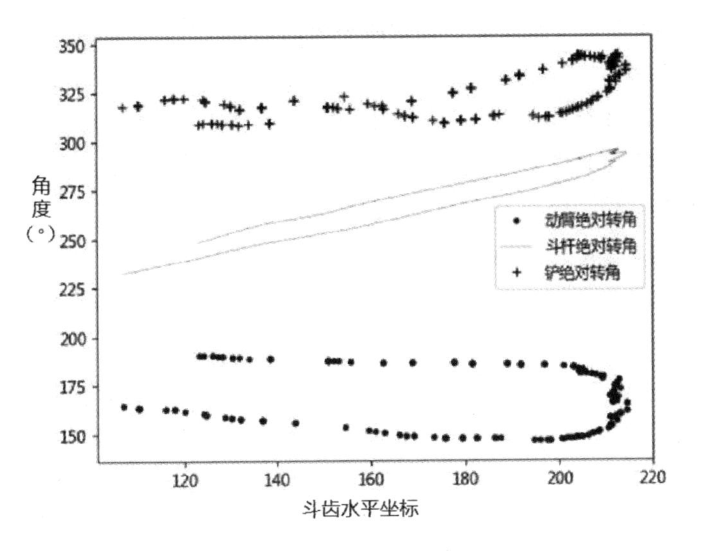

（a）挖掘装置绝对转角

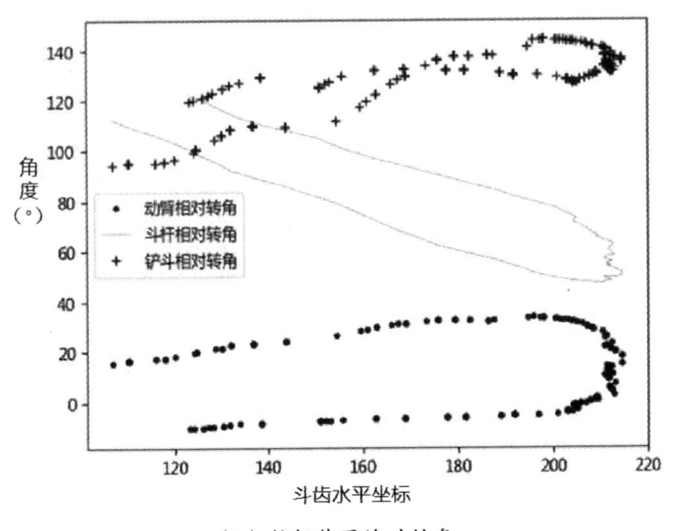

（b）挖掘装置绝对转角

图 4–39　挖掘装置转角变化情况

轨迹控制算法在直线和曲线工况下均能实现对斗齿轨迹的精确跟踪，表明基于DDPG 的挖掘机挖掘轨迹控制算法展现出在规定垂直面任意轨迹的控制能力。

挖掘机广泛应用于各项工程建设，提高其控制智能化水平具有重要的经济社会价值。本章针对挖掘机自主工作时整个工作流程进行研究，将挖掘机控制划分为挖掘目标输入跟踪阶段、自主导航阶段和挖掘轨迹控制阶段三个阶段，使用基于神经网络的智能化控制系统将各阶段有机地整合。本章的主要结论如下：

①挖掘目标输入跟踪阶段。本章针对既有基于神经网络视觉跟踪算法受到训练图片集特定种类的限制，以及视觉跟踪作为时序任务的特点，通过采用监督学习方法，使用 LSTM 神经网络模拟人类观察运动物体的方式，设计了采用 Dlib 和 LSTM 神经网络配合的视觉跟踪系统，针对挖掘工地常出现的相似物体干扰、亮度明暗变化和障碍物遮挡等会造成目标丢失的场景进行优化。实验表明，LSTM 网络可有效减少上述干扰因素下视觉跟踪误差的累积以及目标丢失的发生，满足了挖掘机自主工作时视觉目标多样性的需求。

②自主导航阶段。本章针对既有挖掘机在连续动作空间的强化学习控制，采用输出离散值的强化学习算法，设计了采用多传感器信息融合的自主导航算法。本章通过采用输出连续值的 DDPG 神经网络作为算法核心，针对挖掘机常需在未知环境中移动的问题，分别对到达目标位置、障碍物碰撞和运动出界三种情况有针对性地设计了奖惩函数，提高了神经网络稳定性，使得挖掘机能够根据使用视觉传感器、超声传感器和三轴陀螺仪信息规划移动路径。

③挖掘轨迹控制阶段，为提高挖掘机轨迹任务规划的智能化程度，本章设计了基于 DDPG 神经网络的轨迹控制算法，该算法由自主导航算法的神经网络搭配不同的环境和参数配置文件而来，在模拟实验中实现了在规定垂直面和在设定精度下对任意轨迹的拟合跟踪。

不同于以往研究着重对挖掘机智能化中某一细节问题进行分析，本章采用神经网络来模拟人类的行为习惯，实现对挖掘机工作中不同任务的自适应控制。挖掘机智能化控制不只是各任务阶段控制算法的简单堆叠，而是有时间先后、环环相扣的有机整体。视觉跟踪系统与 DDPG 神经网络之间进行控制参数传递实现逻辑关联；自主导航和挖掘轨迹控制统一采用同一 DDPG 神经网络进行控制，实现算法初步融合。本章证实了神经网络技术在挖掘机等工程机械控制领域的巨大潜力，为真正实现挖掘机智能化乃至无人化运行，进行了有益的技术理论探索。

虽然使用神经网络构建挖掘机智能化控制模型的研究取得了一些成果，在模拟实验和实物实验中验证了算法的可行性，但是本章还是处于比较初级的阶段，存在不少有待继续完善的地方：

第一，视觉跟踪算法没有考虑全部影响视觉跟踪因素的影响，如运动模糊、图像大小变化等因素，显然这些因素也会对视觉跟踪造成影响。后续研究可加以考虑，训练出容错能力更强的视觉跟踪算法。

第二，没有在 3D 模拟环境中对自主导航和挖掘轨迹进行验证，因缺少适用于Python的强化学习3D训练环境，仅通过自行构建2D测试环境进行可行性测试，且环境中仅有固定障碍物。后续研究可使用采用游戏开发引擎等高级环境建模工具来构建特征更丰富的训练环境。训练环境中特征愈加丰富，强化学习能够识别的工作场景也更加符合挖掘机工程应用，可提升控制算法的通用性。

第三，挖掘轨迹任务控制模拟环境没有考虑动力学因素。挖掘装置运动轨迹除受到主动规划的运动学轨迹影响外，也会受到来自挖掘阻力、土石方冲击力等因素的影响。后续研究可以研究使用力学仿真软件 IP 接口协议，使用服务器－客户端模式，使用强化学习算法进行力学测试。

第四，视觉跟踪需要标签数据评价跟踪结果，需使用监督学习方式训练，目前视觉跟踪任务无法整合到 DDPG 神经网络这类强化学习方法中。在本章中，自主导航实验表现为时间延迟高，执行效率低。后续研究可以尝试将挖掘机视觉跟踪与自主导航进行整合，提高控制系统性能和稳定性。

第五章　智能化控制技术在推土机智能化控制系统设计中的运用

第一节　推土机智能化控制技术的现状与发展趋势

推土机作为一种工程机械，可适用于平原、高原、极寒、沙漠、矿山、沼泽、热带雨林等多种复杂作业工况，应用十分广泛。传统的推土机自动化程度低，工作强度大，效率低，并且对操作人员的技术要求高。随着电子技术、人工智能技术、测试与传感技术的发展，传统的推土机已经不能满足社会发展的需要。因此，这里主要对推土机智能化控制技术的现状与发展趋势进行研究。

一、推土机智能化控制技术的现状

（一）作业特点

智能化推土机通过采用各种不同的传感器来采集外部环境信息，具有自我感知、自主决策、自动控制等功能。智能化推土机作业具有三大特点：①程序化作业，通过对可编程序控制器自主编程，所有操作均可按预定程序进行，可实现无级变速、直线行驶等功能；②智能化作业，能根据作业环境选择最佳的作业速度与工作模式，操作便捷，可达到节能减排的目的；③ 智能诊断与报警，实时显示作业参数和作业状态，通过对技术状态进行智能化监测，对可能发生的故障进行排查、预报，减少人为误判，具有技术维护、检修等功能，并为及时解决故障提供保障，操作简便，可视化、自动化程度高。

（二）智能化控制技术

1. 行走系统智能控制技术

作为智能化推土机的代表，全液压推土机多采用双泵、双马达两侧独立式控制，其智能化主要体现在以下方面：通过调节流通电磁阀电流的大小，对电磁阀的开度进行智能控制，达到控制泵和马达流量的目的；通过智能适应复杂路况，实时纠偏，使推土机能够直线行驶；通过操作电控手柄，对整机进行电液联合控制，实现全液压推土机行走系统的无级变速；根据推土机的行驶速度与负载状态智能调速换挡，使发动机转速与运行工况相匹配，实现节能、经济、滑转率控制等模式，提高推土机的动力性及燃油经济性。

2. 工作装置智能控制技术

全液压推土机通过控制相应电磁阀的电流，调整工作装置电磁阀的流量，实现工作装置提升油缸、倾斜油缸、调角油缸等的动作，从而实现工作装置提升、下降、倾斜、调角等功能。采用可编程序控制器，根据推土机的不同工况，可实现标准、精细、快速等工作模式。目前，智能化推土机还采用无线电遥控、激光、电子、传感器、微机控制等先进技术，使工作装置实现自动找平功能。

3. 故障诊断技术

智能化推土机的故障诊断包括检查和发现异常、诊断故障状态和部位、分析故障类型三个基本环节，涵盖检测技术、信号处理技术、识别技术、预测技术等四项基本技术。智能化推土机故障诊断系统具有以下功能：①工作状态监控，可为推土机操作员提供必要的技术数据，便于操作人员正确操作和及时发现故障；②数据管理，可将发生故障前后的一些重要数据记录下来，为故障判断及进一步深入研究提供依据；③故障诊断及报警，可提醒操作人员系统出现故障，并在发生重大故障时降低对操作人员及推土机的伤害；④通信，可运用控制器局域网络（CAN）总线技术和 CANopen 协议实现可编程序控制器与显示器之间的信息交换，通过智能显示器显示界面建立良好的人机交互，完成对推土机主要参数、运行状态、故障代码的显示，以及参数的设定和修改。

故障诊断系统根据推理出来的故障诊断情况，按照一定代码以报警灯或提示语言形式进行报警。可编程序控制器将诊断后的故障代码以一定的数据格式发送给显示器，显示器根据既定的协议规则完成相应的数据解析，并进行相应的故障显示，最终实现报警。可编程序控制器还具有一定的自学能力，能自动保存新的故障代码，并可对历史故障进行查询。当面临危及人身和设备安全的重大事故发生时，除了进行声光报警外，可编程序控制器还会自动执行相应的保护程序，从而大大提高系统的可靠性和安全性。故障诊断程序流程如图 5-1 所示。

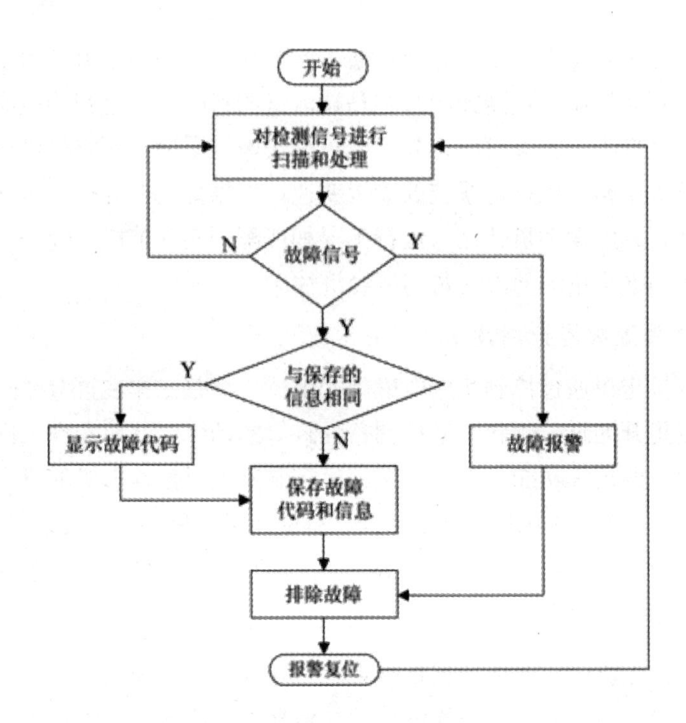

图 5–1　故障诊断程序流程

二、推土机智能化控制技术的发展趋势

随着电子信息技术的发展，推土机智能化控制技术发展也越来越快，新一代智能化推土机不仅可以实现集成化操作和智能控制，而且还能够组成基于网络的机群协同控制系统，集自动化、数字化、集成化于一体。推土机智能化控制技术发展趋势主要体现在数字化机械设计与加工、工作装置智能引导与自动控制、互联网大数据共享、机群智能化控制管理等方面。

（一）数字化机械设计与加工

新一代智能化推土机的数字化施工系统将配置光学摄像头、全球定位系统、360° 激光扫描仪，配合无人机进行地理信息采集。以无人机为载体，在目标地域高空，利用激光技术和全球定位系统，以地面基站为基准点，进行施工前期的地域测绘，从而在施工之前就能准确计算出土石方量，确定施工工期。无人机可精准捕捉动态作业中每一个动作、每一个角度的复杂数据，以及每一时刻的地理和环境三维信息，再利用未来智能化推土机的可编程序控制器进行大量数据处理和控制分析，输出精确的作业指令，进行自主作业路径规划、自主学习、自动作业，实现数字化机械施工。数字化机械施工可以提高工程质量，降低施工成本，包括施工测量成本、燃油消耗、施工机械成本、材料损耗等。

产品数字化设计是信息时代新的开发模式，具有数字化、集成化、并行化、可视化和良好的人机交互等特点。它不仅在实际产品生产之前，对产品的使用性能、制造、装配、维修、使用可靠性等进行全面分析和综合优化，同时也应用虚拟现实技术达到虚拟产品开发环境的高度逼真化，使人对虚拟原型直接进行操作，产生身临其境的感觉。虚拟产品开发环境是一个综合的集成计算机环境，它集成了虚拟设计、虚拟制造以及产品工程分析等所有产品开发相关过程所需的工具，并提供了高度逼真的实时交互式人机协同工作环境，实现人与人、人与机之间的高效协同产品开发。目前美国卡特和日本小松公司产品已经完全采用数字化设计，并模拟分析零件铸造、焊接、热处理和机加工等制造过程，预测潜在的缺陷、残余应力和变形，分析研究零件材料结构、机械性能等变化规律，以提高各零部件设计、制造、装配和使用的成功率，从而缩短产品研制周期，降低开发成本，提高生产效率。国内推土机厂家主要采用三维软件进行数字化设计和装配，减少设计和装配问题，并对机架、工作装置等关键结构件进行仿真分析。

（二）工作装置智能引导与自动控制

基于全球定位系统的新一代智能化推土机三维控制系统可以实现推土机工作装置的智能引导与自动控制，主要由计算机、整车可编程序控制器、显示器、固定全球定位系统基准站和移动全球定位系统接收器等组成。通过闪存盘将施工场地数据传输至可编程序控制器进行坐标变换，在显示器上显示推土机铲刀位置和相关数据，同时整车可编程序控制器发出对铲刀的控制信号，利用移动全球定位系统接收器确定推土机当前位置和铲刀坐标位置，并与预先输入在整车可编程序控制器内的数字地形模型进行对比。采用基于全球定位系统的三维控制系统，新一代智能化推土机进行推土作业时，可以克服激光、木桩、线绳等的限制，降低测量和工程造价，能够广泛应用于公路、铁路、堤坝等大型土方工程建设，尤其适用于立体交叉高速公路的复杂曲面形状路面推土施工。

（三）互联网大数据共享

互联网大数据共享主要包括三个方面：①信息共享，可在办公室和施工现场之间进行实时文件互传，确保施工信息最新，提高施工效率，避免返工；②远程支持，办公室人员可以远程控制施工现场操作屏幕，进行远程培训和技术支持，减少因操作不当或机器发生故障等而导致的停工，节约施工时间；③定位跟踪，远程监控跟踪施工进程，监控设备使用状况，进而改善日常施工，最大化提升施工效率。随着推土机智能化水平的提高，故障诊断及解决问题及时性与准确性的要求也越来越高，互联网大数据共享可实现实时过程控制，提高工效和工程质量，降低工程施工成本。

在高温、高压、辐射或存在有毒物质等危险工况中作业的设备，要求其具有远程操控作业功能。物联网和互联网的发展为机器实现远程操控和无人驾驶提供了技术支撑。物联网是指通过信息传感设备，按照约定的协议，把物品与互联网连接起来，进行信息交换和通信，以实现智能化识别、定位、跟踪、监控和管理的一种网络，它是在互联网基础上延伸和扩展的网络。推土机远程遥控系统包括电控整机、传感器、监控平台、无线终端、车载控制器，可实现控制参数的远程遥控设置，如图 5–2 所示。它通过视频、音频、压力、温度、负载等各种传感器，将现场工况条件、载荷大小、整机状态等动态实时信息通过无线网络传输到监控台，操作人员根据现场反馈信息输出相应控制信号给机载控制器，机载控制器通过电磁阀控制整机行走系统和工作系统，实现推土机的远程遥控作业。山推工程机械有限公司于 2015 年推出了 DE17R 型环卫型无人驾驶推土机，可实现城市废弃物处置等恶劣环境视距内的遥控作业，并成功实现了销售，在无人驾驶技术方面取得了较大的成绩。卡特彼勒公司利用全方位的工地互联技术开发了智讯系统，应用该系统对工程设备、工程进度、工程质量以及工程安全进行实时监控和管理，可降低运营成本，提高设备使用率和生产效率，实现设备的智能施工。

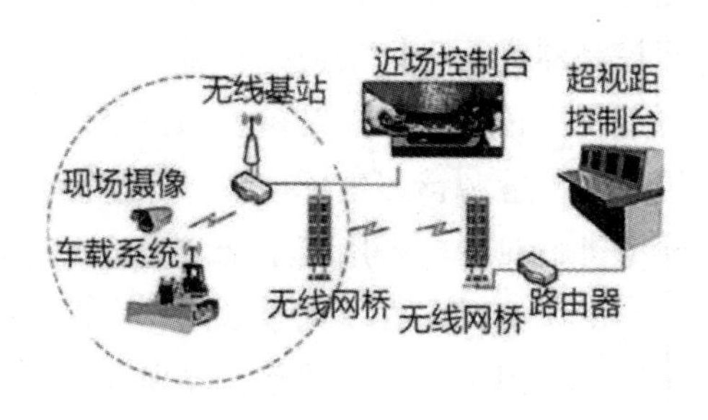

图 5–2　推土机远程遥控系统组成

（四）机群智能化控制管理

推土机的发展从其产品结构、功能及性能来看，经历了结构功能创新、动力传动创新和控制系统创新 3 个阶段。推土机发智能化，即将传感技术、信息技术、控制技术等高新技术应用到推土机上，以改善推土机的操纵性、动力性、平稳性、经济性，提高工作效率，降低驾驶员的劳动强度。推土机智能化的方向主要包括动力系统高效低耗控制技术、传动系统自动控制技术、卫星定位技术、自动控制及故障诊断技术等。

1. 动力系统高效低耗控制技术

推土机属于循环作业的铲土运输机械，作业工况极其恶劣，工作载荷变化剧烈，它需要根据负载情况，自动调节发动机输出功率与转速，以满足不同作业工况需要，并提高动力性和经济性。发动机动力控制系统是基于控制单元和 CAN 总线的燃油喷射控制与发动机最佳性能调节系统，其主要功能包括循环供油、喷油定时、总体控制和故障诊断等。另外，还可通过 CAN 总线与其他设备进行通信，使整台机器构成一个完整的管理系统。如卡特 3408E 型柴油机电子控制系统 ECM 就是一种电子综合控制装置，它可根据外载荷的大小有效地控制发动机的功率与转速，降低燃油消耗及尾气排放，减少噪声。另外，小松推土机提供了发动机多模式选择系统，根据实际工况选择全功率模式或 70% ～ 90% 不等功率经济模式，可以降低燃油消耗，延长履带板寿命，减少换挡操作次数。小松发动机功率自动控制系统如图 5–3 所示。

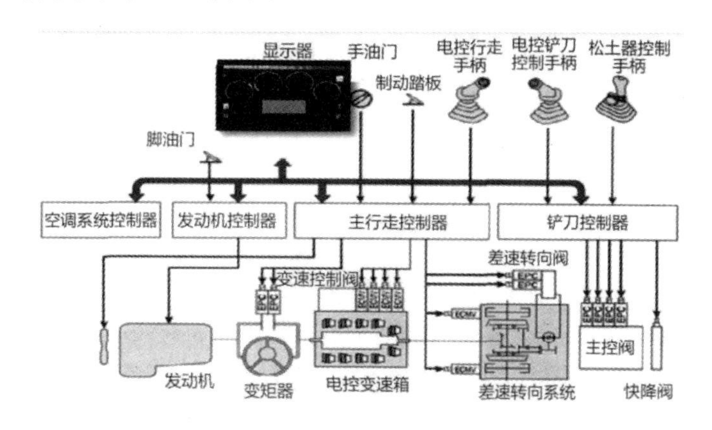

图 5–3　小松发动机功率自动控制系统

2. 传动系统自动控制技术

履带式推土机传动系统可分为全液压推土机传动系统和液力式推土机传动系统两种。全液压推土机传动系统采用液压系统（液压泵、阀、马达、减速机构）驱动，易于实现自动换挡和变速功能，但由于可靠性等问题，主要应用于 200 kW 以下中小功率推土机。液力式推土机传动系统由液力变矩器和液压动力换挡变速器组成，是目前推土机应用最广的传动系统。液力式推土机传动系统可极大地简化设备的操纵，起步平稳、加速快。同时，通过液体传递动力可降低传动系统的动载荷和振动，延长传动系统的使用寿命，提高行驶安全性和通过性。但液力变矩器的传动效率较低，尤其是在高转速比的情况下，效率急剧下降，油耗和排污量也明显增加。

为提高液力式推土机传动系统的效率，目前主要采用变矩器闭解锁系统（小松公司）及扭矩分配器（卡特彼勒公司）两种方式。变矩器闭解锁系统通过锁止离合器实现液力传动和机械传动之间的转换，如图 5-4 所示。扭矩分配器在保持变矩器传动能力（75% 发动机扭矩）的同时，也提供直接传递动力（25% 发动机扭矩）的线路，即提供并联双动力系统的传动路线，以提高传动系统效率，从而实现更高的扭矩倍增效果，如图 5-5 所示。另外，在高速轻载下如不及时换入高挡工作，将造成传动效率降低、能量损耗增大，此时需要驾驶员依靠经验操作来保证液力传动在高效区工作。为减轻驾驶员的劳动强度，降低驾驶员技术要求，一般采用自动换挡策略。根据工况负载大小，控制电磁阀进行自动换挡操作，实现液力传动工作在高效区，可显著提高传动效率和作业效率。目前，卡特彼勒推土机和小松推土机已实现根据负载自动变速功能，并且可根据操作习惯实现前进高挡位与后退高挡位的自动换挡操作。国产推土机由于技术水平、制造能力等问题限制，尚无自动换挡功能的成熟液力式推土机产品。

图 5-4　卡特彼勒轮式装载机涡轮闭锁液力变矩器

1—导轮；2—涡轮；3—泵轮；4—闭锁离合器

图 5-5　卡特彼勒匹配扭矩分配器的传动系统

3. 卫星定位技术

全球定位系统使推土机可根据需要得到精确、实时的定位信息。采用全球定位系统的推土机，可显示机器作业区内的相关信息，驾驶员据此可精确控制推土铲和机器的位置，并可确定每工作循环的土方量、每小时铲运的土方量、总土方量、每工作循环耗时、成本及生产率等信息。全球定位系统组成如图 5-6 所示。卡特彼勒公司开发了基于全球定位系统的计算机辅助铲土运输系统（CAES）和关键信息管理系统（VIMS）。CAES 包括机载计算、精确定位和高速无线电通信 3 项技术，在运行中，机载系统可接收整个无线网络中的铲土运输数据、工程数据或现场规划数据。通过驾驶室内的显示终端，驾驶员可直观地了解机器的作业位置，并准确地判断需要挖掘、回填或装载的土方量（VIMS 监测机器关键的参数），并通过无线传输将数据发到管理办公室，实现远程获取推土机位置参数、时间参数、推土机的运行参数及故障信息，实现远程实时监控设备参数状态、控制检测及故障维修等功能。

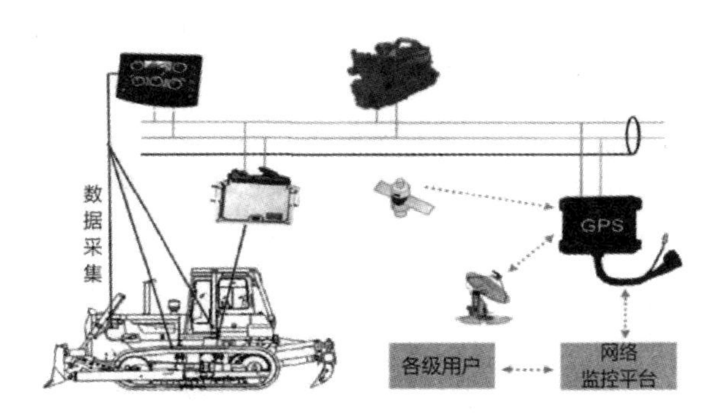

图 5-6　全球定位系统组成

4. 自动控制及故障诊断技术

为提高推土机操作的智能化水平，降低对驾驶员的技术要求，使其具有熟练驾驶员的作业能力和效率，通常通过传感技术和人工智能技术，建立基于作业工况、驾驶习惯、生产率和效率的专家系统，实现推土机的自动控制作业。专家系统根据驾驶员操作习惯建立适应目前条件的数学模型，得到现场所需的最佳车速、牵引力和铲刀操作习惯，从而实现高效自动作业，减轻驾驶员劳动强度。作业对象识别和自动控制取决于传感技术和人工智能技术，传感技术决定了推土机对作业环境和任务实时有效的感知。国外最新推土机通过采用激光、电子技术、传感技术、微机控制等先进技术，使推土机的工作装置实现了自动控制。如卡特彼勒公司的 T 系列推土机可存储驾驶操作习惯，便于后续自动辅助作业。小松公司的 D155A 型推土机自动切土控制系统，利用传感技术和电子计算机技术，使推土机实现了自动作业，如图 5–7 所示。

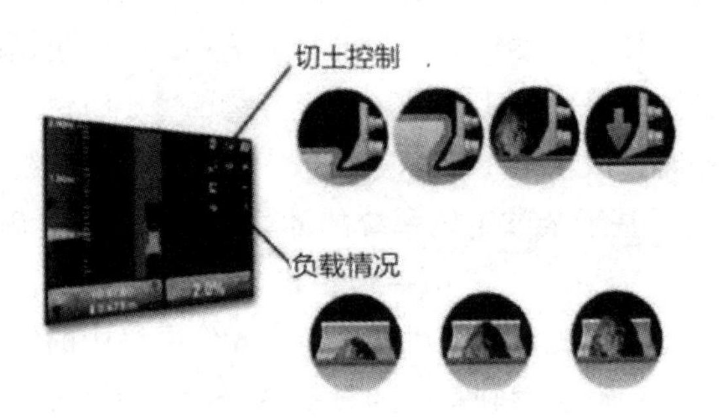

图 5–7 小松 D155A 型推土机自动切土控制系统

（五）驾乘舒适化

推土机作业工况恶劣，工作过程中振动噪声大，驾驶员劳动强度高，长时间操作会损害驾驶员的身心健康，并且振动会引起零件的早期疲劳磨损。为了保护驾驶员的健康，提高工作效率和市场竞争力，迫切需要改善推土机产品驾乘的舒适性，主要包括以下几方面：开发新型全密封的低噪声增压驾驶室，改善驾驶员操作视野和舒适性；采用驾驶室硅油减振、底盘悬挂橡胶减振、发动机橡胶减振等复合减振方式，同时优化发动机消声器、合理控制风扇转速，以降低工作过程的振动噪声；配置可全方位调节的豪华座椅，提高操作舒适性，减缓驾驶人员疲劳；设计多功能集成的电控操纵手柄、全自动换挡装置，提高操作的舒适性；安装闭路监视系统及超声波后障碍探测系统，提高驾驶员作业安全性；增加监控和故障自动报警系统，改善机器的维护便利性，缩短维修时间。目前，卡特彼勒公司和小松公司最新推土机产品驾驶室司机耳旁噪声已分别降到 75 dB 和 80 dB，远优于国产推土机产品。卡特彼勒推土机与小松推土机的驾驶室内部分别如图 5–8、图 5–9 所示。为减少驾驶员疲劳驾驶，卡特彼勒公司开发了疲劳风险管理系统，即通过实时监测驾驶员疲劳和分心情况，对微休眠或走神状态发出报警，同时可模拟不同的排班计划，判断并避免可能存在的驾驶员疲劳问题。

图 5–8　卡特彼勒推土机的驾驶室内部

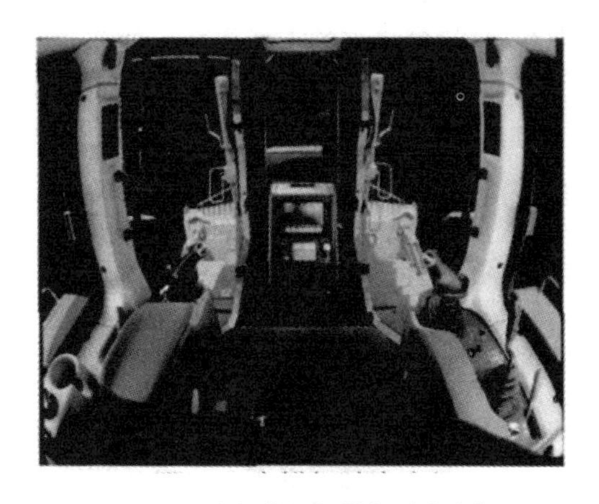

图 5–9　小松推土机的驾驶室内部

（六）全生命周期的绿色环保设计

随着人们环保意识的增强，发展绿色设计技术、绿色制造工艺及可再生技术已成为推土机乃至整个机械行业的共识。这就要求在产品的设计、制造、使用、维护等整个生命周期中，在保证功能、可靠性和使用寿命的前提下，充分考虑产品的环境属性，提高产品全生命周期中的能源利用率、原材料转化率和可再利用率，减少废弃物和污染物的产生。国外推土机厂家在全生命周期的绿色设计方面已取得了不少成绩。卡特彼勒公司以实现再生利用的机械作为基本设计理念，成立了专门从事再生制造的“再生中心”，对产品的主要核心部件如发动机、变速器、液压部件等进行专业化修复和再制造，使其性能和质量达到新产品的水平。目前，小松公司已在世界多个地区开展了再制造工程，可生产 20 多种再生件。

随着科学技术水平的不断提高，使用更清洁的能源逐渐成为实现绿色环保目标的重要方法。卡特彼勒公司于 2008 年推出了全球首款 D7E（235 马力）型电驱动推土机，可显著提高设备生产力和效率，减少零件数特别是运动的部件和维护的需求，降低运营成本，如图 5-10 所示。目前，卡特彼勒 D7E 型电驱动推土机已经生产了 500 台，主要销往北美和欧盟地区。中国国机重工集团有限公司于 2014 年研制的世界最大功率电传动推土机 D320E，据说可降低燃油消耗 15%，可减少 10% 以上有害污染物排放。山推工程机械股份有限公司 2015 年研发的全球首台燃气型履带式推土机 SD20-5LNG，采用液化天然气发动机，满足国三排放标准，燃料费用节省 30%，碳排放减少 50%，可吸入颗粒物排放基本为零。随着用户对产品使用要求的不断提高，数字化设计、智能化控制、舒适化操作、网络及绿色环保技术的深入应用已经成为推土机技术发展的主要趋势。国内推土机虽然已取得很大进步，但是与国外最先进的推土机产品仍有一定差距，厂家只有不断加大投入，提升自主产品技术含量，才能提高其产品在国际市场上竞争力。

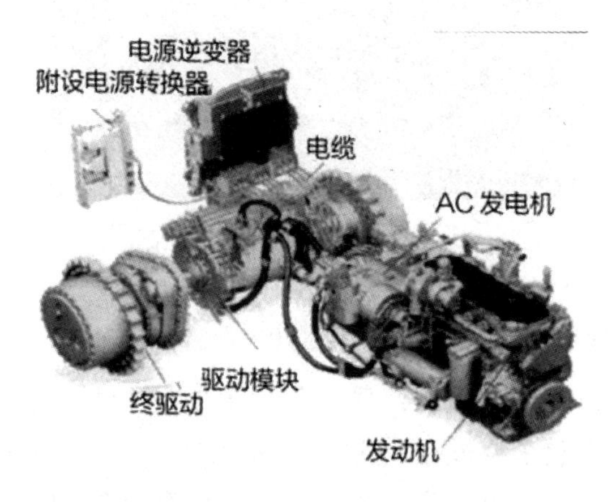

图 5-10　卡特彼勒 D7E 型电驱动推土机传动系统

第二节　推土机传统系统作业过程分析

智能化推土机的设计,应在保留推土机原机械总成不变或几乎不变的基础上,通过对推土机传动系统及作业过程进行分析，增加电子设备、电液元件，使推土机实现可以根据工作状态的变化而自动控制工作装置的功能，实现推土作业工作装置的智能化。图 5–11 是推土机的总体结构图。

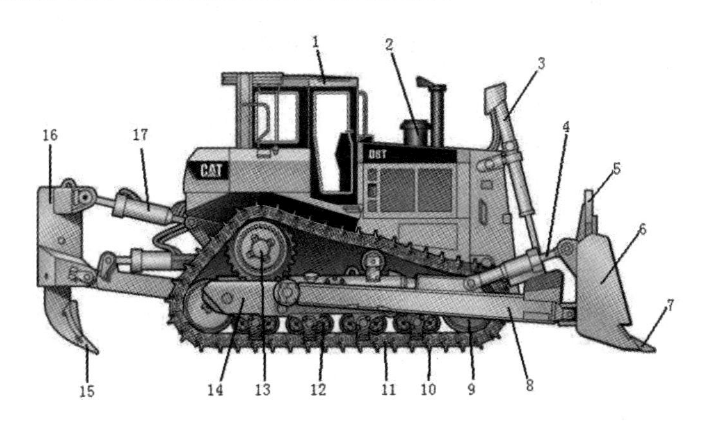

图 5–11　推土机的总体结构图

1—驾驶室及操作系统; 2—发动机; 3—铲刀升降油缸; 4—铲刀倾斜油缸; 5—挡土板; 6—铲刀; 7—铲刀刃; 8—顶推架; 9—导向轮 ; 10—履带齿; 11—履带; 12—支重轮; 13—驱动链轮; 14—台车架; 15—松土器齿尖; 16—松土器; 17—松土器油缸

一、传动系统分析

推土机传动系统的作用是将发动机的动力传给行走机构，通过合理匹配，以使推土机牵引力和工作速度相适应。推土机的传动方式有机械传动方式、液力机械传动方式和静液压传动方式，目前国外的厂家已经将主离合器式的机械传动方式淘汰，而国内在 140 马力（1 马力≈ 735.5W）以下及个别 160 马力推土机上，仍然采用主离合器式机械传动方式。现在的传动方式的流行趋势：在小型推土机上采用静液压传动方式，在中型推土机上采用静液压传动或液力机械传动方式，液力机械传动在大型或超大型推土机中应用非常普遍。

（一）液力机械传动系统

液力机械传动系统由多个部分组成，如液力变矩器、中央传动、终传动等，其与机械传动系统的区别在于液力变矩器是利用液力传递转矩，因此可以对系统冲击起到缓和的作用，并能避免推土机在工作过程中因超载而停机。图 5–12 和图 5–13 分别为液力机械传动系统图和液力传动系统原理图。

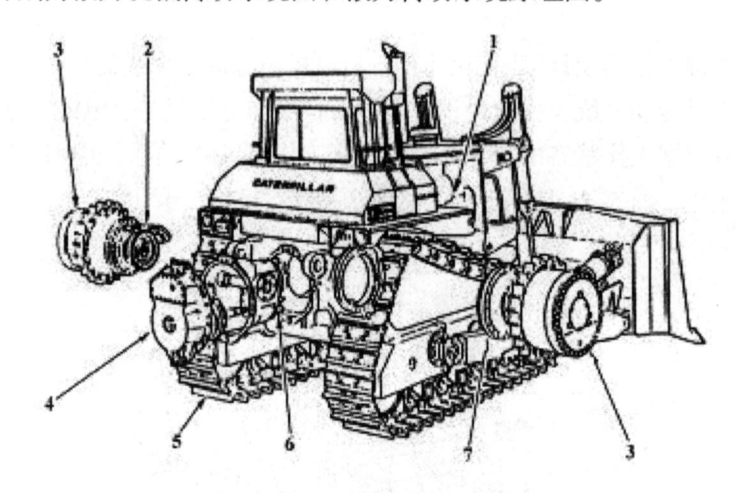

图 5–12　液力机械传动系统图

1—发动机和变矩器；2—转向离合器和制动器组；3—最终传动减速器；4—动力换挡变速箱；5—履带；6—主传动锥齿轮；7—行星减速器

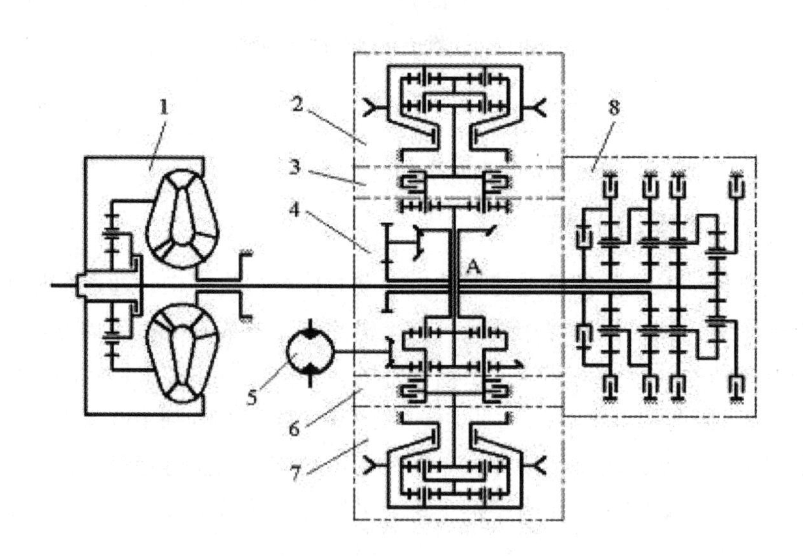

图 5–13　液力传动系统原理图

1—液力变矩器；2—右最终传动器；3—右制动器；4—中央传动器与差速转向传动器；5—转向马达；6—左制动器；7—左最终传动器；8—动力换挡变速箱

液力机械传动系统常用的两种传动系统如下。

1. 变矩器和动力换挡变速箱

变矩器的优点有很多，如装有变矩器的推土机换挡非常轻便，转速和负载之间可以自动调节，发动机效率高且不容易熄火。整机的总和效率也得到了提高。因此，一般在液压操纵系统中装有平稳结合阀，减少冲击。液压动力换挡操纵轻便，性能好。但是其缺点是变矩器主要工作在低效区，因此造成传动效率较低，燃油消耗大。

2. 带闭锁离合器的变矩器和动力换挡变速箱

变矩器最大的缺点就是效率低下，为了提高效率，设计人员采取了不少措施。这些措施包括：通过功率分流，提高效率；通过采用组合型变矩器，将处于低效区工作的变矩器转变为耦合器的工作状态，进而大大提高了效率；通过采用带有闭锁离合器的变矩器，当外界工作环境平缓，负荷较小时，变矩器停止工作，将液力机械传动变为纯机械传动，提高了其传动效率。 液力机械传动系统有很好的过载保护能力，因此对于工作环境恶劣，负荷变化较大的推土机具有非常重大的意义，这也是液力机械传动系统广泛应用于推土机的原因。在液力机械传动系统中，液力变矩器吸收的转矩，其值与发动机的转速平方呈线性关系。在一定的转速时，发动机的转速和变矩器吸收的转矩相匹配，此时，若变矩器吸收的转矩急剧减小，则输出的转矩也相应减小。可以通过对发动机转速的控制，使变矩器处于一个高效率工作阶段。推土机产生的外负载由工作装置传递给履带行走机构，再经各传动机构传递给液力变矩器涡轮，最终影响发动机。但液力机械传动液压系统和工作装置的液压系统是相对独立的，工作装置的液压系统的液压油是通过发动机分流产生的，在不发生负载突变的情况下，两者是相互独立的。因此在后期的工作中对液力变矩器不再做过多的分析研究。

（二）静液压传动系统

推土机的静液压传动系统由变量液压泵、变量液压马达、终传动器组成，通常采用双泵回路闭式液压系统。采用静液压传动系统的履带推土机结构简单，不需要变矩器或主离合器、变速器、变速器、中央传动、转向离合器和制动器，布置方便，可以无级变速，调速范围宽，可充分利用发动机功率，降低燃油消耗。但受液压元件功率和价格的限制，目前在中小型工程机械上广泛应用，300 kW 以上没有应用。 图 5–14 和图 5–15 分别为静液压传动系统结构原理图和静液压传动系统传动路线。

图 5-14 静液压传动系统结构原理图

1—机械速度和方向控制系统；2—冷却系统；3—发动机；4—变量液压泵和变量液压马达；5—静液驱动系统；6—终传动器

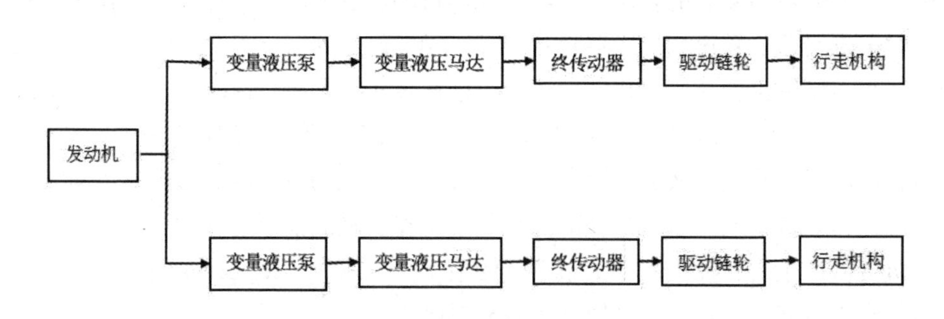

图 5-15 静液压传动系统传动路线

静液压传动系统的特点：在静液压传动系统中，发动机功率是通过液压传动装置对外传送的，减少了很多机构，因此静液压传动装置的重量轻，体积也相对较小，有利于对推土机的总体进行布局，同时可以实现推土机两侧履带的单独驱动，可以根据作业情况的不同进行动力转向或原地转向，来达到最终的工作目的；根据马达和泵的多种组合可以实现对推土机牵引性能的影响，还容易实现推土机的柔性起步，并快速地进行变速和柔性地变更行驶方向，同时也有利于对推土机机进行机电液一体化改造，实现自动控制，进而实现智能控制；虽然静液压传动系统的效率低于机械传动系统，但是静液压传动系统具有自动无级变速性能，可以随着外界负载的变化而变速，充分完全地使用发动机的功率，使发动机一直处于功率最大，生产效率最高；静液压传动系统还具有操作简单、省力等优点，而通过加装自动换挡系统后，换挡变得十分平稳和简单方便，对其他传动机构的冲击也减小，同时对操作员的要求也降低，解放了生产力，提高了经济效益。但静液压传动系统也存在一些不足和缺点，如使用、维护、保养要求较高，整机的价格较高等。在静液压传动系统中，液压油压力变化和发动机转速没有关系，仅仅与外界载荷有关。因此在推土机工作过程中，可以很快地建立起与外载荷相适应的工作压力，并实时保持与发动机功率相匹配，使得推土机有良好的速度性能，提高了其传动效率。这些优点使得静液压传动系统在中小型推土机中得到了广泛应用。 通过以上分析，发现各传动系统都各有利弊，但考虑到机械传动系统即将在推土机的应用中被淘汰，又由于静液压传动技术主要是国外的厂家在应用，除了三一重工开发出静 液压传动推土机外，国内的其他厂家还未有成型的产品，且静液压传动系统的压力油的大小与发动机转速没有关联，后面章节中利用转速作为控制信号，又由于液力机械传动技术还是国内各大厂家的主流应用技术，因此本书将以采用液力机械传动系统的推土机为载体，进行智能化控制方案的设计。

二、液压系统分析

（一）工作装置的液压系统

推土机工作装置的液压系统可根据外界工作环境的变化，通过操作推土机操作室的推杆，实现工作装置的快速提升或下降，或是其缓慢就位。通过操作液压系统上各阀开关和开口大小还可以实现铲刀不同的作业方式，如调整铲刀的高低或松土器的切削角等。图 5-16 为某履带推土机工作装置的液压系统图。

图 5-16 中所有的阀都是借助于连接到阀芯上的推杆进行手动操作的，当阀组中的所有 方向阀都处于中位时，液压油经各个阀内流道流回油箱。

如图所示推土机的工作装置液压系统有多部分组成，如溢流阀，液压泵，液压缸，换向阀过载阀等组成。工作装置的液压系统中的滑阀是四位五通阀，通过操作推杆实现铲刀的升降、中位和浮动。其中铲刀的浮动是为了推土机在平整作业场地时，铲刀可以根据地面的变化而上下浮动，保证平整作业的质量。松土器液压缸的工作原理和铲刀的工作原理相似，但松土器的滑阀为三位五通阀，只能实现三种动作，即松土器升、降和中位。

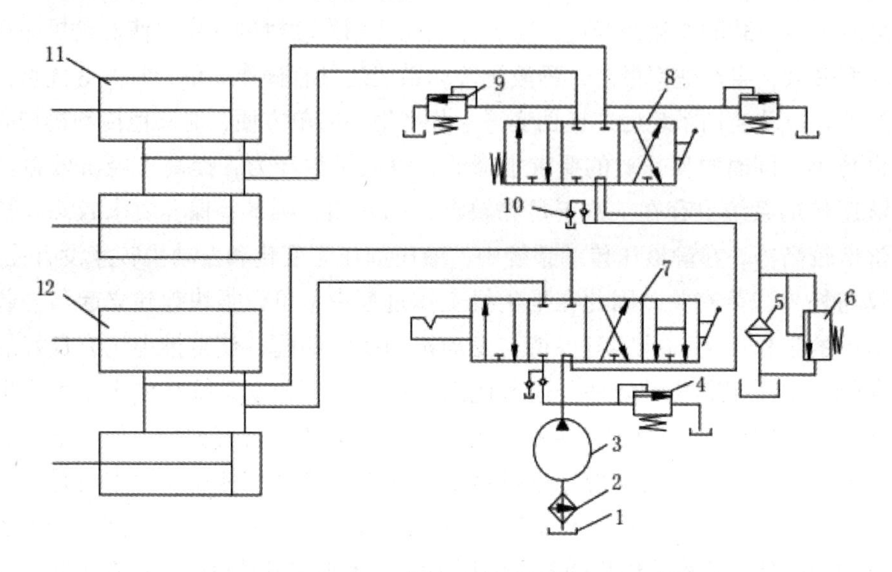

图 5-16 某履带推土机工作装置的液压系统图

1—油箱；2—粗滤油器；3—液压泵；4—溢流阀；5—精滤油器；6—安全阀；7—推土铲油缸换向阀；8—松土器油缸换向阀；9—过载阀；10—补油单向阀；11—松土器油缸；12—推土铲油缸

换向阀的作用是借助阀芯的移动来变化各个油路的通断关系，进而分别控制铲刀和松土器姿势的改变。在换向阀的一端装有弹簧，弹簧本身存在预紧力，它可以使换向阀的阀芯保持在中位。由上面的推土机工作装置的液压系统工作状态分析可以得到，在传统推土机中，一般是由司机根据工作环境的变化，通过操作手柄，来控制铲刀变化的，此液压系统的优点是结构简单、成本较低，但对司机要求过高，同时操作复杂，生产效率低下，增加了项目成本。

综上分析可得，传统推土机的液压系统的结构相对简单，后面对工作装置自动控制的改造主要集中在对液压系统的改造和升级上。

（二）变速转向液压系统原理分析

由于本次对工作装置自动控制的改造，几乎不涉及变速转向液压系统的改造，但是作为液压系统的有机体是缺一不可的，因此只对推土机变速转向液压系统的做一点介绍。变速转向液压系统包括变速液压系统、转向液压系统，由变速器、转向器（转向先导阀）、控制阀以及液压缸组成。推土机在行驶和作业中，需要利用变速转向液压系统制动，改变运行速度、行驶方向或保持直线行驶，因此变速转向液压系统要完成的工作任务就是改变推土机的速度，控制推土机的左转、右转或直行以及转向制动。

变速转向系统的基本要求是操纵轻便灵活，工作稳定可靠，使用经济耐久。转向性能是保证推土机安全行驶，减轻驾驶人员的劳动强度，提高作业生产率的主要因素。由于推土机在作业中需要频繁地转向，转向系统是否轻便灵活，对生产效率影响很大，而采用液压系统驱动转向机构是实现这一要求的理想途径。操作人员只需用极小的操作力和一般的操作速度操纵控制元件，就可以实现快速转向。它使作业时操作的繁重程度大为改善，并进一步提高了生产率，同时也提高了行驶的安全性。

在后期的工作装置自动控制仿真中，为了减小工作量，对此部分直接用传动比和有效率来替代，不再建立数学模型。

三、作业过程分析

推土机在整个作业过程中可分为四个阶段，即铲土、运土、卸土、回程，如如图 5–17 所示。

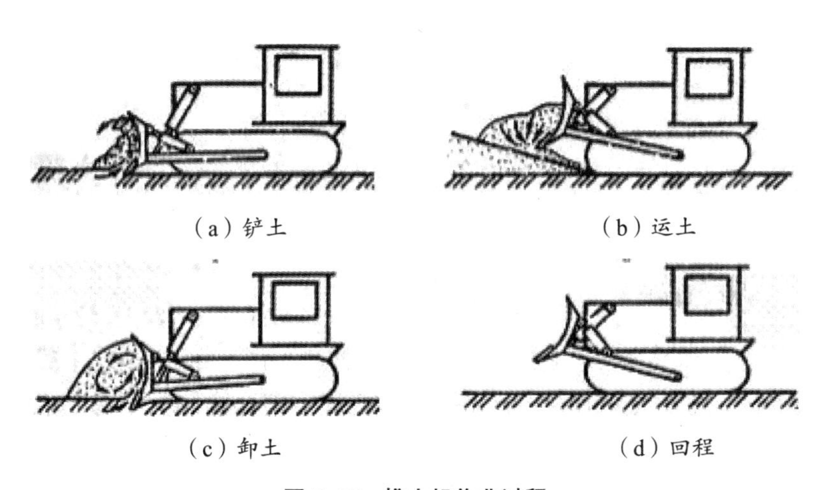

图 5–17　推土机作业过程

（一）铲土作业分析

在铲土作业中，推土机的铲土方式有正铲作业、斜铲作业、侧铲作业、拖刀作业四种作业方式。

1. 正铲作业

铲刀与地面的角度为 90º,主要用在铲土和运土方向相一致时的作业环境中。正铲作业在推土机作业过程中为主要的作业过程，而正铲作业又可分为以下几个不同的作业方式。

（1）直线式铲土

推土机在推土的过程中，要求铲刀一直保持在相同的深度不变，且推土后的地面相对平整。这种推土方法又被称为等深式铲土。直线式铲土图（5–18）的特点：由于推土的距离比较长，导致铲刀前面的土壤不断流失，不能推满，因而使得不能将发动机的功率使用最大化，增加了能耗，工作效率却比较低，但这种铲土方式对土壤的要求不是很高，适合各种土壤工作；一般多用于铲土作业最后的精推阶段，用于对地面的平整。

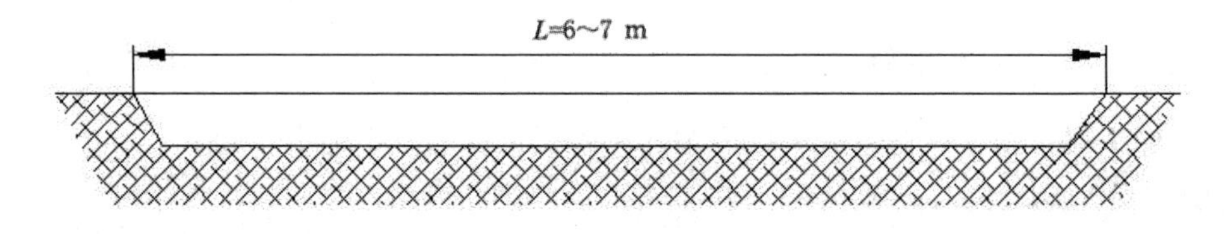

图 5–18　直线式铲土

（2）波浪式铲土

在初始阶段，要求铲刀切至地面的最大深度，当发现推土机超负载时，再慢慢抬起铲刀至地面水平位置；待推土机的发动机运转正常后，继续重复前一个动作，经过多个循环动作后，铲刀前方的土壤积满，循环动作结束。波浪式铲土（图 5-19）的特点：由于这种铲土方式铲土的距离比较短，因此推土机的工作效率也比直线式铲土方式要高。但是由于铲刀频繁地上升和下降，增加了操作难度以及加剧了推土机工作装置的磨损，减少了使用寿命。

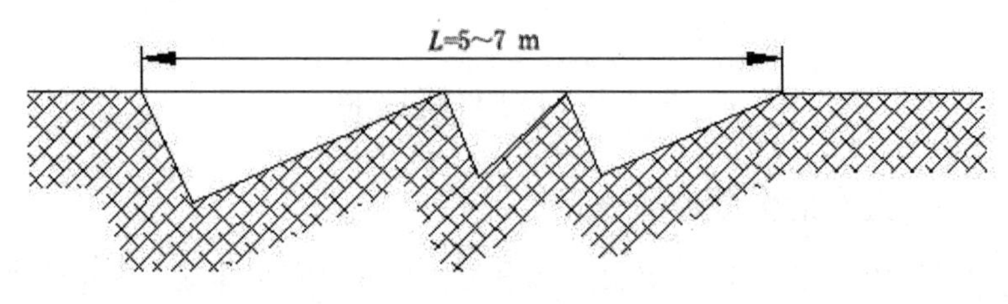

图 5–19　波浪式铲土

（3）楔式铲土

楔式铲土（图 5-20）方式要求铲刀非常快地切入土壤中并且要求达到最大的深度，而后根据推土机的负载特性和积土情况，提升铲刀，使铲刀快速铲满土壤进入下一运土环节。锲式产土的特点：这种铲土方式对地面破坏程度很大，加大后续作业的难度，但这种铲土方式铲土的距离是最短的，可以使发动机的功率使用到最大，工作效率非常高，一般用于较为潮湿的土壤。

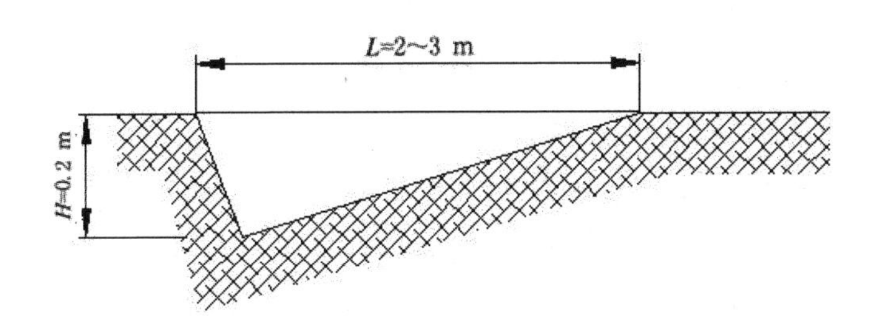

图 5-20　楔式铲土

（4）“V”形槽式铲土

“V”形槽式铲土顾名思义就是要使铲土横截面像“V”字形，适于开挖道路边沟或其他“V”形沟槽。

（5）接力式铲土（图 5-21）

要求：接力式铲土（图 5-21）铲土方式开始先从弃土近端开始铲土，将第一次推土机的推土送至弃土处，第二次铲土不再向前推移，并且留在第一次铲土时的位置，第三次铲土时，把所铲的土壤向前推移，并把第二次遗留的土壤一起推移到弃土处。

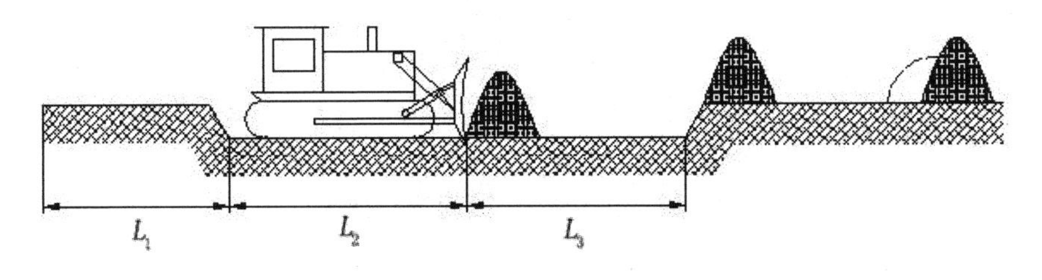

图 5-21　接力式铲土

2. 斜铲作业

斜铲作业主要是将原来铲刀变更为角铲，与地面的角度约为 65º，铲土时，铲下的土壤随着铲刀的倾斜面滑向铲刀后角一侧。这种铲土方式主要用于铲土和运土方向存在一定角度的作业，如在受到污染侵害的地面开通道路作业。

3. 侧铲作业

侧铲作业是将原来的铲刀更换为直倾铲，多用于地面的纵向开挖“V”形沟。

4. 拖刀作业

拖刀作业主要是利用了铲刀的浮动功能，一般多用于推土机作业的最后阶段，主要用于平整作业。

（二）运土作业分析

推土机运土时，既要减少松散的土壤流失，又要注意不要过多调整铲刀，最终保证在运土作业中土壤的运输量最大，行驶时间最短。

运土方式主要分为三种：堑壕式运土、分段式运土和并列式运土。

1. 堑壕式运土

堑壕式运土（图 5-22）方式又叫槽式运土，其方式是指推土机在沟槽或土垄内推移土壤的方法。推土机运土过程都是沿直线前行的，经过多次动作后即形成了沟槽或土垄。

这种运土方式可减少土壤在运土过程中的流失，提高了工作效率。其缺点是在沟槽或土垄作业时推土机转向比较困难，回程受限。因此这种运土方式主要应用于运土距离较长、沟槽较深的作业环境。

图 5-22　堑壕式运土

2. 分段式运土

这种运土方式，一般将长运距分成 30 m 左右的数段，可避免和减少土壤漏失量，提高工作效率，增大发动机功率的利用率。但是如果将段数分得过多，反而会降低工作效率。

这种运土方式主要用于在运土过程中需要变更方向或运输距离较长时。

（3）并列式运土

并列式运土（图 5–23）方式，一般要求两台以上的推土机，以相同的速度并排前进运土作业，又叫并肩式运土。需注意的是，采用这种方式运土时两台推土机的铲刀之间可以存在间隙，间隙的大小和其运输的土壤种类有关。

这种运土方式有利于减少原来单台推土机作业时铲刀的遗漏，在长距离内运土时可以提高工作效率 20% 左右。这种运土方式主要应用于横向距离较宽、纵向距离较长、运土量大时，但这种运土方式难度较大，对操作员的要求也较高。

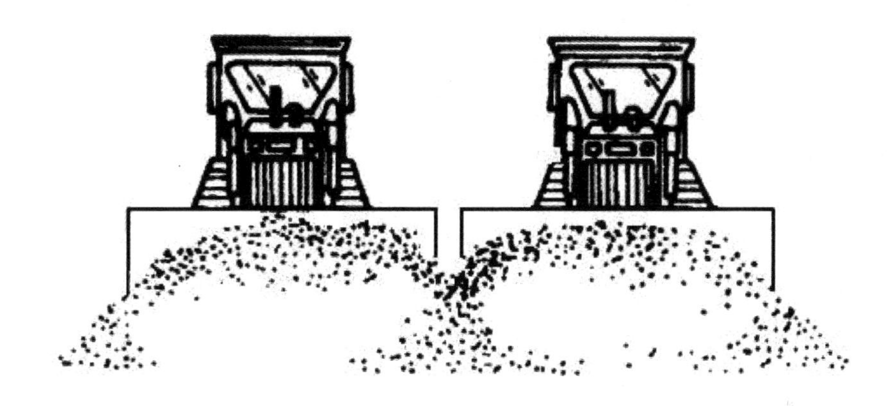

图 5–23　并列式运土

（三）卸土作业分析

根据推土机作业的方式不同，卸土主要有两种方式即平铺卸土，堆积卸土。

1. 平铺卸土

这种卸土方式是通过控制推土机的铲刀，使其上升一定的高度，向前行进的过程中将卸下的土直接铺在地面上。这种卸土方式主要应用于铺洒地面材料时。

2. 堆积卸土

堆积卸土如图 5–24 所示。推土机到达卸土目的地后，通过提高铲刀，将土壤卸下。这种卸土方式工作效率较高，卸土速度快。但这种卸土方式对操作员的要求也较高，主要用于回填弹坑、深沟等。

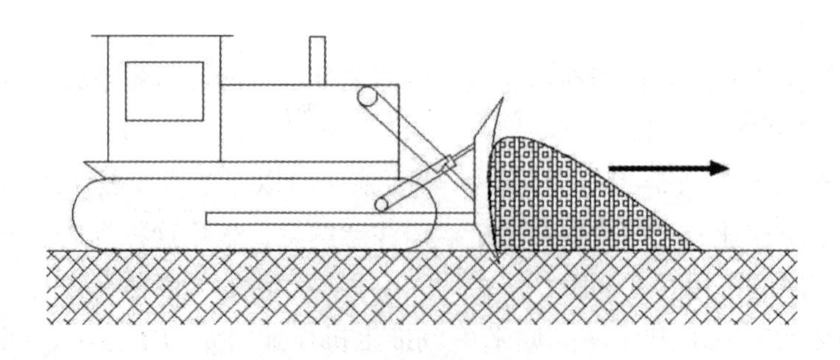

图 5–24　堆积卸土

（四）回程作业分析

推土机完成卸土作业后，需回到原地开始循环作业，在回程过程中，如遇到起伏路段，可放下铲刀将其拖平，为下次循环工作创造条件，如在深沟或土垄上作业，难以倒车时，可以直接掉头回到原地。

综合以上分析，铲土、运土、卸土、回程作业，对推土机司机的要求都非常高，要求司机必须根据工作环境和作业要求迅速调整铲刀位置，进而调整推土机使其达到较高的效率。然而在铲土作业中，司机无法了解铲刀与土壤之间的实际状况，例如突然出现石块或者树根，不能及时地调整铲刀，具有一定的延时性，同时对司机的经验以及要求非常高，如果司机不能通过发动机的声音和铲刀的状态的变化来调整铲刀的变化，就会加剧推土机的整机的磨损，甚至会造成推土机的损坏，进而影响工期的进度。

四、牵引性能

推土机有两种工况，即牵引工况和运输工况。推土机在牵引工况时对发动机的要求最高，其原因是在这一工况下，推土机需要克服很大的阻力，这种阻力是由铲刀切削土壤产生的，其值非常大，需要推土机用非常大的牵引力去克服。而对于在运输工况的推土机来说，不在切削土壤，就没有切削阻力，只有数值较小的行驶阻力，此时一般会要求推土机有较高的速度，来尽快回程。但是对于速度较低的推土机来说，最主要的工况仍然是牵引工况。

由发动机的输出转矩我们可以得到驱动链轮的转矩转速，进而得到履带式推土机牵引力、行驶速度和带驱动力等。

驱动链轮的转矩为

$$M_k = \eta_k . i_k M_e \tag{5-1}$$

履带的驱动力为

$$F_k = \frac{M_k \eta_q}{r_k} \tag{5-2}$$

于是，推土机的牵引力为

$$F_{kp} = F_k - \mu mg \tag{5-3}$$

将式（5–1）~式（5–3）联立可以得到推土机牵引力和发动机输出转矩的关系式：

$$M_e = \frac{F_{kp}}{k} + c \tag{5-4}$$

又有

$$M_e = \frac{9550P}{n} \tag{5-5}$$

从上面公式推导过程中，我们可以得到推土机的牵引力变化与发动机的输出转矩呈线性关系，进而得到在额定功率下对推土机发动机转速的控制，可以影响牵引力的变化，又因为牵引力克服阻力，所以可以得到阻力的变化影响发动机的转速。

第三节　推土机智能化控制方案设计

一、系统的描述及基本要求

通过上一节对推土机作业过程的分析，可得智能化控制主要功用是对土壤进行铲土、运土作业。工作装置的可动部件是铲刀，在油缸的驱动下，分别绕相应的铰接点回转，或单独动作或复合动作，来完成各种运动。在推土机作业时，未经智能化改造的推土机是依靠司机操纵铲刀手柄，对主控制阀控制，使油缸运动经工作装置机构传动给可动部件铲刀，使其按照指令的方向和速度运动的。其中控制升降动作的手柄有四种位置，相应有四种工作状态。四个位置是向后、中位、向前和再向前，分别对应铲刀的举起、保持、放下和悬起。经过改造后的推土机，亦然保持原有的手柄不变，通过增加电器元件和显示屏等进行对推土机自动控制的改造，改造后的推土机能够通过微机对工作装置进行控制，完成未改造前的所有工作状态。保留原有的手柄不变，是为了增加对推土机的二次保护和可靠性。

（一）推土机的智能化控制系统

在本节推土机工作装置智能化研究中主要对以下两方面进行改造和研究。

1. 铲刀升降自动控制

铲刀升降自动控制系统是根据推土机在作业过程中，对铲刀操控和铲刀工作存在的不足和缺点而提出的一种控制手段。推土机在整个作业流程中，克服切削阻力是借助推土机的牵引力来完成的，其铲土、运土、卸土、回程四个过程中虽然对推土机的要求不尽相同，但所有的作业方式都是与推土机的发动机性能相关联的。其切削阻力越大，发动机的转速就越低，反之切削力越小，则发动机的转速就越高。同时，切削力和推土机的滑转率也有关联，可通过借助传感器测得转速和滑转率，再由 ECU 控制系统处理分析控制，根据两者的变化实时控制铲刀的升降，使其一直工作在满载荷工况下。

2. 铲刀调平自动控制

推土机在其作业后期进入精推阶段，要保证作业场地的平整度，因此需要对铲刀进行调平控制。其原理就是通过加装传感器，检测铲刀高度，然后通过微机控制器进行分析计算，输出信号到执行机构，调整铲刀高度并稳定保持铲刀的高度，使推土机稳定地进行平整作业。

（二）智能化系统改造的原则

在对推土机工作装置的自动控制改造过程中，可根据对推土机实现的功能要求，对控制对象进行选择，通过增加液压和电器元件，建立相对独立的推土机作业控制系统。其原则如下：

①提高推土机工作装置的工作效率，需要对发动机进行更加科学有效的载荷分配。

②提高推土机水平作业的平整度，需要对推土机的铲刀进行有效控制，而对铲刀的控制是通过对电磁阀的控制来实现的。

二、工作装置智能化方案的制订

通过前面对推土机各项结构和性能的分析，可以得到：要实现推土机工作装置的自动化，必然要对推土机的工作装置和液压系统进行改造，使其具备推土机工作装置自动化的要求。因此推土机工作装置的自动控制系统由控制系统、传感器、液压系统、工作装置等多个部分组成。推土机工作装置的自动控制系统采用电液控制技术，该系统主要由三部分组成：

①执行机构，铲刀的升降是通过液压系统的变化来实现的；

②微机控制部分；

③传动系统的检测部分。

其中执行机构和微机控制部分是以电液接口部件 - 电液比例阀连接的，操作员通过驾驶室里微机控制器，将控制指令外键盘输入，通过控制系统驱动电液比例阀的先导阀，进而影响方向阀，最终提升或下降油缸，进而控制铲刀，完成对铲刀动作的控制。推土机工作装置的自动控制系统的原理主要是通过对传动系统在作业条件下发动机转速、油门开度和履带与带轮滑转率的变化来调整或者修正推土机工作装置的运动轨迹和作业方式。如图 5-25 所示，整个推土机工作装置的自动控制系统由 ECU、开关与指示器、各类传感器、发动机、液力变矩器、传动机构、履带轮、铲刀、液压缸、电液比例阀构成。推土机的工作装置的自动控制系统工作过程为，推土机在工作过程中，各传感器将检测的信号输入 ECU，ECU 通过运算和处理、优化，再将信号输出到电液比例方向阀，进而控制液压缸，达到铲刀自动控制的目的，同时又将输出信号反馈回发动机，使发动机效率实现最合理的匹配。

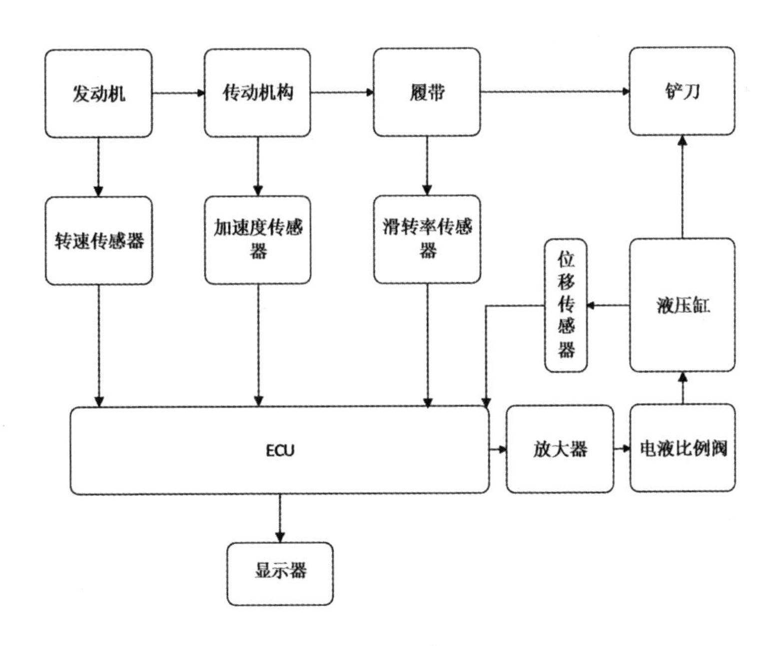

图 5-25　工作装置智能化方案图

三、数据采集的选择

（一）车辆参数测置系统

推土机参数测置系统由两部分组成，第一部分是操作员意图部分，推土机工作是在操作员的意图下工作的。第二部分是推土机工作状态参数检测部分，在工作时，推土机的自动控制系统要快速直接正确地识别各工作参数，并根据各参数实现操作员的操作意图，甚至在操作员暂时脱离操作时，也能完成预设工作。操作员意图的识别是通过各个传感器对每个控制信号的检测并将检测的信号通过转变后送到微机控制单元，通过微机控制单元进行分析、计算后输出到执行机构。需要传感器测量的状态参数有发动机转速、工作阻力、滑转率、铲刀液压缸位置、铲刀倾斜转角以及推土机中传动系统的一些非常重要的参数等。推土机的状态参数直接反映了推土机的工作状态，通过对各个参数采集和数据分析，可以很容易地判断出推土机的工作状态是否达到最佳，自动控制系统据此通过改变控制参数可以让推土机达到最优的工作性能。因此准确、快速、可靠地测量和识别各个控制信号是实现推土机工作装置自动控制的前提条件。

（二）控制信号的选择

由于推土机的工作环境相对恶劣，在工作时需要推土机不断的根据地面环境的变化的进行变化，操作动作频繁变换，工作阻力也随时变换，而且常常是剧烈变化，这对操作员有较高的要求，要求操作员根据工况的变化迅速操作手柄，使推土机工作在稳定合理的工作区间。对手柄的操作是由操作员凭借自己感官和经验进行的，但是人的感官和经验存在一定的不可靠性和延时性，这会导致推土机不能完全发挥其性能。因此用先进的控制技术改造传统的机械，使工作装置实现自动化控制，控制信号是完成自动化改造的第一步。以下是推土机智能化改造过程中常用的三种控制方式。

1. 以力作为控制信号

推土机在推土作业过程中，必然会受到土壤对铲刀的阻力，阻力的大小直接影响着推土机的工作效率和整机的状态。因此可以设想如果能够测得阻力的大小，就可以通过控制阻力的大小来实现对推土机工作装置的自动控制。

在土壤为单一土壤时，工作装置所受阻力的变化主要和切土的深度有关，深度越大阻力越大，可以设想一下，借助阻力为控制信号，其过程如下：切土深度发生变化时，阻力也随深度变化而变化，阻力可以借助力学传感器来检测，检测出的信号传给 ECU 控制器，通过分析处理后，控制电磁阀变化，进而控制铲刀升降。将阻力设置两个极值，即阻力最大值和阻力最小值，当实际阻力高于阻力最大值时，铲刀上升；反之小于阻力最小值时，铲刀下降。受到的阻力的大小如果位于阻力最大值和阻力最小值之间，则铲刀可以保持在一定的铲土深度。

通过分析可以得到推土机在四个作业过程中，在铲土阶段推土机受到土壤的反作用力最大，即阻力最大。因此在铲土阶段，所消耗的能量和转矩也是最大的，所以对推土机所受阻力的分析主要针对的是铲土阶段所受的阻力，其他工作过程所受的阻力都远远小于铲土阶段所受的阻力。因此下面以铲土状态下的阻力作为分析对象对其进行分析。

推土机所受滚动阻力 F_f 的计算公式如下：

$$F_f = \mu mg\cos\alpha \tag{5-6}$$

推土机所受坡道阻力 F_a 的计算公式如下：

$$F_a = mg\sin\alpha \tag{5-7}$$

推土机工作阻力 F_x 的计算公式如下：

$$F_x = F_1 + F_2 + F_3 + F_4 + F_5 \tag{5-8}$$

$$F_1 = K_b A = K_b h B_g \sin\varphi \tag{5-9}$$

总阻力 F_k 等于各阻力之和，其计算公式如下：

$$F_k = F_f + F_a + F_x \tag{5-10}$$

从上面阻力公式中，我们可以得到：推土机在作业过程中受到的阻力是非常多的，包括滚动阻力、坡道阻力、土壤沿铲刀的向上阻力、切土阻力、铲刀前土方运移时的阻力、铲刀切削刃和地面之间的摩擦阻力、土方沿铲刀面板的侧移阻力等多个力，并且每个力的大小和方向不同。这使得测量阻力非常麻烦和烦琐。当然用阻力作为控制信号，推土机可以根据阻力变化而变化。

2. 以发动机的转速作为控制信号

在土壤为单一土壤时，推土机工作装置受到的推土阻力和发动机的转速成数学关系，当发动机输出功率为定值时，铲刀的切土深度增加，负荷便增大，发动机转速下降；反之，铲刀的切土深度就浅，发动机转速上升。因此，可以用发动机转速的变化作为控制信号来控制铲刀升降；并且发动机转速非常容易测得，在实际工作中通过在发动机上安装一个霍尔转速传感器，即可以快速、简单、方便地测出发动机转速。

3. 以滑转率作为控制信号

滑转是推土机自带的一个特性，在推土机工作过程中，滑转是时刻存在的，一般来说滑转的值在一定的范围内时，对推土机工作的影响较小，但滑转大于所允许的极值时，就严重地影响推土机的工作，甚至终止其作业。推土机水平匀速运动时，若滑转为0时，此时的运动速度成为理论速度，用 v_r 表示。在现实工作中，即使牵引力远远大于其地面附着力，履带和地面之间还是会存在一定的相对滑转，其原因是履带挤压地面会使地面相对水平方向有滑转的趋势。在推土机工作过程中，推土机的行驶速度称为实际行驶速度 v，则车辆的滑转率如下：

$$\delta=\frac{v_r-v}{v}=1-\frac{v}{v_r} \tag{5-11}$$

综合对三种控制信号的比较，三种控制信号各有利弊，最好的方法是将力、速度和滑转率三种信号作为复合控制信号一起控制，但是三种信号的复合控制在实际过程中很难做到，将力、速度和滑转率三种单独控制信号复合后，当实际工作场地工况与设计中的理想工况一致时，此时各个控制信号所达到的效果是相同的，当工作场地工况与设计工况不一致时，不可能将三种信号均调至最佳。又对土壤阻力的研究相对较少，如果场地变化或土质不均匀时，很难得知推土机最佳驱动力是多少。推土机阻力分力过多，对各分力的测量难度也较大。发动机转速直接反映发动机的运行状况。在推土机工作过程中，当铲刀的切土深度发生变化时，由于受到的阻力也发生了变化，此时发动机的转速也跟着变化，发动机转速变化的信号通过传感器测量，传给 ECU 控制器，进行处理分析后，通过控制电磁阀变化，进而控制铲刀升降。可以根据推土机在最佳工况下的发动机转速，确定发动机转速的极大值和极小值。当转速大于极大值时，下降铲刀，增加切土深度；反之上升铲刀，减少切土深度。在两者之间时，保持铲刀高度不变。

由以上分析可得，单独用任何一种信号进行控制，都存在不同的控制缺陷，由三个信号同时作为控制信号，在实际中又很难实现。因此本节采用转速作为主要控制信号，滑转率作为辅助控制信号。其控制原理为当滑转率小于极限滑转率时，采用转速作为控制信号；当滑转率大于极限滑转率时，采用滑转率作为控制信号。

图 5–26 为信号控制流程图。

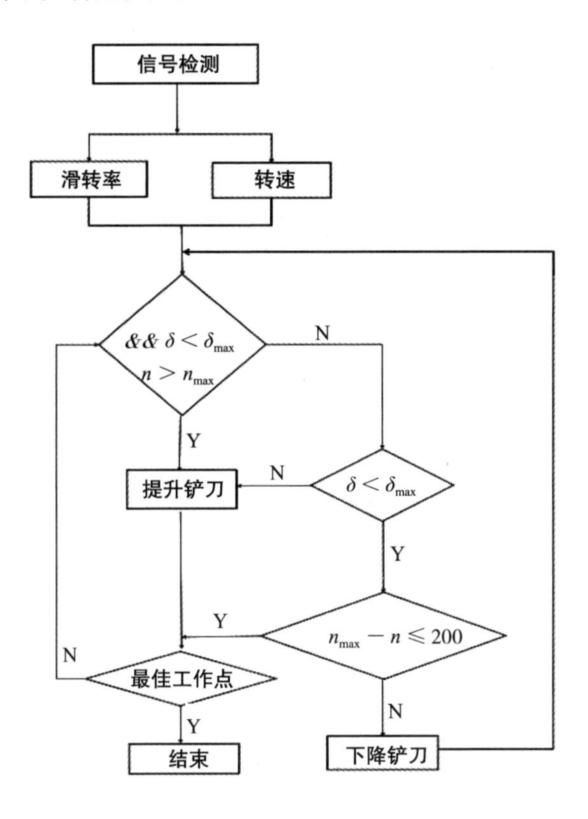

图 5–26　信号控制流程图

（三）PID 控制器

转速控制是通过 PID 控制器实现的。以下是 PID 控制器介绍。

虽然从 20 世纪 40 年代 PID 控制器的出现至今已经有 70 多年历史了，但 PID 控制器目前仍然作为工业控制的主要技术，其原因是 PID 控制器具有稳定性高，可靠性高，并且结构简单、价格低、使用方便等优点。尤其在实际情况中，很多被控对象是无法建立数学模型的，也不了解被控对象的内部结构和具体的参数，这导致常用的控制技术已经难以使用，此时 PID 控制器作为控制技术最为理想，即在被控对象或系统不能通过科学仪器来获得精确参数时，或者其他原因使科研人员无法了解其参数时，PID 控制技术最适用。PID 控制器在实际上就是系统误差，其中 P 代表的是比例环节，I 代表的是积分环节，D 代表的是微分环节。

除 PID 控制器外还有 PI 控制器和 PD 控制器，具体使用时可按照实际情况来选择控制器的类型。在上一小节中选用的微机控制单元(ECU)中就包含 PID 控制器。以下是对 PID 控制器调试和参数整定的简要介绍。

1.PID 控制器调试

在 PID 控制器中积分环节会影响控制器的响应速度，而微分环节可以调整控制器的响应速度，将比例环节、积分环节、微分环节有机地联系起来，就构成了 PID 控制。其完整的公式如下：

$$U(t)=K_{p}e(t)+K_{t}\int e(t)\mathrm{d}t+K_{D}\frac{\mathrm{d}(t)}{\mathrm{d}t} \tag{5-12}$$

在 PID 控制器的调试过程中，应注意以下步骤：

①关闭 I 和 D，也就是设为 0，加大 P，使其产生振荡；
②减小 P，找到临界振荡点；
③加大 I，使其达到目标值；
④重新上电查看各环节是否和要求相符合；
⑤调试过程中要注意所有调试应在最大负载时进行调试。

2.PID 控制器参数整定

在 PID 控制器中对各参数的整定是控制系统的主要工作，通过将被控参数的实际变化与预想的变化做比较，可以确定各环节的系数大小。在实际使用中，对 PID 控制器各环节系数的确定方法可以概括为两种：一是理论计算确定法，其原理为根据系统的数学模型，通过理论推导和计算来确定 PID 控制器各环节系数，但是一般来说理论计算所得值并不能直接应用，主要是数学模型不能完全地表达系统的各部分，必须还要根据实际进行调整。二是工程试验确定法，主要是通过试验，获得试验数据，再分析试验数据，最终确定 PID 控制器各环节系数。这种方法简单、易操作，在实际 PID 控制器各环节系数确定的过程中被广泛使用。下面的四种方法是在实际控制中常用的四种具体方法。

①试凑法，顾名思义就是通过随机试验的方法去凑 PID 控制器的各环节系数，这种方法既简单又复杂，其原因是这种方法具有随机性，全部依靠的是经验和运气，如果经验不足，运气不好，可能费了很多时间和精力来调整三个参数，也没有完成任务。这种方法在 Simulink 工具中相对方便。

②临界比例度法，这种方法是只在 P 作用下，通过调整其比例系数使系统处

于等幅振荡状态，然后通过公式确定 PID 控制器的各环节系数。

③衰减曲线法，这种方法是仅在 P 作用下，调整比例度使系统响应曲线以 4 ： 1 或 10 ： 1 比率衰减，然后根据公式算出 PID 值。

④反应曲线法，这种方法是在开环状态下，通过对系统加阶跃信号，然后用一阶加纯滞后系统逼近原系统，最后根据 C–C 公式或者其他相应的公式计算出 PID 控制器的各环节系数。

以上四种方法各有其特点，除去第一种外，其他三种共同点都是试验，然后通过工程经验公式对 PID 控制器各环节系数进行调整。但是不论采用以上那种方法得到的 PID 控制器各环节系数，都要在实际过程中进行检验和完善。

四、铲刀水平位置自动调整技术

从上一节对推土机工作过程的分析中可以得到，推土机在初推过程中一般不需要对地面进行平整，在精推过程中需要对地面保证平整度。但目前我国绝大多数推土机是由操作员在驾驶室里操纵手柄，来控制铲刀对施工地面进行平整作业的。这种传统的平整作业方法和操作员的经验、熟练程度、体力和耐力相关联。一个有经验、有技术和身体素质较好的操作者，其作业水平质量较高，反之，则作业水平难以保证。但是在实际工作中，单凭操作人员的经验难以持续保持在理想状态，另外推土机的作业环境地形变化较大，此时这种依靠操作人员控制的推平作业就会难度骤增。采用铲刀水平位置自动调整技术的推土机可以不受地形和操作人员的影响，提高了平整作业的效率和水平。在国外部分采用先进的水平位置自动调整技术的推土机，其平整作业精度可以达到 ±2 cm。

水平位置自动调整技术是推土机工作装置自动控制的关键技术之一。其实现的方法有两种，具体介绍如下。

（一）机械仿形法

1. 实物基准法

在推土机的外部用细线或已经平整好的路面作为推土机的推平作业的水平基准面，通过检测装置实时地检测铲刀的工作位置，并对铲刀进行控制，使铲刀一直保持水平作业。这种实物基准法平整作业精度较高，但是对作业现场要求也较高，同时还需外部设置基准高度，作业难度大。

2. 光线基准法

这种方法就是将原来的细线或路面变为激光作为水平基准面。激光器发射出的激光被推土机铲刀上激光接收器接收，实现对推土机铲刀水平位置自动调整控制。装在推土机铲刀上的激光接收器可以始终接收激光器发出的激光，并通过其控制回路调整铲刀，使铲刀保持恒定的高度，保证平整作业精度。这种作业方法作业范围广、精度高，非常适合于平整度要求较高的场合。

（二）倾斜角控制法

这种控制方法是借助推土机的本身基准，只需在推土机铲刀的推架上安装一个倾斜角检测传感器，来检测铲刀推架上的倾斜角，通过控制倾斜角的变化来保证推土机铲刀的高度使推土机的铲刀始终沿着水平方向进行平整作业。这种水平位置自动调整技术不需要外设基准，因此相对简单、实用，而且其作业精度高、稳定性好，对铲刀的控制精确和迅速，但是这种控制技术只能控制地面的相对高度，无法控制平整地面的绝对高度，在使用范围上有局限性。在本节中推土机的推平作业一般发生在精推过程中，因此倾斜角控制法即可符合工作需求。

五、微机控制单元

微机控制系统的作用是根据外界作业环境变化和操作员调整工作装置的意愿，自动调整铲刀位置和姿态，以实现传动效率的最佳和车辆整体性能的最优，同时还要保证工作装置的生产效率最高化。

微机控制单元（ECU）由输入输出电路、单片机、电源等构成。外界输入模拟信号、脉冲信号、数字信号三种信号类型，模拟信号和数字信号的转换可以通过 A/D 转换器或 D/A 转换器相互转换。单片机只能识别数字信号，因此对转换前的模拟信号要求有较高的精度和分辨率。同时为了保证系统的实时性，要求信号的采样时间间隔要非常短，一般要在 2 ms 左右。输入电路的作用主要是对各种信号进行滤波，降振、降噪处理转化后，变为微型计算机可以识别的信号。单片机的作用是对输入信号进行分析处理，然后计算并输出控制量信号。输出电路的作用是将单片机输出的控制量信号处理后传输到执行机构，如电液比例阀等。

本节依托实验室现有试验仪器，选用 8098 单片机作为 ECU 的控制核心，其作用就是根据外界作业环境变化和操作员调整工作装置的意愿，自动调整铲刀位置和姿态，以实现传动效率的最佳和车辆整体性能的最优，同时还要保证工作装置的生产效率最高化。图 5–27 为 ECU 原理图。

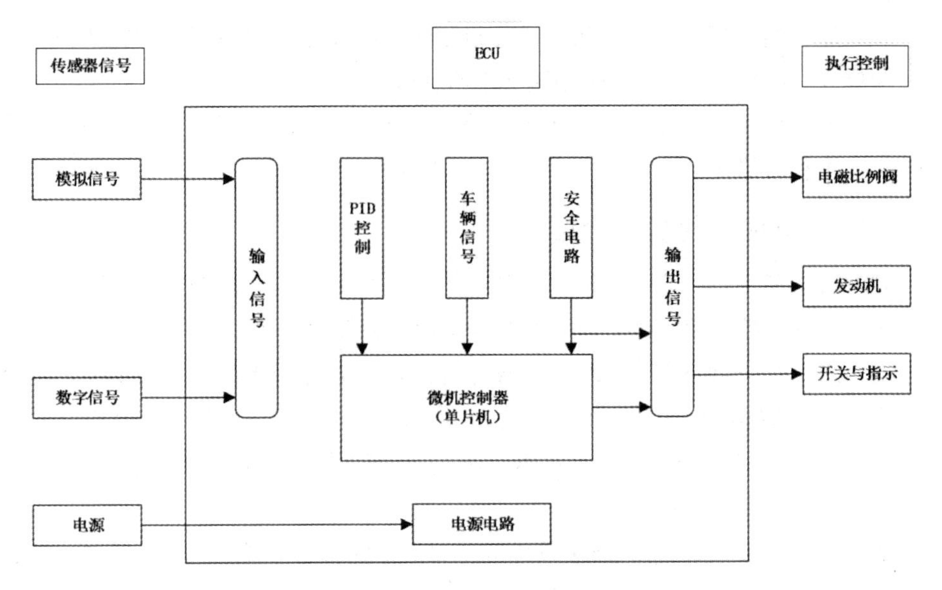

图 5-27　ECU 原理图

在软件方面，ECU 的控制程序主要包括计算、控制、监测与诊断、管理、监控五个方面。ECU 控制模式如图 5-28 所示。

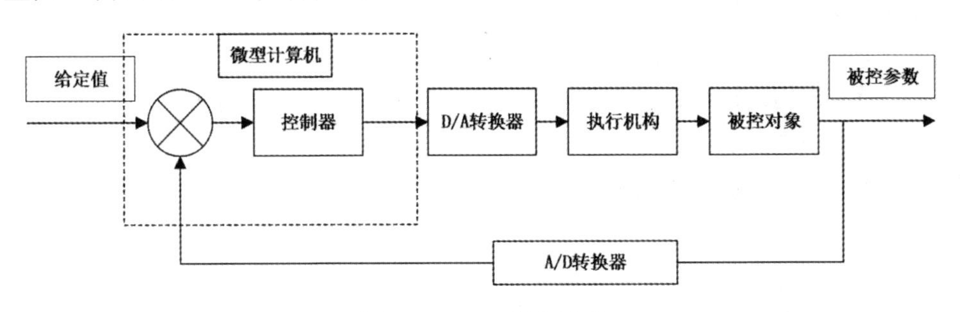

图 5-28　ECU 控制模式

（一）电子控制器单元的主要功能

①信号采集与预处理：能够对推土机上的传感器获得的信号进行计算分析，根据计算分析结果对铲刀运动状态进行调整。

②操作员操纵意图识别：工作装置的控制系统可以对操作员的意图进行识别，同时对其发出的指令可以识别并执行。

③车辆状态识别：车辆状态的优劣在推土机工作过程中会对推土机的工作效率和工作质量造成影响。

④故障诊断功能：在推土机的工作过程中，控制系统可以实时对推土机各个运行参数进行监控，同时可以将某些故障进行处理。

⑤输出与显示器：将对推土机各部分的控制的一些参数显现出来，方便操作员进行操作和检修等。

（二）8098 单片机的介绍

8098 单片机作为 ECU 的核心，其作用是不可替代的。用 8098 作为 ECU 的核心是其本身的特点决定的，除了性价比高外，还有以下特点。

①十六位中央处理器（CPU）。该单片机的处理器摒弃以前常用的累加器结构，改为寄存器结构，因此 8098 的 CPU 可以直接在由寄存器阵列和 SFR 特殊功能寄存器所构成的 256 字节寄存器空间内进行操作。16 位 CPU 支持位、字节和字操作。

②高效的指令系统。在 8098 单片机有非常多的指令系统，不但运算速度快，而且编程效率高。

③十位 A/D 转换器。

④ PWM 脉宽调制输出。

⑤全双工串行口。

⑥ HSI/O 高速输入 / 输出接口。

⑦具有多用途接口。

⑧八个中断源。

⑨十六位 WDT 监视定时器。

⑩二个十六位定时器。

⑪四个软件定时器。

⑫构成应用系统方便。

六、执行机构

对于推土机工作装置的自动控制来说，信号经过 ECU 控制器计算分析后，将执行的电信号通过输出电路传递到执行机构，具体来说就是液压系统中的电液比例阀，通过控制电液比例阀的开合，操纵液压缸的升降，进而控制铲刀的升降。总的来说，控制信号是通过执行机构来操作铲刀执行工作任务的。如图 5–29 所示为推土机的执行机构。

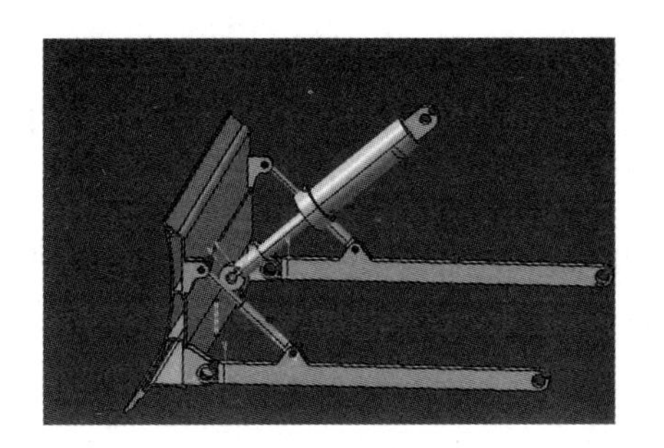

图 5-29　推土机的执行机构

七、传感器的选择

任何机械设备的自动化改造，都离不开传感器，尤其在一些智能控制的机械设备上更不可缺少。而在推土机的自动化改造的过程中，传感器的使用更加频繁，其中需要的传感器有角度传感器、速度传感器、位移传感器、转速传感器、力传感器、位置传感器等。以下对转速传感器和位移传感器这两种传感器的工作原理做一下简介。

①转速传感器种类有很多，但由于霍尔式转速传感器是通用性、性价比和实用性都非常高的传感器，本章选用它作为测量发动机转速的传感器。霍尔式转速传感器由霍尔开关集成传感器和磁性转盘组成，将磁性转盘的输入轴与被测轴相连，当被测轴以角速度旋转时，磁性转盘便在每一个小磁钢通过时产生一个相应的脉冲，检测出单位时间的脉冲数，既得被测对象的转速。

②位移传感器的种类也很多，通过对多个位移传感器的比较，线性可变差动变压器直线位移传感器不论是在性能上还是价格上都相对其他位移传感器有一定的优势。本章选用它作为测量液压缸运动位移的传感器。线性可变差动变压器直线位移传感器由线圈、铁芯、骨架和外壳构成。线圈分为内外线圈，分别缠绕在骨架上，线圈的中间位置是一个可以移动的铁芯。其原理就是当铁芯保持中位时，无输出电压，当铁芯位置发生变化时，其电压也发生变化。电压的大小和铁芯的位移量有关系。为了提高线性可变差动变压器直线位移传感器的灵敏度，同时为了改善其线性度和增大其线性范围，设计时会将线圈的电压极性设置为相反，其输出的电压是线圈的电压之差，此时输出电压与铁芯位移量呈线性关系。

本节通过上一节分析工作装置的工作要求，确定了自动控制方案的基本要求和原则，根据其要求确定数据信号采集方案，并通过分析三种信号采集方案的优缺点，最终确定了数据信号采集的最优方案作为本次自动控制改造的最终方案，同时还确定了信号的控制方案，详细介绍了 PID 控制器。根据要求还确定了铲刀位置自动调整技术方案，确定最优方案。本节还确定使用 ECU 作为自动控制改造的主控单元，并详细介绍了 ECU 的构成、作用及原理。并对其核心 8098 单片机做了简要的介绍，还确定了执行机构和传感器，最终确定了整个工作装置的智能化方案，为下一节的各个系统建模提供了依据。

第四节　系统模型建立及特性分析

在上一节中确定了控制系统的方案，根据方案在本节建立数学模型。推土机的智能化控制系统由控制器和液压系统两部分构成，其中控制器并不需要建立模型，因此只需要对液压系统建立模型即可。推土机自动控制系统的液压系统模型包括电液比例方向阀、液压缸的数学模型和定量泵的模型等。推土机原有的机构中需要对发动机、液力变矩器、传动机构等建模，但由于液力变矩器和传动机构的结构复杂，模型也相对复杂，为了减少计算量和减少工作量，本节不对其做详细建模，后续的仿真中可以根据第二节对液力变矩器和传动机构的介绍，通过传动比和有效率以增益的形式表达出来。此外还需要对土壤和滑转率建立数学模型。

一、发动机建模

柴油发动机的数学模型有两种：非线性模型和线性模型。前者可以全面、真实地反映出发动机的真实性能，但是由于发动机由一个由多个部件构成的复合体，影响其性能的因素非常多，因此很难全面地建立发动机的非线性模型。基于此，本书采用线性模型来作为发动机的数学模型。

（一）发动机稳态特性建模

发动机的输出转矩是由发动机的转速和油门开度共同决定的，利用发动机的外部特性的实验数据，可以得到发动机的转矩 T_e 和发动机的转速 n_e 的函数，其可用多项式表示为

$$T_e = \sum_{i=0}^{k} A_s n_e^i (s = 0, 1, \cdots, k) \tag{5-13}$$

对式（5-13）进行二次拟合可得外特性模型：

$$M_e = k_1 n_e^2 + k_2 n_e + c_1 \tag{5-14}$$

当发动机处于调速特性工作时，它的各油门下的怠速转速和油门位置开度的关系如下：

$$n_e = \alpha(n_R - n_L) + n_L \tag{5-15}$$

一般柴油发动机的调速特性趋向于直线，对式（5-15）整理可得调速特性模型为

$$M_e = k_3 n_e + c_2 \tag{5-16}$$

某发动机在不同油门下的部分油门特性曲线如图 5-30 所示。

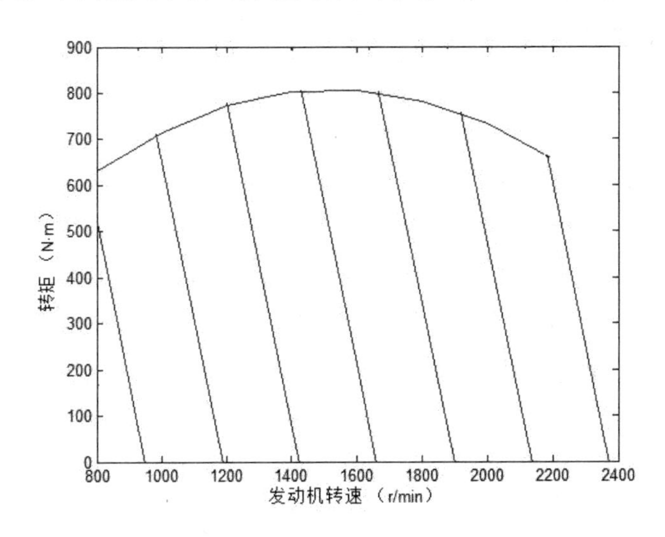

图 5-30　发动机部分油门特性曲线

（二）发动机的动力性数学模

建立该发动机的动力性数学模型，其表达式可表示为

$$J_e \omega_e = T_e - T_d \tag{5-17}$$

推土机的发动机一般是柴油机，柴油机一般来说是一个不确定的系统，在计算中一般用线性系统代替非线性系统。根据前面公式，发动机转矩的函数可以用油门开度 α 和发动机转速 n 来表示。获得发动机转矩的方法有很多，这些方法主要包括经验公式法、根据数据拟合成发动机曲线的方法和查表法。

二、液压系统建模

（一）先导式电液比例方式控制阀

电液比例控制阀作为执行机构和控制系统的连接枢纽，将控制系统发出的信

号进行识别和执行。具体来说就是根据电流的大小和极性来控制先导阀中的电磁铁吸力的大小，进而控制主阀的开合，影响输出到液压缸的流量和方向。液压缸的升降和铲刀的升降是呈线性关系的。

1. 电－机械转换元件

比例电磁铁为先导式电液比例换向阀的输入单元，可以实现电信号与机械量的转换，具有线性度较好的力 / 位移－电流特性。当比例电磁铁线圈电流一定时，在有效工作行程内输出力保持恒定，具有水平的位移－力特性。

比例电磁铁数学模型为

$$f_x(t)=K_i i(t) \tag{5-18}$$

2. 先导阀

阀芯的力动态平衡方程：

$$f_x(t)=K_{eL}(t)=m_v\frac{\mathrm{d}^2z(t)}{\mathrm{d}t^2}+B_v\frac{\mathrm{d}z(t)}{\mathrm{d}t}+K_v z(t)+K_{fv}z(t) \tag{5-19}$$

3. 主换向阀

主换向阀阀芯的流量连续方程为

$$Q=A_2\frac{\mathrm{d}x_v}{\mathrm{d}t} \tag{5-20}$$

阀芯的动态力平衡方程为

$$(P_1-P_2)=m_1\frac{\mathrm{d}^2x_v}{\mathrm{d}t^2}+B\frac{\mathrm{d}x_v}{\mathrm{d}t}+2K_h x_v+K_f+B_f\frac{\mathrm{d}x_v}{\mathrm{d}t} \tag{5-21}$$

4. 液压缸

推土机的工作油缸是非对称液压缸，缸的有杆腔和无杆腔的工作面积并不相同，这导致主换向阀在两个相反的运动方向上的流量增益不同，当活塞正反运动时，传递函数不一致，因此应分别加以考虑。

在阀控非对称油缸内，为使推导过程简便，将回油压力设置为零。

5. 换向阀控制液压

①当 $x_v \geqslant 0$ 时，选取液压缸的中间位置为平衡位置，这是因为活塞在中间位置时，液体的压缩性影响最大，阻尼比最小，动力元件固有频率最低，此时系统的稳定性最差，因此选取中间位置为初始位置，则初始值为 $V_{10}=V_{20}=V_T/2$，V_T 为液压缸总容积。

②当 $x_v \leqslant 0$，活塞反向运动时，与正向运动的流量正好相差一个符号，定义流入无杆腔的流量为正流量，则流出的为负流量。

（二）比例放大器

电液控制系统中输入信号一般是非常微弱的，通常需要处理和功率放大后，才能驱动比例电磁铁运行，实现参数调节。

比例放大器的主要功用是驱动和控制受控的比例电磁铁，满足系统的工作性能要求，在闭环系统中它还承担着反馈信号的放大和系统的控制校正作用。比例放大器是电液控制系统的前置环节，其性能的好坏直接影响着系统的控制性能和可靠性。在本次推土机工作装置的自动化设计中，对比例放大器的要求如下：

①控制功能强，能实现控制信号的生成、处理、综合、调节和放大。

②线性度要好，精度要高。增益调节方便，具有较强的带载能力和较宽的控制范围。

③有足够的输出功率，输出特性应具有限幅特性，再出现大偏差时能非常可靠地限压限流，将输出控制在允许的范围内，起保护受控对象的作用。

④动态响应要快，频带要宽。

⑤抗干扰能力要强，可以适应一般的恶劣的工作环境，零漂移和噪声小，有很好的稳定性和可靠性。

因此，根据上面的性能要求建立比例放大器的数学模型，如

$$i=\left(k_p\left(e+\frac{1}{T}\int_0^1 e\mathrm{d}t+T_d\frac{\mathrm{d}e}{\mathrm{d}t}\right)+u_i+u_d\right)k_\alpha \tag{5-22}$$

（三）定量泵

对于定量泵，忽略其移动部分的惯性和泵的内摩擦，可得泵的特性方程为

$$Q=n\cdot V_p-G\cdot\Delta p \tag{5-23}$$

三、土壤建模

本章在第二节中分析了推土机在作业过程中所受到的阻力，包括坡道阻力、切土阻力、滚动阻力、铲刀前土方运移时的阻力等多个阻力，阻力过多将大大增加后期建模仿真的难度，因此本节通过建立土壤的阻力模型，减少后期仿真的计算量。

土壤阻力模型分为经验模型和解析模型两种。经验模型是指通过进行大量的试验从而获得大量的数据经分析后得到模型。这种模型虽然耗时、耗力，但得到的模型却不能大范围使用，这是因为不同施工地点其土质不同，所以其模型也会

发生变化。而解析模型虽然考虑了工况的变化，但是它只能描述简单的情况。因此经验模型的使用具有局限性。但是对于本章的仿真实验来说，经验模型可以作为仿真实验的土壤模型，其完全可以验证仿真实验的优劣。而解析模型的分析是通过简化推土机来分析各阻力的影响的。

在土壤的力学模型中可以将总合力分解为竖直向上和水平方向的两个力。其水平方向的力为

$$F_n = 127367 + 2.52 \times 10^5 \cdot h + 90566 \cos^2 \theta \qquad (5\text{–}24)$$

竖直方向的力为

$$F_v = \varepsilon \cdot v_s \qquad (5\text{–}25)$$

在推土机工作状态下，当铲刀提升时，它受到的摩擦阻力是向下的，反之，则受到的摩擦力是向上的。

四、滑转率

从滑转率的公式来看，滑转率是根据推土机的实际速度及理论速度计算得来的，因此在现实控制中，只需要通过传感器进行检测，然后通过一系列计算即可得到滑转率。但是在仿真试验的研究过程中，无法通过检测手段得到滑转率。首先可以通过研究影响滑转率的各个因素，得到所需要的物理量，以下是滑转率和有效牵引力的关系式：

$$F_{kp} = (2BLc + G_\varphi \tan\varphi)\left[1 - (K / \delta L)(1 - e^{\delta L})\right] - fG_\varphi \qquad (5\text{–}26)$$

从式（5–26）中可以得到，影响推土机滑转率的因素很多，有履带宽度、履带长度、土壤内聚力、附着质量、土壤内摩擦角、土壤水平剪切变形模量、滚动阻尼系数等，但是在一定条件下，以上各个参数都是固定的，因此滑转率和有效牵引力的对应关系是确定的。如图 5–31 所示为滑转率和有效牵引力的对应关系曲线。

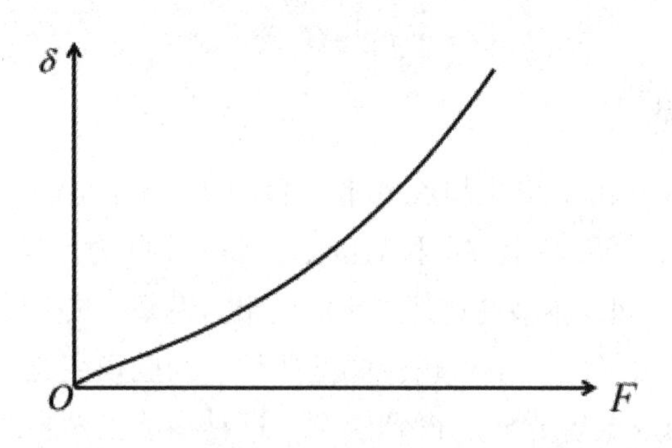

图 5–31　滑转率和有效牵引力的对应关系曲线

本节主要对推土机工作装置相关的各系统进行数学建模和分析，主要包括以下几个方面：①通过对发动机的分析，建立发动机的稳态特性模型和动力性数学模型；②通过对液压系统的分析，建立先导式电液比例方向阀的传递函数，比例放大器和定量泵的数学模型；③通过结合本章第二节对推土的阻力分析，对土壤建立数学模型；④建立滑转率数学模型。

第五节　整机模型仿真与分析

MATLAB 是一款由美国迈斯沃克（MathWorks）公司开发的数学软件，主要用于数据可视化、数据分析、数值计算等高级运算，而 Simulink 是 MATLAB 软件的一个重要组成部分。Simulink 支持多系统、多速率系统、多种采样时间建模，具有应用范围广、贴近实际、效率高、灵活性高、仿真精度高等优点，因此它在控制理论和数字信号处理中被广泛使用。在创建系统的动态模型时，Simulink 为用户提供了一种可视的用户接口，用户可以在 Simulink 的界面上借助鼠标将各方框图连接起来，像在白纸上绘制草图模型一样，只要将动态的系统的各个参数和模型在 Simulink 中用方框图表示出来，并用带有箭头的线段连接起来，即建立了这个动态系统的仿真模型。这与其他的仿真软件最大的不同是，不再通过编写各种汇编语言来进行仿真。Simulink 给用户提供了一种简单、快捷、明了的仿真手段，用户可以自己随意地修改这个仿真模型的各个参数，通过查看仿真结果来确定仿真模型建立的优劣。

一、整机模型框图建立

推土机整机模型的建立需要将整个推土机中各个部件模型有机联系在一起，真实地再现推土机各项功能和整机性能。整机模型包括发动机、液压系统、传动系统、土壤模型、控制系统等，为了使整机模型简单化且真实地表达出其系统特性，本节对推土机中的某些元器件进行了简化和省略，同时对本次设计没有涉及的电路系统、离合器、变速器等进行忽略。推土机整机模型框图如图 5-32 所示。

本系统将路面情况作为整个系统的输入，通过外界系统的变化来检验整个工作装置的性能优劣，输出为发动机转速。本系统中的传动机构没有建立数学模型，但可以通过其传动比和有效率来确定，同时忽略其他机构对整机的影响。

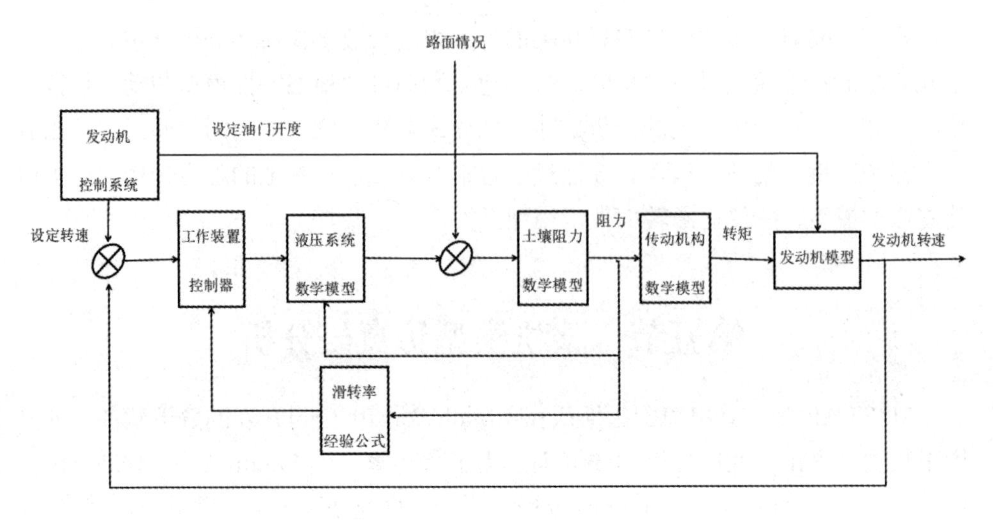

图 5–32　推土机整机模型框图

二、仿真与分析

在上一小节中建立了电液控制系统的数学模型并建立了整机模型的框图，将所有数学模型的已知量代入后，在 Simulink 中建立了整机模型系统，如图 5–33 所示，为了显示清楚，将整机模型中一些复杂的子系统进行封装，使 其美观整洁。

仿真之前需设置发动机油门开度为 0.8，转速为 2000 rpm，铲刀的推土高度为 12 cm，活塞行程为 967 mm，提升液压缸的缸径为 70 mm。为了减少和弥补仿真与现实试验的不足和差距，同时检验控制系统的稳定性和响应性能，本小节设计了两种不同的信号来模拟两种非常典型的实际场地情况，并分别进行仿真分析。

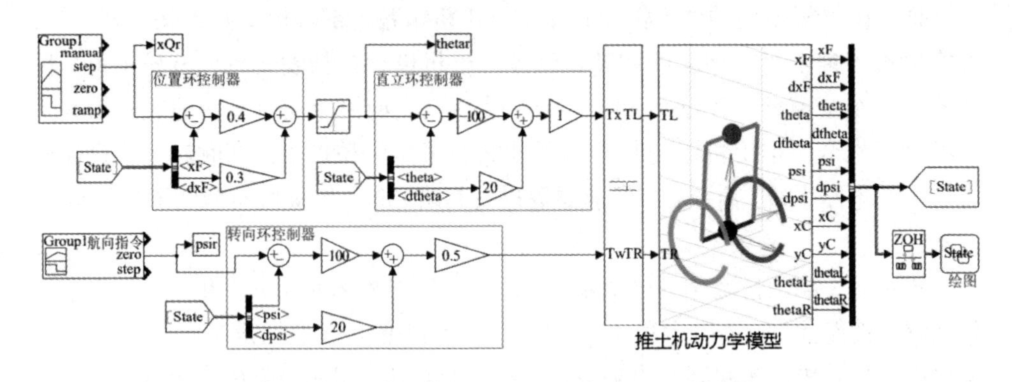

图 5–33　推土机在 Simulink 中的整机模型系统

（一）场地一

场地一如图 5–34 所示，初始阶段是一条直线，3s 发生突变，突变后又是一条直线，可以代表一种简单而普通的路面，路面相对平整，一般经过推土机粗推以后得到，此路面不仅可以检测本系统的推土平整度，还可以检验本系统在地形发生突变时其稳定性和响应速度，非常具有代表性。

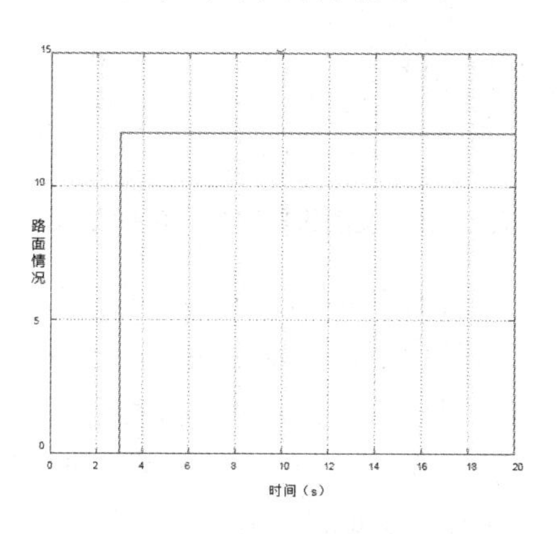

图 5–34　场地一

图 5–35 和图 5–36 分别是发动机转速 – 时间曲线和转速差 – 时间曲线，由图 5–35 可以看出发动机的转速在 3 s 时由 2000 rpm 降到 1900 rpm 左右，过程量只有 100 rpm 左右，经过 3 s 左右就达到了稳定状态，3 s 以后仿真虽然还继续运行，但发动机的转速没有发生变化。图 5–36 更加反映了发动机的稳定性，由图 5–36 可以看出发动机的转速差变化就是发动机转速的逆变化，仿真开始时转速差为 0，经过 3 s 左右的短暂振荡后，达到了稳定状态，转速差稳定在 5 rpm 左右。

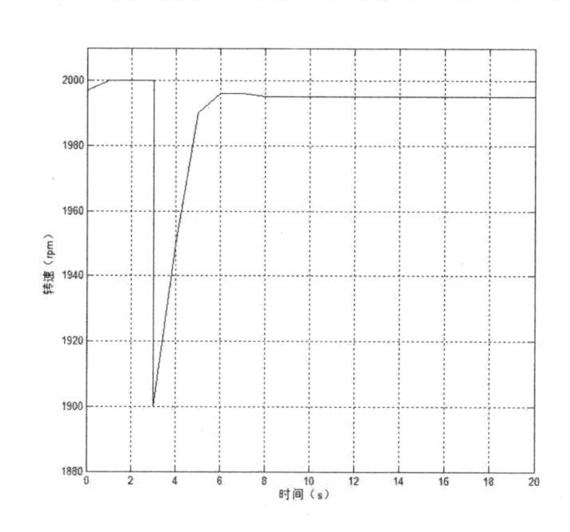

图 5–35　发动机转速 – 时间曲线

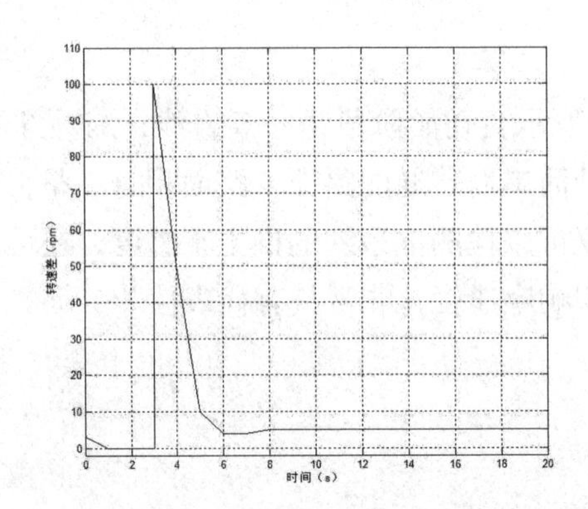

图 5–36　发动机转速差 – 时间曲线

图 5–37 为铲刀位置 – 时间曲线。由图 5–37 可以看出，铲刀在 0 ～ 3 s 稳定在 –12 cm 的高度附近。3 s 后由于地形发生突变，铲刀开始提升，但经过 2 s 左右的振荡恢复到 0 的位置，可以看出铲刀的提升时间为 2 s 左右，铲刀的提升高度为 12 cm。提升到 0 位置点后，铲刀切土的深度不再发生变化。总的来说，铲刀位置的变化比较缓慢且平滑，无剧烈变化，且只用较短的时间即完成了对外界剧烈变化的响应过程。

图 5–38 为液压缸的速度 – 时间曲线，从图 5–38 中可以看到液压缸的速度在 –1.2 ～ 0.1 cm/s 范围内变化，在前 2 s 内速度变化较小，在第 3 s 时由于地形发生突变，液压缸速度随之发生突变，提升油缸，6 s 以后液压缸速度达到稳定状态，这说明系统对液压缸的调节起到了重要作用，基本实现了对铲刀速度的精确控制。

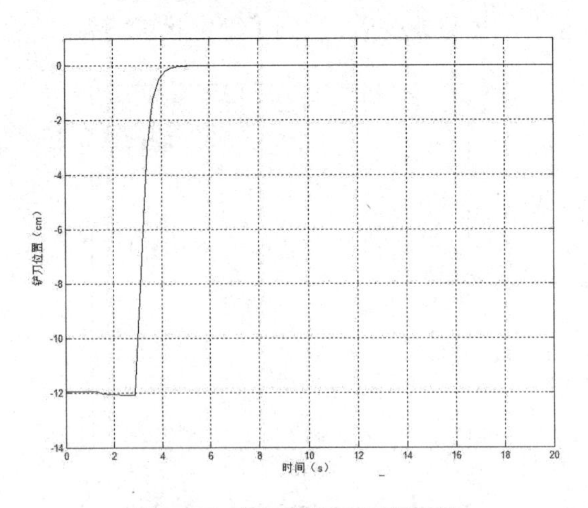

图 5–37　铲刀位置 – 时间曲线

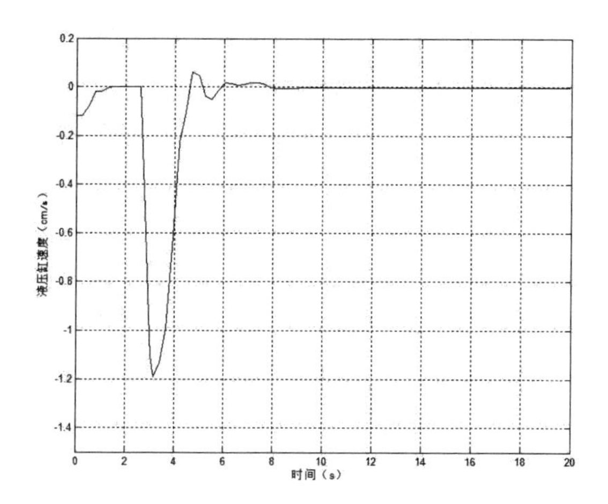

图 5-38　液压缸速度 – 时间曲线

图 5-39 为滑转率 – 时间曲线，从图 5-39 中可以看到滑转率在初始阶段的 0 ～ 3 s 内是稳定在 2% 左右，由于地形发生突变，在 3 s 时刻将滑转率极速上升到 42% 左右，达到峰值后，滑转率开始回落，经过 2 s 左右的缓慢振荡后，滑转率保持在 15% 左右，说明本系统反应速度非常快。

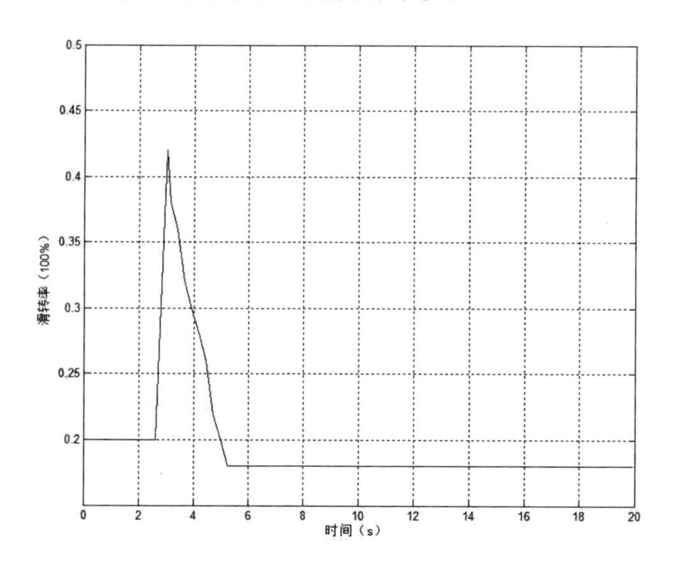

图 5-39　滑转率 – 时间曲线

（二）场地二

场地二如图 5-40 所示，在 0 ～ 6.28 s 的时间段内是一段水平面，初始信号设置为 0，时间为 6.28 s。在 6.28 s 后为周期为 6 s、幅值为 12 的正弦函数，其凸起正半轴部分代表着土坡，凹陷的负半轴部分代表着洼地或者深坑。两者结合可以代表作业环境的恶劣，可以验证系统的稳定性和可靠性。将仿真时间设置为 20 s。

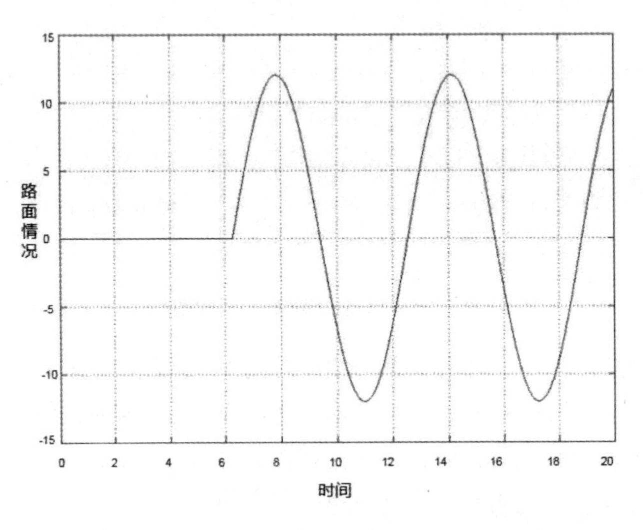

图 5–40　场地二

图 5–41 是铲刀位置 – 时间曲线，从和输入信号的对比中可以看出，本系统基本达到了对铲刀的精准控制。在 0 ～ 4 s 的时间间隔里，铲刀位置的振荡幅度由 -12 cm 快速增加到 -16 cm 左右，后经过反馈调节迅速上升，在 2.5 s 达到预设的稳定值，经过 3.5 s 左右后，在 6.28 s 处发生轻微振荡，且振荡时间较短，此处发生振荡的原因是铲刀遇到了土坡，各种阻力发生变化，但经过调节以后，铲刀快速达到预定位置。经过简短的振荡后，后面铲刀基本是稳定在预定位置。从响应曲线可以说明，铲刀在凹凸不平的路面作业时，可根据路面的变化而变化，保证切土深度不变化，时刻发挥最大的推土作业效率。从图 5–40 和图 5–41 的图形变化可以看出，当铲刀稳定在预定位置时，在后面调整过程中其运动轨迹平滑，不再出现剧烈的波动。图 5–42 和图 5–43 分别是发动机的转速 – 时间曲线和发动机的转速差 – 时间曲线，由图 5–42 可以看出在 6.28 s 之前，都是代表着平整路面，所以线型的变化相差不大，但到 6.28 s 后，路面情况二变为正弦波，代表着高坡和洼地，此时发动机的转速开始发生变化，从图 5–42 和图 5–43 中可以看出转速和转速差发生变化，但变化的幅值不大，且振荡时间非常短。经过短暂的振荡后，发动机又达到稳定值。由此可见，本系统在发动机的调速过程中，调速响应非常

快，地形的变化对发动机速度和转速差的变化影响不是很显著。

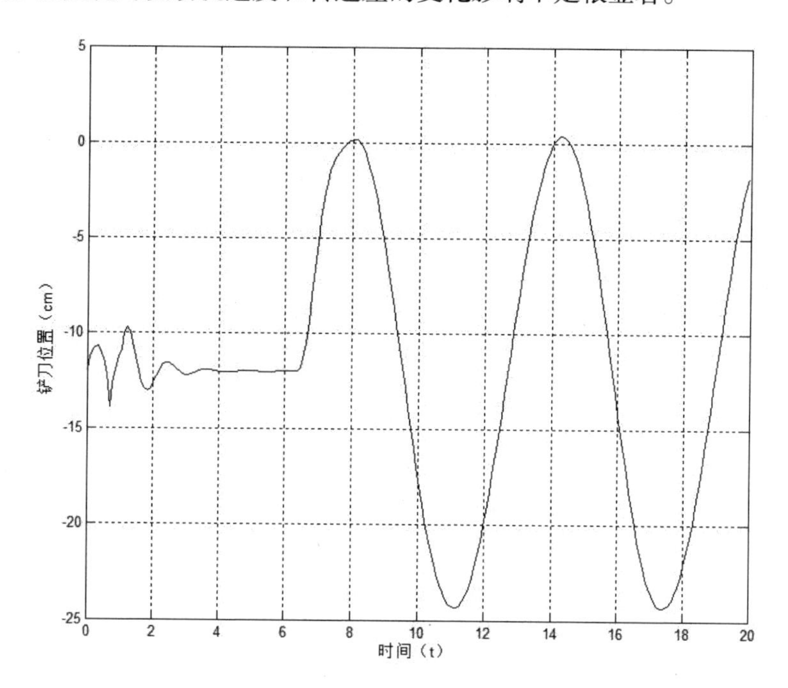

图 5–41　铲刀位置 – 时间曲线

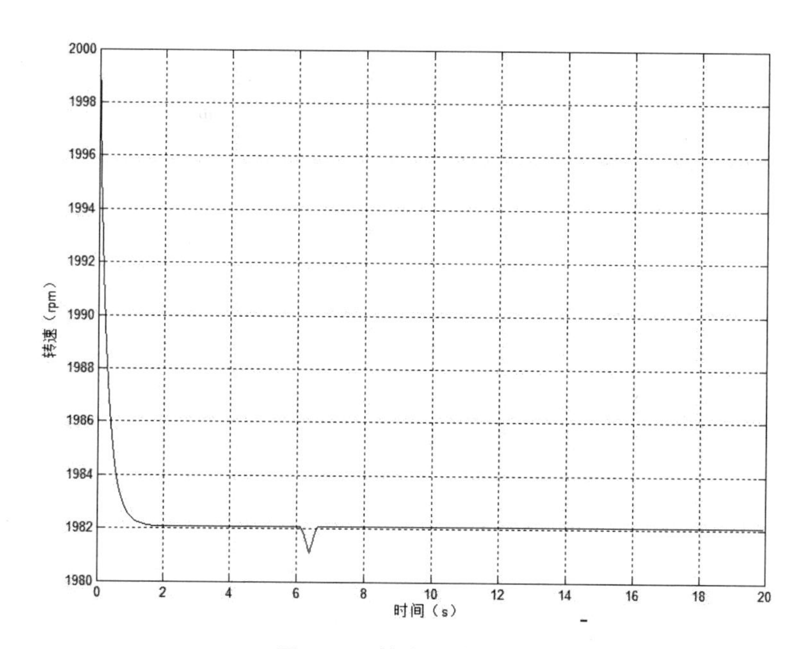

图 5–42　转速 – 时间曲线

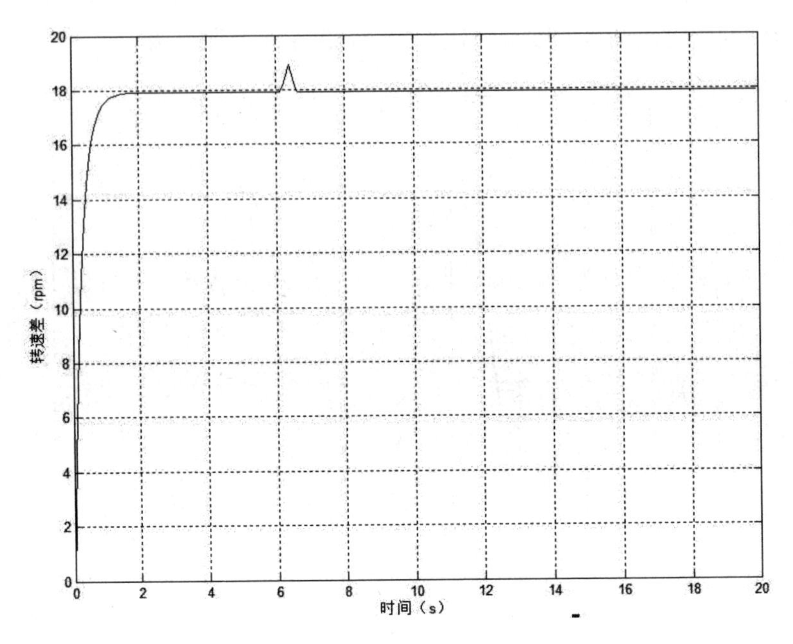

图 5-43　转速差 - 时间曲线

图 5-44 是滑转率 - 时间曲线，从图 5-44 中可以看到滑转率从 0 急速增加到 0.27 左右，用时不到 1 s，说明本系统反应速度非常快，达到峰值后，滑转率开始回落，经过 2 s 左右的缓慢振荡后，在 3 s 时刻将滑转率稳定在 24% 左右，同路况一相比滑转率有所上升，这是因为路况二的路面状态发生了变化，影响了阻力的变化。滑转率曲线在 6.28 s 时发生小幅度的变化，响应时间非常短，随后即达到了稳定状态。表明本系统会根据实际路况的变化，迅速调整滑转率的变化，即使在相对恶劣的工作环境中，也能快速地调整滑转率，使其工作在相对高效区间内。

图 5-45 是液压缸速度 - 时间图，从图 5-45 中可以看出液压缸速度变化在 6.28 s 之前，和路况一时液压缸速度变化曲线相似，速度在 -0.7 ～ 0.7 cm，在前 2 s 时间段内曲线的振荡幅度较大，2 s 后振荡幅度变得较为缓和。由于路况二在 6.28 s 时变为正弦函数代表的土坡，此时液压缸又产生了急剧的变化，速度变化范围在 -0.2 ～ 0.8 cm，经过 2 s 振荡后逐渐平缓，到 8.5 s 左右达到了稳定状态。后面路面虽然又发生了变化，但液压缸仍然可以保持稳定的速度。

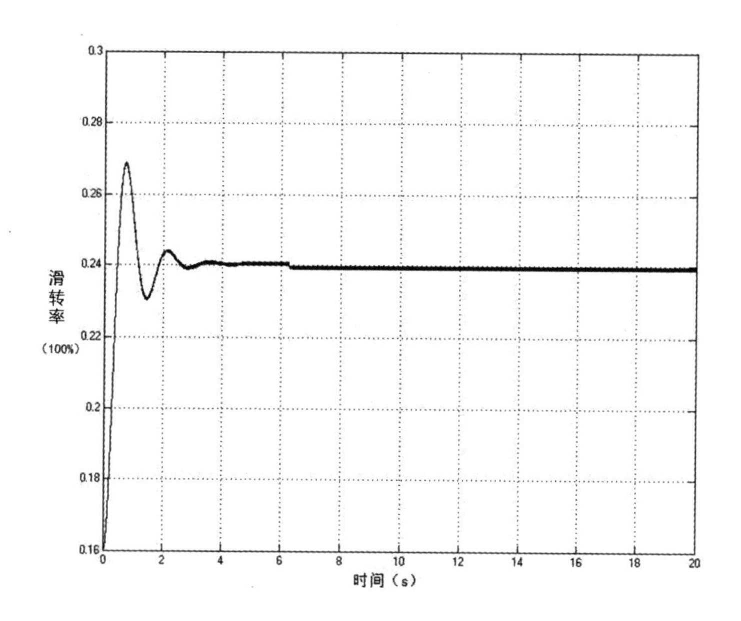

图 5–44 滑转率 – 时间曲线

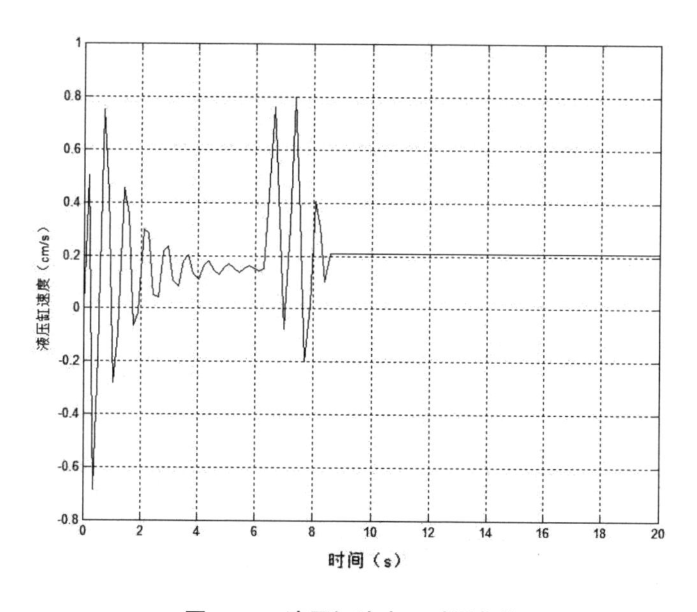

图 5–45 液压缸速度 – 时间曲线

本章借助 MATLAB 中 Simulink 模块仿真验证工作装置自动控制系统的稳定性和可行性。设置两种路况，并分别对两种路况下的仿真结果，进行全面的分析及研究。综上分析结果，可以得到工作装置的自动控制系统在作业时具备较高的可靠性，其在矿山开采、农田改造、水利兴修、大型电站和国防建设施工中发挥着巨大的作用。但是传统的推土机能耗高，效率低下，且对司机的要求较高，因此亟须对推土机进行智能化改造，以提高生产效率，解放劳动力。

本章参照国内外文献以推土机的智能化改造为案例，根据推土机自身在作业过程中的工况特点及负载特性，在保证不对其整体框架和除液压系统以外其他结构改造的情况下，对其工作装置进行自动控制改造，并对其进行仿真分析研究。本章主要完成的工作包括以下几点：第一，通过对国内外推土机的发展水平作比较，得出我国的推土机还处于技术水平较低的发展阶段，国内除了几所高校对推土机工作装置的自动控制有理论研究以外，国内厂家还没有生产一台带有自动控制系统的推土机，这严重影响了我国现代化的建设步伐，因此实现推土机工作装置自动控制化是未来发展主要方向。同时推土机的智能化发展也会推动整个工程机械行业向前发展。第二，详细阐述了现有推土机传动系统的区别，并结合我国实际国情，选择了液力机械传动的推土机作为智能化改造研究的主要对象，又分析了现有推土机的液压系统原理，同时又通过分析推土机的工作过程，得到了传统推土机的不足和缺陷，进而根据这些不足和缺陷，得到本次自动控制改造须达到的各项要求，确定了推土机的典型工况。第三，详细阐述了工作装置自动控制方案的设计，确定了自动控制方案的基本要求和原则，根据其要求确定数据信号采集方案，并通过分析三种信号采集方案的优缺点，最终确定了数据信号采集的最优方案作为本次自动控制改造的最终方案，同时还确定了信号的控制方案，详细介绍了 PID 控制器。根据要求还确定了铲刀位置自动调整技术方案，确定了最优方案。确定使用 ECU 作为自动控制改造的主控单元，详细地介绍了 ECU 的构成、作用及原理，并对其核心 8098 单片机做了简要的介绍，还确定了执行机构和传感器，最终确定了整个工作装置的智能化控制方案。第四，对推土机各模块建立了数学建模，建立了发动机、先导式电液比例方向阀、液压缸、比例放大器、定量泵、土壤和滑转率数学模型，最后建立了推土机的整机模型的框图，为后续的仿真与分析提供了依据。

借助 MATLAB 中 Simulink 模块的仿真试验，验证了工作装置自动控制系统的稳定性和可行性。推土机作为常用的工程机械之一，在我国其发展状况和工程所需状况不符，推土机的发展状况也跟不上技术发展的趋势。本章在参考国内外学者对推土机智能化应用研究实验的基础上，对推土机工作装置自动控制进行了研究，总的来说，取得了一些成绩，但还有一些不足。尤其还可以在以下几个方面进行拓展研究；第一，本章只针对推土机的工作性能进行研究分析，没有涉及燃油节能方面的研究，通过对燃油节能研究，可以在资源日益匮乏的今天，提高能源利用率，减少成本。第二，本章对推土机工作装置的自动控制研究，只是基于理论的研究，验证也是借助 MATLAB 中的 Simulink 模块进行的。后续的研究中可以进一步利用实际试验来验证系统的不足，近而优化系统的性能。第三，本章在推土机的液压系统建模和分析中，没有考虑液压系统中死区存在的问题，这导致在推土机液压缸的仿真试验中振荡幅度较大，可以对液压系统的死区加以研究并控制，提高液压系统的稳定性。第四，由于液力变矩器和传动系统建模非常复杂，本章建立推土机的整机模型时对其进行了简化，但是液力变矩器和传动系统直接影响着推土机的所有性能，在后期推土机的二次开发中应该充分考虑液力变矩器和传动系统对整个系统的影响，并对其加以仔细分析，综合考虑各个因素对推土机的影响和减小振动。

第六章　AGV 智能化控制技术

第一节　AGV 及其应用

AGV 是自动导向设备（Automatic Guided Vehicles）的简称。它最早是在北欧发展起来的，在国外的发展应用已经有几十年的历史了。由于它具有便于集中管理、系统简单、施工和系统构成容易等优点，因此，广泛地应用在机械加工、汽车制造、港口货运、电子产品装配、造纸、发电厂、电子行业的超净车间等诸多行业。其运行速度可达到百米 / 分钟，运输能力可以从几千克到几十吨，是一种非常有发展前途的物流输送设备。尤其是在柔性制造系统（FMS）中被认为是最有效的物料运输设备。作为一种高效物流输送设备和工厂自动化的理想手段，20 世纪 80 年代，AGV 就已进入我国市场，今后必将得到迅速发展和普及应用。这不仅是现代化工业迅速发展的需要，更是由 AGV 本身所独具的优越性所决定的。

一、AGV 和 AGVS 的构成

AGV 在结构上类似于有人驾驶车，只不过它的行驶是在车载微电脑的控制下完成的，对目的地和道路的选择是通过编程或由上位机控制来实现的。AGV 由导向机构、行走机构、导向传感器、微电脑控制器、通信装置、移载装置和蓄电池等构成，如图 6–1 所示。

其中微电脑控制器是车的控制核心部分，它把车的各个部分有机地联系在一起，它不仅控制整个车的运行，而且，还通过通信系统接收地面管理站传来的各种指令，并不断地把车的所处位置、运行状况等信息返回给地面站，同时，还负责车的自身故障诊断。蓄电池给整个车供电，蓄电池则由人工定时充电，或在运行线路上设立充电点进行在线定点充电。通信方式根据车的通信装置不同，可以是红外通信、感应通信、无线电通信等。移动方式有手动和自动两种，根据需要可以配置货叉、升降平台、辊子输送机、机械手等设备。一定数量的 AGV 在地面

设施的支持下，按工序完成一定的物料输送任务就构成 AGV 系统，简称 AGVS。构成一个系统的车数可以是几台到几十台，大的系统需要分成若干个区域来控制，各区域由分站控制，最后由总站或上位管理机控制。AGVS 由以下四个部分组成：AGV 车体；导引系统、充电站等辅助设施；用于监视管理 AGV 运行的管理站，包括对运行、库存、AGV 的状况等的监控；与其他计算机和系统的接口，如与电脑主机、自动存 / 取系统（AS/RS）、柔性制造系统（FMS）等的接口。

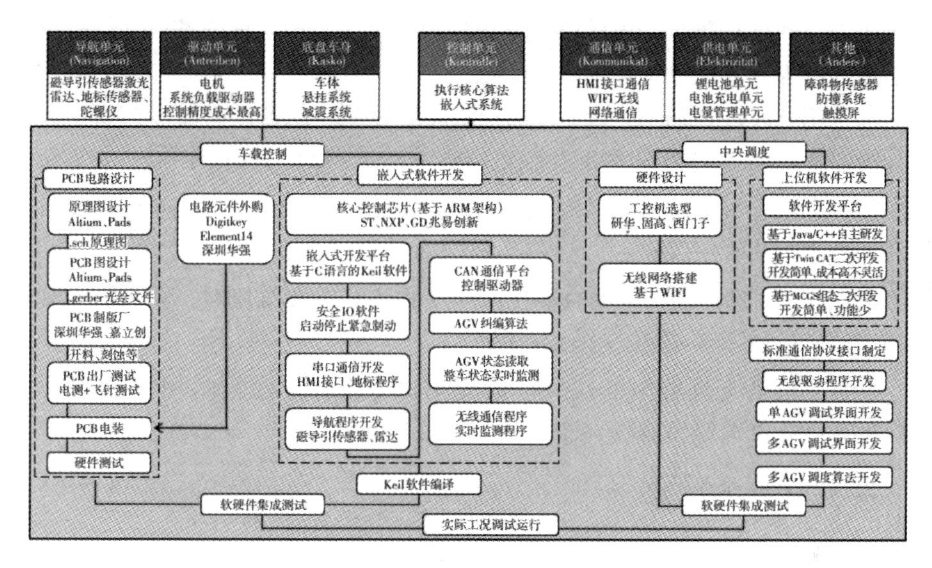

图 6–1　AGV 的结构简图

二、AGV 的优点

作为一种物流输送设备，与传统的输送设备相比，AGV 主要有以下特点。

①具有灵活的运行路线设定能力。AGV 的运行路线可以由地面管理站来设定，也可以由车上的输入键盘等设定，既可以沿某一环路运行，也可以在两个或多个站点之间往复行驶。由于运行路线是可以设定的，所以在输送不同产品的情况下，无须改变输送设备或厂房设备。

②具有较高的柔性化管理能力。车的发送和调度一改以往的其他输送设备的固定运行模式，完全由地面站灵活调配。

③线路容易变更。更改线路只需改变导引线即可，在无径路导引方式中，只改变软件程序即可完成。增减线路和车辆也很方便。这些对于迅速调整产业结构和产品的更新换代都是非常有利的。

④具有检知和避开障碍物的机能。AGV 车体装有红外或超声探测装置，遇障碍或两车接近时自动报警并停车。

⑤可沿多条路径运行及完成任务。运行不再局限于一个或几个回路，而是整个系统内的各条线路。具有智能化自动探索最近路径及路径跟踪的能力。

⑥ AGV 可十分方便地与其他物流系统实现自动连接。如 AS/RS（通过出 / 入库台）、各种缓冲站、升降机、机器人等；实现在工作站之间对物料进行跟踪；对输送进行确认；按计划输送物料并执行检查记录；与生产线和库存管理系统进行连接以向工厂管理系统提供实时信息。

⑦采用 AGV 系统时，由于人工捡取与堆置物料的劳动力减少，操作人员无须为跟踪物料而进行大量的报表工作，因而可显著提高劳动生产率。非直接劳动力如物料仓库会计员、发料员以及货运调度员的工作减少甚至完全取消又进一步降低了成本。

⑧ AGV 系统具有极高的可靠性。当一台小车需要维修时，不会影响其他小车的工作：保持了系统的高度可利用性。

⑨节约能源与环境保护。AGV 的充电和驱动系统耗能少，利用率高，低噪声对制造和仓储环境没有噪声污染。

三、AGV 的选择

（一）AGV 导引方式的选择

AGV 的导引方式很多，不同的环境可以选择不同的导引方式。这主要是要考虑可靠、经济和维护方便等因素。AGV 主要的导引方式如表 6–1 所示。

表 6–1　AGV 主要的导引方式

<table>
<tr><td rowspan="3">自动车的导引方式</td><td rowspan="2">固定路径（感应连续）</td><td>自动式</td><td>电磁感应、激光感应</td></tr>
<tr><td>被动式</td><td>光、磁带导引图相识别</td></tr>
<tr><td>半固定路径（断续感应）</td><td>点标记</td><td>设置修正标记、环境识别超声波测距</td></tr>
<tr><td rowspan="2">自动车的导引方式</td><td rowspan="2">无明显路径标志</td><td>地面支持</td><td>激光导引、超声波导引、人造卫星（GPS）</td></tr>
<tr><td>自导式</td><td>地图导引、外界识别陀螺仪导引、超声波虚拟导引</td></tr>
</table>

1. 电磁感应式

这是在 AGV 的导引方式中应用最多的一种方式，其原理是在地面开数厘米的槽，在槽内铺设电线并通以一定频率的电流，装在 AGV 小车上的感应绕组，通过感应到的信号变化来不断调整车的行进方向。不同的路线和分支通以不同频率的电流来区分。在多数的应用场合都能采用这种方式，该方式几乎不需要保养。它可以应用于恶劣的工业环境。

2. 光导和磁导引式

这种方式是在地面上贴上导向带，在道岔、工位、转弯等特定位置，在导向带上标有代码、识别标记。施工简单，节省了开槽和布线的工作，且布置易变。光导式用在办公室、无灰尘、无污染、地面干净平滑的工作环境中，导向带用不锈钢或铝等高效反光材料制成。在 AGV 车体上装有发光器件，并通过捕捉到的反射光来作为导引信号。在其他环境中用磁带导引，由装在车体上的磁性传感器感知磁场变化而导引，为了美观整洁，磁带也可铺设在地板下。在需要暂时的导向路线和频繁地改动导向线路的情况下，这两种方式再合适不过了。

3. 激光导引式

在输送路线的沿路墙壁或物体上贴上反光体，并保持一定的高度。AGV 车上装有旋转激光头，像灯塔那样发出光束，扫射周围建筑，当光束触及反射体时，激光头中的识别体能够识别反射点的方向，车上计算机即为车体导向。激光导引式使得柔性与驱动线路选择性大大增强了，主要应用在路线区域较大、车辆较少、变化频繁的场合，如临时输送区和存储区。

（二）AGV 车型的选择

1. 单向型

这是应用最早的一种车型，它是靠导向轮改变前进方向。只向一个方向行进，一般在比较小的系统中，执行任务不太复杂时普遍选用。优点是：价格低、结构简单、维护方便。其构成可以是三轮车或四轮车，也有多轮车，其中载重量较小时多选用三轮车，而且它适合于在简易恶劣的路面上行走。

2. 双向型

这是一种依靠两驱动轮的差速来导向或者前后两个方向都有导向轮可双向行驶的车型，是应用最多、最普遍的车型。

3. 全方位型

这是依靠车轮的独立转变，能向任何方向运行的一种车型。在自动装配和自动加工中多采用该车型，例如从原材料开始，通过加工、自动焊接、装配等工序，由运载车的多次前进、后退、侧行、回转和斜行等动作来完成。这样从原料开始一直到成品的入库，只在一台 AGV 上完成，不需要其他的中间输送设备。

4. 列车型

列车型 AGV 由牵引车和拖车组成，载重可达几十吨，通常应用于中批量与大批量生产、输送距离较远的场合。列车型 AGV 只能单方向行走，与单车的运输方式相比具有经济、效率高等优点。

四、AGV 的发展前景

随着电子和控制技术的发展，AGV 的技术也在不断进步，正在朝着性能更优越、更廉价、自由度更高、超大型化和微型化的方向发展，其应用领域也不断扩展。这种十几年前只是用作工厂内的物流输送设备，现在已经不仅仅局限于工厂之内，已成功地应用到办公室、饭店、医院和超级市场等诸多部门，并且取得了很好的效果。

AGV 在制造业中主要应用在物料分发、装配和加工制造三个方面，其中，装配作业中 AGV 应用最大。物料分发主要是指生产工序间的物料移送和仓储作业中的物料移送。随着电子工业的进一步发展，电子工业中 AGV 市场极具市场发展潜力，原因在于消费者需求变化日益加快，生产系统必须适应市场发展变化的要求。其中 FMS（柔性制造系统）即以灵活的生产方式适应市场变化的制造方式。对于 FMS 来说，各加工单元之间中（小）批量元器件的发送率要求极高，而 AGV 能提供柔性最好的运输。AGV 可以很方便地对其输送路线编程，使之按要求的路径和方式达到装配线指定位置。在重型机械行业中 AGV 用来运送模具和原材料，通常为 2.2 ～ 4.5 t，最大的可以达到 6.3 t，配备了较大的功率装置也是这类 AGV 的一个特点。在 AGV 中，大型机器人用来对金属构件喷漆（如飞机骨架的喷漆）是 AGV 在重型行业的应用之一。在非制造业中，AGV 的应用也越来越普遍。现代化医院也安装了 AGV 系统，把取样从门诊部自动运输到化验中心，把药物、医疗用品、食品、衣物等从中央物资管理中心输送到各个部门。此外，在邮政部门及大型的办公大楼、宾馆等，都可以利用 AGV 准确、方便、快捷地配送物料，以提高经济利益。

第二节　AGV 的数学建模及运动分析

一、AGV 的运动偏差分析

自动导向车（AGV）是物流系统的重要组成部件，在其各种导向方式中，都需要把检测到的偏差量通过一定的数学模型计算来实现对小车的控制。本节从自动导向车的运动特性出发，分析小车运动时的偏差与车轮速度的关系，并在此基础上推导出与控制相关的动态特性图。因而数学模型的优劣对控制的有效性、精确性及制造成本都有较大的影响，采用的这种数学模型对于应用两个电机各自独立驱动的自动导向车均具有普遍的适应性。

在 GIMS 中，自动导向车通常沿着预定路径运行，自动导向车的初始运动状态没有偏差，如图 6–2 所示的虚线位置。经过时间 Δt 由于外部扰动的影响，自动导向车相对于路径产生偏差，偏差量主要用自动导向车两个驱动轮的连线中点与路径中心线垂直距离 Δd 及自动导向车两个驱动轮的连线中垂线与路径中心线之间的夹角 $\Delta\theta$ 表示，如图 6–2 所示。

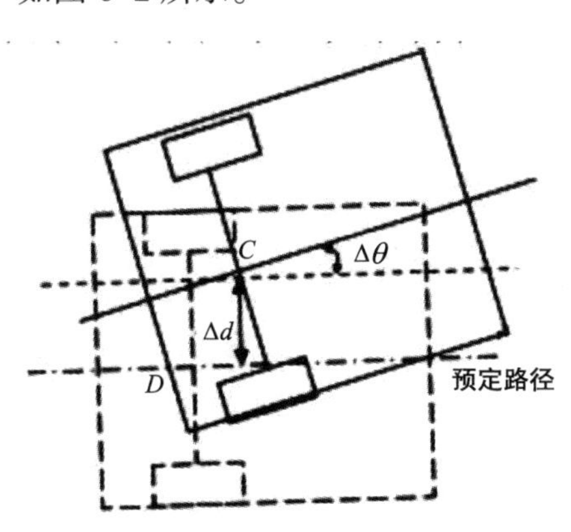

图 6-2　自动导向小车运动偏差分析

如图 6–3 所示是自动导向小车运动状态及运动分析。线 1 表示小车在前一时刻 f（小车中心 C）行驶的方向，线 2 表示相邻 $t+\Delta t$ （小车中心 C'）时刻小车行驶方向。由图 6–3 可知，小车的行进速度：

$$v_C = \frac{1}{2}(v_l + v_r) \tag{6–1}$$

式中：V_l——自动导向车左驱动轮速度；V_r——自动导向车右驱动轮速度；V_C——自动导向车轮距中心速度；D——两个驱动轮之间距离；C——两驱动轮连线中点；Δt——初始时刻和下一时刻之间很短的时间间隔；Δd——自动导向车两个驱动轮的连线中点与路径中心线的垂直距离；$\Delta\theta$——自动导向车两个驱动轮的连线中垂线与路径中心线之间的夹角。

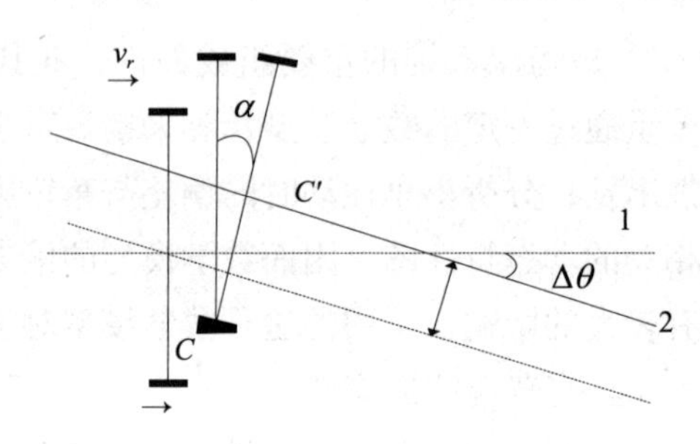

图 6-3　自动导向小车运动状态及运动分析

由于两个车轮在行进中所受的阻力不同而产生速度差，因而产生转角 $\Delta\theta$ 如图 6－3 所示，将其折算到一个轮来对其进行运动分析。由几何关系可知 $\Delta\theta=\alpha$，当 α 很小时，$\tan\alpha=\alpha$，所以由几何关系及运动关系有

$$\Delta\theta\approx\tan\Delta\theta=\frac{(v_1+v_t)\Delta t}{D}\qquad(6\text{–}2)$$

$$\Delta d\approx v_c\Delta t\sin\Delta\theta=\frac{1}{2}(v_1+v_r)\Delta t\sin\Delta\theta\qquad(6\text{–}3)$$

二、AGV 的运动学特性分析

该数学建模及运动分析是在未知时间 Δt 后，小车即将要转向的前提下，确定该点及相邻的下一点（$t+\Delta t$ 时刻的小车位置）之间的位置及运动关系，推导出小车在未知时间段 Δt 上的微分关系。由于小车的行进路线是连续的，因而再由积分关系计算出整条路径上小车的运动情况。在这里 $\Delta\theta$ 也是时间 t 的函数，但是由于先是对其求导微分（论证 3 段小车情况时）后又进行积分（论证小车的整段行驶过程），且 Δt 时间段很短，在推导的过程中为了计算方便将 $\sin\Delta\theta$ 视为一个常数引入。

在 $\Delta t\to 0$ 时，对时间进行微分有

$$\mathrm{d}\Delta\theta=\frac{1}{D}(v_1+v_t)\mathrm{d}t\qquad(6\text{–}3)$$

$$\mathrm{d}\Delta\theta = \frac{1}{2}(v_1 + v_t)\sin\Delta\theta \mathrm{d}t \qquad (6\text{-}4)$$

由于小车在运动过程中，其路径是连续的，对上式进行积分可以得到小车在其整个行驶过程中的运动关系：

$$\theta = \frac{1}{D}(v_1 + v_t)t \qquad (6\text{-}5)$$

$$\mathrm{d} = \frac{1}{2}(v_1 + v_t)t\sin\theta \qquad (6\text{-}6)$$

经过以上对小车运动的分析，明确了小车运动过程中实现转动的因素，即通过改变小车两个车轮的转速来实现小车的转向，就为如何控制小车确定了思路。

第三节　AGV 控制系统的特性分析

一、控制系统的分析

小车采用两个直流电机分别驱动两个驱动轮，则在其运动过程中，左、右轮的轮速是关于时间的函数，设：①电机转速与轮速相等（或者考虑电机和轮之间存在变速装置的时候认为不存在能量损耗），两个电机的参数完全相同；②两个轮的直径完全相等，记为 r；③电机的电枢电压为 U；④时间常数为 T。左右轮用下标 1、r 来表示。

二、控制系统的小偏差显性化

AVG 控制系统是一个非线性系统，难以进行精确设计。但是由于小车是在一个确定连续的路径上行驶的，它的输入信号也是确定的，对小车的控制过程是先检测到一个微小的变化然后反馈给控制部分，再由控制部分发出相应的纠偏信号。这样关于小车所建立的非线性系统就可以采用小偏差线性化的方式将它转化为一个线性的系统来分析。

这种小偏差线性化的方法对于控制大多数工作状态是可行的。事实上，自动控制系统在正常工作的情况下都处于一个稳定的工作状态，即平衡状态。这时被控量和期望值保持一致，AGV 小车的控制就反映在小车一直沿着路径向前运动，不出现偏离或偏差较小时，控制系统也不进行调整。一旦检测元件检测到信号，被控量和期望值之间出现偏差时，控制系统开始工作，以便减小和消除这个偏差，控制系统的控制量偏差一般不会很大，只是小偏差。当 AGV 小车沿路径行驶的时候，其对应的最大偏差为 0.12 m。

为了简化推导，假定小车的运动方式为一个匀速直线运动过程，电压相等，那么两轮的中点速度可视为一个常数，均为零。当外部扰动使自动导向车 AGV 偏离其行驶的预定路径时，输入的信号给电枢电压分别加、减一个纠偏控制量，即

$$U_r = U + \Delta U，\ U_l = U + \Delta U \tag{6-7}$$

相应的电机输出的线速度为

$$v_r = v + \Delta v \tag{6-8}$$

$$v_l = v - \Delta v \tag{6-9}$$

三、系统能控性判断

能控性和能观测性是系统的两个基本结构特性。卡尔曼（Kalman）在 20 世纪 60 年代初，首先提出和研究了这两个重要的概念。能控性和能观测性就是研究一个未知系统的结构是否可由输入影响和是否可由输出反映的问题，这两个概念对于系统控制和评价的研究有着极其重要的意义。

如果该未知系统内部的每一个状态变量的运动都可以由输入来影响和控制从而改变输出，那么系统就是能控的，或者更精确地说状态是能控的。否则，就称系统是不完全能控的。对应地，如果未知系统内所有状态变量任意形式的运动均可由输出完全反映，则称系统是状态能观测的，简称为能观测，反之，则称系统是不完全能观测的。

第四节　AGV 神经网络控制模型的建立

一、神经网络控制模型的建立基础

（一）网络结构

神经网络的结构上文已详细讨论过，这里着重说明以下几点。

常用的前馈型 BP 网络的转移函数有 logsig、tansig，有时也会用到线性函数 purelin。

当网络的最后一层采用曲线函数时，输出被限制在一个很小的范围内，如果

采用线性函数则输出可为任意值。以上三个函数是 BP 网络中最常用的函数，但是如果需要的话，也可以创建其他可微的转移函数。

在 BP 网络中，转移函数可求导是非常重要的，tansig，logsig 和 purelin 都有对应的导函数 dtansig、dlogsig 和 dpurelin。

（二）网络构建和初始化

训练前馈网络的第一步是建立网络对象，函数 newff 建立一个可训练的前馈网络，需要四个输入参数。第一个参数是一个 $R \times 2$ 的矩阵以定义 R 个输入向量的最小值和最大值，第二个参数是每层神经元个数的数组，第三个参数是包含每层用到的转移函数名称的细胞数组，最后一个参数是用到的训练函数的名称。下面命令将创建一个二层网络，它的输入是两个元素的向量，第一层有三个神经元，第二层有一个神经元。第一层的转移函数是 tan-sigmoid，输出层的转移函数是 linear。输入向量的第一个元素的范围是 -1 ～ 2，输入向量的第二个元素的范围是 0 ～ 5，训练函数是 traingd。

"net=newff（[-12；05]，[3，1]，{'tansig'，'purelin'}，'traingd'）；"这个命令建立了网络对象并且初始化了网络权重和偏置，因此网络就可以进行训练了。但可能要多次重新初始化权重或者进行自定义的初始化。在训练前馈网络之前，权重和偏置必须被初始化，初始化权重和偏置的工作用命令 init 来实现，这个函数接收下面就是网络对象并初始化权重和偏置后返回网络对象，下面就是网络如何初始化的：

net=init（net）；

我们可以通过设定网络参数 net.initFcn 和 net.layer{i}.initFcn 这一技巧来初始化一个给定的网络。net.initFcn 用来决定整个网络的初始化函数，前馈网络的默认值为 initlay，它允许每一层用单独的初始化函数。设定了 net.initFcn，参数 net.layer{i}.initFcn 也要设定，用来决定每一层的初始化函数。

对于前馈网络来说，有两种不同的初始化方式经常被用到，即 initwb 和 initnw。initwb 函数根据每一层自己的初始化参数（net.inputWeights{i，j}.initFcn）初始化权重矩阵和偏置。前馈网络的初始化权重通常设为 rands，它使权重在 -1 和 1 之间随机取值。这种方式经常用在转换函数是线性函数时。initnw 通常用在转换函数是曲线函数时，它根据 Nguyen 和 Widrow[NgWi90] 为层产生初始权重和偏置值，使得每层神经元的活动区域能大致平坦地分布在输入空间，它比起单纯的给权重和偏置随机赋值有以下优点。

①所有神经元的活动区域都在输入空间内，减少了神经元的浪费。

②输入空间的每个区域都在活动的神经元范围中，有更快的训练速度。

初始化函数被 newff 所调用，当网络创建时，它根据默认的参数自动初始化。init 不需要单独调用，需要重新初始化权重、偏置或者进行自定义的初始化。例如，用 newff 创建的网络，它默认用 initnw 来初始化第一层，如果我们想要用 rands 重新初始化第一层的权重和偏置，则可用以下命令：

```
net.layers{1}.initFcn='initwb';
net.inputWeights{1，1）.initFcn='rands';
net.biases（1，1}.initFcn='rands';
net.biases（2，1）.initFcn='rands';
net=init（net）；
```

（三）网络模拟（sim）

函数 sim 模拟一个网络，sim 接收网络输入 p，网络对象 net，返回网络输出 a，下面用 simuff 来模拟上面建立的带一个输入向量的网络。

```
p=[1；2];
a=sim（net，p）
a=–0.1011
```

用上段代码得到的输出是不一样的，这是因为网络初始化是随机的。下面调用 sim 来计算一个同步输入 3 向量网络的输出：

```
p=[1 3 2；2 4 1];
a=sim（net，p）
a=–0.1011 –0.2308 0.4955
```

（四）网络训练

一旦网络加权和偏差被初始化，网络就可以开始训练了。训练网络来做函数近似、模式结合或者模式分类。训练处理需要一套适当的网络输入 p 和目标输出 t，在训练期间网络的加权和偏差不断地把网络性能函数 net.performFcn 减少到最小。前馈网络的默认性能函数是均方误差 mse，也就是网络输出 a 和目标输出 t 之间的均方误差。在此，描述几个对前馈网络来说不同的训练算法，所有这些算法都用性能函数的梯度来决定怎样把权重调整到最佳。梯度由反向传播的技术决定，它要通过网络实现反向传播计算，反向传播计算源自使用微积分的链规则，基本的反向传播算法的权重沿着梯度的负方向移动。

1. 反向传播算法

反向传播算法中有许多变量，这里只讨论其中的一些。反向传播算法最简单的应用就是沿着梯度的负方向更新权重和偏置，这种递归算法可以写成

$$x_{k+1}=x_k-a_k g_k$$

式中：x_k——当前权重和偏置向量；

g_k——当前梯度；

a_k——学习速率。

实现梯度下降的算法有两种：增加模式和批处理模式。在增加模式中，网络输入每提交一次，梯度计算一次并更新权重；在批处理模式中，当所有的输入都被提交后网络才被更新。

2. 增加模式训练法（adapt）

函数 adapt 用来训练增加模式的网络，它从训练设置中接受网络对象、网络输入和目标输入，返回训练过的网络对象，用最后的权重和偏置得到输出和误差。这里有几个网络参数必须要设置，第一个是 net.adaptFcn，它决定使用哪一种增加模式函数，默认值为 adaptwb，这个值允许每一个权重和偏置都指定它自己的函数，这些单个的学习函数由参数 net.biases{i，j}.learnFcnnet.inputWeights（i，j}，learnFcnnet.layerWeights{i，j}.learnFcn 和 GradientDescent（leardgd）来决定。对于基本的梯度最速下降算法，权重和偏置沿着性能函数梯度的负方向移动。在这种算法中，单个的权重和偏置的学习函数设定为 learngd。下面的命令演示了怎样设置前面建立的前馈函数参数：

```
net.biases{1，1}.learnFcn='learngd';
net.biases{2，1}.learnFcn='learngd';
net.layerWeights{2，1}.learnFcn='learngd';
net.inputWeights（1，1）.learnFcn='learngd';
```

函数 learngd 有一个相关的参数，即学习速率 lr。权重和偏置的变化通过梯度的负数乘上学习速率倍数得到，学习速率越大，步进越大。如果学习速率太大，算法就会变得不稳定；如果学习速率太小，算法就需要很长的时间才能收敛。当 learnFcn 设置为 learngd 时，就为每一个权重和偏置设置了学习速率参数的默认值，如上面的代码所示，当然可以自己按照意愿改变它。下面的代码演示了把层权重的学习速率设置为 0.2，也可以为权重和偏置单独设置学习速率：

```
net.layerWeights{2，1}.learnParam.lr=0.2;
```

训练设置的最后一个参数是 net.adaptParam.passes，它决定在训练过程中训练值重复的次数，设置重复次数为 200：

net.adaptParam.passes=200；

现在就可以开始训练网络了，要指定输入值和目标值如下：

p=[−1 −1 2 2；0 5 0 5]；

t=[−1 −1 1 1]；

如果我们要在每一次提交输入后都更新权重，那么需要将输入矩阵和目标矩阵转变为细胞数组，每一个细胞都是一个输入或者目标向量：

p=num2cell（p，1）；

t=num2cell（t，1）；

现在就可以用 adapt 来实现增加方式训练：

[net，a，e]=adapt（net，p，t）；

训练结束以后，我们可以模拟网络输出来检验训练质量：

a=sim（net，p）

a=[−0.9995][−1.0000][1.0001][1.0000]

3. 带动力的梯度下降法（learngdm）

除了 1earngd 以外，还有一种增加方式算法常被用到，即带动量的最速下降法（learngdm），它能提供更快的收敛速度。就像一个低通滤波器一样，动量允许网络忽略误差曲面的小特性，没有动量，网络又可能在一个局部最小中被卡住。有了动量网络就能够平滑这样的最小。上一次权重变化对动量的影响由一个动量常数来决定，它能够设为 0 ～ 1 范围内的任意值。当动量常数为 0 时，权重变化可根据梯度得到；当动量常数为 1 时，新的权重变化等于上次的权重变化，梯度值被忽略。learngdm 函数由上面所示的 learngd 函数触发，每一个权重和偏置有它自己的学习参数，每一个权重和偏置都可以用不同的参数。下面用 learngdm 函数建立网络设置默认的学习参数：

net.biases{1，1}.learnFcn='learngdm'；

net.biases{2，1}.learnFcn='learngdm'；

net.layerWeights（2，1）.learnFcn='learngdm'；

net.inputWeights（1，1}.learnFcn='learngdm'；

[net，a，e]=adapt（net，p，t）；

4. 批处理梯度下降法（traingd）

与增加方式的学习函数 learngd 等价的函数是 traingd，它是批处理形式中标准的最速下降学习函数，权重和偏置沿着性能函数的梯度的负方向更新。如果希望用批处理最速下降法训练函数，要设置网络的 trainFcn 为 traingd，并调用 train 函数。不像以前的学习函数，它们要单独设置权重矩阵和偏置向量，这一次给定的网络只有一个学习函数。

traingd 有几个训练参数：epochs、show，goal、time、min　grad、max_fail 和 lr。这里的学习速率和 lerangd 的意义是一样的，训练状态将每隔 show 次显示一次，其他参数决定训练什么时候结束。如果训练次数超过 epochs，性能函数低于 goal，梯度值低于 min_grad 或者训练时间超过 time，训练就会结束。

注意，既然我们在训练前重新初始化了权重和偏置，我们就会得到一个和使用 traingd 不同的均方误差。如果我们想用 traingd 重新初始化并且重新训练，那么我们仍将得到不同的均方误差。初始化权重和偏置的随机选择将影响算法的性能，如果我们希望比较不同算法的性能，那么我们就应该测试每一个使用不同权重和偏值的设置。

5. 批处理方式

它由函数 train 触发，在批处理方式中，当整个训练设置被应用到网络后，权重和偏置才被更新。

二、神经网络建模

在 MATLAB 中新建 M 文件，为进行函数逼近建立神经网络模型。

程序如下：

```
% 利用 BP 网络实现函数逼近
clear
%NEWFF   生成一个新的前向神经网络
%TRAIN   对 BP 网络进行训练
%SIM   对 BP 网络进行仿真
pause   % 按任意键开始
clc
% 定义训练样本矢量
%P 为输入矢量
P=simoutl;
```

```
%T 为目标矢量
T=simout2;
pause  % 按任意键开始
% 对训练数据进行归一化处理
[Pn，minp，maxp，Tn，mint，maxt]=premnmx（P，T）;
clc
% 创建 BP 神经网络
net=newff（minmax（Pn），[151]，{'tansig'，*purelin*}，'trainbr'）;
pause
clc
% 设置训练参数
net.performFcn= ' sse ' ;
net.trainParam.goal=0.0001;
net.trainParam.show=1;
net.trainParam.epochs=15;
net.trainParam.Mu_max=le-5; net.trainParam.min  grad=le-16;
%net.trainParam.mc=0.95;
net.trainParam.mem_reduc=1;
% 重新初始化网络
net=init（net）;
% 对 BP 神经网络进行训练
[net，tr]=train（net，Pn，Tn）;
% 对 BP 神经网络进行仿真分析
Yn=sim（net，Pn）;
% 恢复被归一化的数据
[Y]=postmnmx（Yn，mint，maxt）;
% 计算均方误差
E=T-Y;
MSE=mse（E）;
pause
clc
% 画图描绘仿真结果
```

figure;

plot（P，T，Y+SP，Y，*b–9;

axis（[–1 1 –5 5]）;

title（'BP 神经网络的函数逼近结果'）;

xlabel（'输入'）;

ylabel（'输出'）;

legend（'训练样本数据'，'神经网络仿真'，'1'）;

gridon;

% 用未经训练的数据对训练成功的 BP 网络进行验证测试

pl=simout3;

tl=simout4;

% 对测试数据进行归一化处理

%tramnmx：利用预先计算的最大值和最小值对数据进行变换 pln=tramnmx（pl，minp，maxp）;

% 对变换后的测试数据进行仿真

yn=sim（net，pin）;

% 将仿真结果还原成原始数据

[y]=postmnmx（yn，mint，maxt）;

figure;

plot（pl，tl，'k+'）;

hold on;

plot（pl，y，'b.'）;

axis（[–1 1 –5 5];

title（'BP 神经网络的函数逼近结果检验'）;

xlabel（'输入'）;

ylabel（'输出'）;

legend（'测试样本数据'，'神经网络仿真'，1）；通过上述建模，在 MATLAB 命令中，输入 gen–sim（net）；得到了神经网络 Simulink 模型，最后得到了训练好的神经网络模型。

参考文献

[1] 邵纪鑫.工程机械自动化的发展技术研究[J].华东科技，2022(7)：70-72.

[2] 陆亮，吴军凯，孙宁，等.智能建造：工程机械智能化[J].液压与气动，2022，46(6)：1-9.

[3] 王磊.工程机械自动化中节能设计理念的应用[J].大众标准化，2022(11)：33-35.

[4] 雷荣.工程机械制造中机电自动化的应用研究[J].现代制造技术与装备，2022，58(2)：174-176.

[5] 孔艳梅.BIM、AR等辅助技术在建筑工程机械自动化中的开发与应用研究[J].中国设备工程，2022(3)：26-27.

[6] 朱海明.浅谈工程机械设备智能化管理工作策略[J].内燃机与配件，2021(24)：194-196.

[7] 张伟，张睿瑞，朱春潮，等.基于智能化趋势的工程机械界面设计研究[J].包装工程，2021，42(24)：389-393.

[8] 苏嘉健.机电自动化在工程机械制造中的应用分析[J].电子元器件与信息技术，2021，5(11)：62-63.

[9] 贺军令，沈治国.智能化矿山建设思路和建设方案探析[J].技术与市场，2021，28(11)：92-93.

[10] 吴国兵.试析机电自动化在现代工程机械制造中的应用[J].信息记录材料，2021，22(11)：169-170.

[11] 刘晓玲.浅谈冶金机械及自动化[J].内蒙古煤炭经济，2021(19)：158-159.

[12] 程利力，陈慧芳，窦全礼，等.工程机械智能化产品市场接受度与应用测评实证分析研究[J].土木建筑工程信息技术，2022，14(1)：27-37.

[13] 宋娟. 浅谈自动焊接技术在机械加工中的应用[J]. 内燃机与配件，2021（16）：216-217.
[14] 凌涛. 工程机械设备智能化管理工作策略研究[J]. 智能城市，2021，7（15）：83-84.
[15] 朱坤. 浅谈工程机械设备智能化管理工作策略[J]. 中国设备工程，2021（14）：24-25.
[16] 檀友苗. 自动化焊接设备在工程机械制造中的运用策略[J]. 内燃机与配件，2021（14）：208-209.
[17] 魏玲. 机电自动化技术在工程机械制造中的应用[J]. 设备管理与维修，2021（12）：75-76.
[18] 李凤娥，孙德春，苗璐滟. 智能化在线扭矩防错在工程机械装配线的应用[J]. 电子技术与软件工程，2021（11）：114-115.
[19] 衣文松. 工程机械设备智能化管理工作思考[J]. 新型工业化，2021，11（5）：65-66.
[20] 刘旭. 机电一体化技术在现代工程机械中的应用[J]. 农业工程与装备，2021，48（2）：8-9.
[21] 白巍. 工程机械的智能化趋势与发展对策[J]. 中小企业管理与科技，2021（4）：106-107.
[22] 方荣超，赵小辉，谢春雷，等. 挖掘机斗杆焊缝智能化检测关键技术[J]. 今日制造与升级，2021（4）：77-78.
[23] 樊富起. 智能化工程机械发展战略研究[J]. 造纸装备及材料，2021，50（2）：7-8.
[24] 魏林凯. 自动化焊接设备在工程机械制造中的运用策略[J]. 时代汽车，2021（7）：137-138.
[25] 邹振宇. 工程机械的智能化趋势分析[J]. 产业与科技论坛，2021，20（6）：42-43.
[26] 高端工程机械智能制造国家重点实验室[J]. 机械设计，2021，38（2）：154.
[27] 孟晓冬，刘源义. 工程机械自动化的发展研究[J]. 智能城市，2021，7（3）：79-80.
[28] 郑云肖. 刍议工程机械技术现状与智能化信息化趋势[J]. 四川建材，2021，47（2）：234-235.

［29］司庆飞.工程机械自动化中节能设计理念的应用［J］.河北农机，2021（2）：48-49.

［30］周涛.自动化焊接设备在工程机械制造中的运用［J］.内燃机与配件，2021（2）：103-104.

［31］张军林.机电自动化在现代工程机械制造中的应用［J］.南方农机，2021，52（2）：177-178.

［32］王图图.工程机械中机电一体化技术的运用探究［J］.房地产世界，2021（2）：25-27.

［33］吴雪松.浅谈工程机械智能化与信息化发展［J］.冶金管理，2021（1）：120-121.

［34］夏伟云.工程机械设备智能化管理工作策略［J］.中国设备工程，2020（24）：24-26.

［35］唐君才，邱光，魏占静，等.工程机械智能化生产线的关键技术及应用［J］.金属加工（热加工），2020（12）：3-7.

［36］曾莉，吴晨.工程机械智能故障诊断技术的研究现状及发展趋势分析［J］.现代制造技术与装备，2020，56（11）：162-163.

［37］赵新耀，王璐.关于机电自动化在现代工程机械制造中的应用研究［J］.内燃机与配件，2020（20）：171-172.

［38］范金玲.工程机械焊接自动化技术分析［J］.工程建设与设计，2020（20）：104-105.

［39］张宸语.机电自动化技术在机械制造领域的使用与研究［J］.中国科技信息，2020（20）：42-43.

［40］雷少梁.智能控制技术在工程机械控制中的运用研究［J］.现代制造技术与装备，2020，56（10）：180-181.

［41］张志航.工程机械中的技术中机电一体化的运用研究［J］.信息记录材料，2020，21（10）：245-247.

［42］范金玲.浅谈工程机械智能化与信息化发展［J］.绿色环保建材，2020（10）：177-178.

［43］季民.关于机电自动化技术在工程机械制造中的应用研究［J］.中国金属通报，2020（9）：63-64.

［44］侯毅.工程机械设备智能化管理工作思考［J］.城市住宅，2020，27（8）：176-177.

［45］王剡．自动化焊接设备在工程机械制造中的应用研究［J］．中国设备工程，2020（16）：126-127.

［46］杨涛：数字液压技术是撬动工程机械智能化的支点［J］．建设机械技术与管理，2020，33（4）：11.

［47］石猛，程琳．工程机械技术现状与智能化信息化趋势［J］．花炮科技与市场，2020（3）：269.

［48］张家泉．自动化焊接设备在工程机械制造中的应用探讨［J］．科技风，2020（19）：141.

［49］任瑞恩．工程机械焊接自动化技术分析［J］．信息记录材料，2020，21（7）：82-83.

［50］吴彦生，常二歌．关于机电自动化在工程机械制造中的应用研究［J］．科技风，2020（18）：191.

［51］翟元网．机电自动化在工程机械制造中的应用［J］．造纸装备及材料，2020，49（3）：8.

［52］毛三华，余峰岗，史振帅，等．工程机械运行状态自动化监测研究［J］．现代制造技术与装备，2020（5）：76-78.

［53］张旭，田立勇．工程机械焊接自动化技术分析［J］．科技风，2020（14）：177.

［54］孙若承．浅谈工程机械智能化与信息化发展［J］．绿色环保建材，2020（4）：192.

［55］李运华，范茹军，杨丽曼，等．智能化挖掘机的研究现状与发展趋势［J］．机械工程学报，2020，56（13）：165-178.

［56］胡恒广．工程机械加工制造中自动化技术的应用：评《工程机械概论》［J］．岩土工程学报，2020，42（4）：799.

［57］豆鹏军．工程机械设备智能化管理工作的几点思考［J］．智库时代，2020（15）：239-240.

［58］郭爽．工程机械智能化的发展策略研究［J］．湖北农机化，2020（6）：17.

［59］张锦．智能化工程机械的现状和发展方向研究［J］．南方农机，2020，51（6）：141.

［60］王丽敏．自动化焊接设备在工程机械制造中的运用［J］．南方农机，2020，51（6）：179.

［61］孔彦军，郑恩华，季小燕．推土机智能化控制技术的现状与发展趋势［J］．机械制造，2020，58（3）：36-38.

［62］曹振法．智能建筑中机械设备自动化的实践：评《工程机械》［J］．岩土工程学报，2020，42（3）：603.

［63］张巍川．工程机械技术现状与智能化信息化趋势分析［J］．计算机产品与流通，2020（3）：274.

［64］张瑞．工程机械涂料与涂装的发展趋势分析［J］．涂料工业，2020，50（3）：77-82.

［65］李传彬．自动化焊接设备在工程机械制造中的应用探讨［J］．南方农机，2020，51（4）：157.

［66］李晟莅．工程机械自动化装配工艺发展研究［J］．中国设备工程，2020（04）：163-164.

［67］李阳，许超斌．工程机械的智能化趋势与发展对策分析［J］．设备管理与维修，2020（4）：25-26.

［68］赵祥坤，周鸿锁，苏奎．机电一体化技术在现代工程机械中的发展运用分析［J］．中国新通信，2020，22（4）：143.

［69］宁宇，王恩民．工程机械焊接自动化技术探究［J］．南方农机，2020，51（3）：112.

［70］卫义仁．论智能化技术在工程机械后服务市场领域的应用［J］．科技创新与应用，2020（04）：174-175.

［71］宋艳兵．自动化焊接设备在工程机械制造中的运用［J］．化工管理，2020（4）：127-128.

［72］徐晓华．工程机械技术现状与智能化信息化趋势［J］．内燃机与配件，2020（1）：227-228.

［73］孙静．工程机械焊接自动化技术的应用［J］．中国金属通报，2020（1）：282.

［74］朱亚松．工程机械设备智能化管理初探［J］．化工管理，2020（2）：150.

［75］高保飞．智能化管理模式在工程机械设备维修中的应用［J］．工程技术研究，2019，4（24）：120-121.

［76］梁璨．工程机械的智能化趋势与发展对策［J］．南方农机，2019，50（21）：107.

[77] 邓浩.浅谈工程机械智能化与信息化发展[J].内燃机与配件，2019(21)：196-197.

[78] 陆露.电子液压技术及工程机械智能化研究[J].装备维修技术，2019(4)：76.

[79] 孙岳.工程机械智能化发展趋势研究[J].内燃机与配件，2019(18)：226-227.

[80] 宿建伟.工程机械智能化信息技术的应用[J].电子技术与软件工程，2019(18)：254-255.

[81] 毕大伟.工程机械发展的现状和不足以及发展对策[J].科技风，2019(26)：164.

[82] 李涛.工程机械的智能化趋势与发展对策分析[J].设备管理与维修，2019(17)：124-126.

[83] 戴岩.浅析机械工程的智能化发展趋势及对策[J].信息记录材料，2019，20(9)：54-55.

[84] 张晶.机械技术的智能化发展研究[J].南方农机，2019，50(15)：115.

[85] 尹述芳，罗威.基于LabVIEW的工程机械电器智能化控制软件设计与开发[J].南方农机，2019，50(15)：220-221.

[86] 杨世德，余峰岗，林凤涛，等.工程机械设备智能化管理初探[J].现代制造技术与装备，2019(8)：211-212.

[87] 邱坚文.智能化在工程机械企业中发展与应用[J].信息记录材料，2019，20(8)：45-46.

[88] 陆柏林.工程机械技术现状与智能化信息化趋势[J].中国金属通报，2019(6)：204-205.

[89] 靳鹏.煤矿工程机械控制中机电一体化应用分析[J].海峡科技与产业，2019(6)：128-129.

[90] 张哲.大型矿用正铲式挖掘机的智能化维护应用研究[J].南方农机，2019，50(8)：28.

[91] 郝源.工程机械的智能化趋势与发展对策分析[J].设备管理与维修，2019(8)：125-126.

[92] 孙俊鸽，李铁.工程机械智能化与信息化发展概况[J].中国设备工程，2019(8)：222-223.

[93] 王艺光. 工程机械的智能化趋势与发展对策[J]. 计算机产品与流通，2019（3）：287.

[94] 李杰. 浅谈数字智能化在工程施工中的应用[J]. 建筑机械，2019（3）：28-30.

[95] 李成德. 远程监控及智能化系统在矿山工程机械中的应用[J]. 煤炭加工与综合利用，2019（2）：93-94.

[96] 尹明贤. 工程机械状态监测与故障智能化诊断系统研究[J]. 四川水泥，2019（2）：155.

[97] 严茂林. 浅谈液压挖掘机智能化发展[J]. 中国新技术新产品，2019（3）：83-84.

[98] 高艳静. 工程机械技术的智能化发展研究[J]. 时代农机，2019，46（1）：111-112.

[99] 张洋梅，沈振辉，花海燕. 挖掘机斗杆结构方案智能化设计新方法[J]. 龙岩学院学报，2018，36（5）：31-39.

[100] 马建，孙守增，芮海田，等. 中国筑路机械学术研究综述·2018[J]. 中国公路学报，2018，31（6）：1-164.

[101] 曹东辉. 关于挖掘机械智能化的几点思考[J]. 建设机械技术与管理，2017，30（12）：25-27.

[102] 谭琛，宋伟奇. 液压挖掘机智能化设计研究[J]. 液压与气动，2016（9）：38-43.

[103] 张峰，陶杰，魏守盼，等. 挖掘机结构车间物料智能化配送系统的研究[J]. 物流技术与应用，2014，19（6）：107-109.

[104] 骆祝茂. 液压挖掘机控制系统智能化研究[J]. 广东科技，2011，20（10）：73-74.

[105] 邵德君. 智能化推土机的发展现状和趋势[J]. 中国新技术新产品，2011（2）：199-200.

[106] 余会挺，李丽. 液压挖掘机智能化控制系统[J]. 煤矿机电，2008（5）：31-34.

[107] 吕其惠，王力夫. 液压挖掘机工作装置智能化控制的设计与研究[J]. 现代制造工程，2007（4）：107-109.

[108] 肖婷，文怀兴，夏田. 基于双目识别技术的挖掘机智能化控制系统[J]. 工程机械，2007（3）：4-7.

[109] 章二平 . 装载机远程服务系统与智能化挖掘机 [J]. 机器人技术与应用，2005（5）：41-43.
[110] 戴群亮，贾培发，黄旭就，等 . 智能化挖掘机控制系统的研究及应用 [J]. 机器人技术与应用，2005（4）：44-45.
[111] 王永奇，房立文，陶伟 . 智能化推土机的发展现状和趋势 [J]. 建设机械技术与管理，2004（10）：73-76.
[112] 王晨，应富强 . 液压挖掘机的智能化节能控制策略 [J]. 浙江工业大学学报，2000（2）：17-20.
[113] 白桦，陆念力，吕广明 . 液压挖掘机工作装置运动轨迹的智能化模糊控制 [J]. 建筑机械，2000（1）：39-41.
[114] 李杨民，王冀湘 . 机器人式液压挖掘机 [J]. 工程机械与维修，1995（5）：9.
[115] 孙成喜 . 液压挖掘机工作装置挖掘轨迹规划及跟踪仿真研究 [D]. 长春：吉林大学，2022.
[116] 陈慧芳 . 工程机械产品市场接受度与应用测评实证分析研究 [D]. 武汉：华中科技大学，2021.
[117] 崔飞翔 . 挖掘机器人自动控制系统的设计与实现 [D]. 太原：太原科技大学，2021.
[118] 梁志鹏 . 液压挖掘机铲斗齿尖轨迹规划研究 [D]. 太原：太原科技大学，2021.
[119] 张振 . 液压挖掘机工作装置轨迹规划与控制研究 [D]. 哈尔滨：哈尔滨工业大学，2020.
[120] 白杨 . 基于机器视觉挖掘机工作装置姿态识别与目标定位 [D]. 太原：太原理工大学，2020.
[121] 黄武涛 . 挖掘机关键液压元件故障诊断方法及系统研究 [D]. 上海：上海交通大学，2020.
[122] 王泽林 . 反铲液压挖掘机平面挖掘动力学特性及实物模型实验研究 [D]. 太原：太原科技大学，2019.
[123] 丁盼 . 基于神经网络的挖掘机智能化控制研究 [D]. 重庆：重庆大学，2018.
[124] 马俊勇 . 挖掘机仿形挖掘关键技术研究 [D]. 西安：长安大学，2017.
[125] 郭子阳 . 挖掘机动力臂挖掘轨迹规划方法研究 [D]. 太原：太原科技大学，2017.

[126] 李明 . 基于 QNX 操作系统的挖掘机智能仪表研制 [D] . 泉州：华侨大学，2016.

[127] 黄江波 . 基于 LabVIEW 的挖掘机现场测试系统研究与开发 [D] . 泉州：华侨大学，2015.

[128] 赵鑫 . 智能挖掘机轨迹控制研究 [D] . 长沙：中南大学，2012.

[129] 赵燕玲 . 液压挖掘机铲斗轨迹规划及控制系统设计 [D] . 成都：西南交通大学，2012.

[130] 王福斌 . 基于机器视觉的挖掘机器人控制系统研究 [D] . 沈阳：东北大学，2012.

[131] 李文维 . 挖掘机工作装置智能控制系统实验研究 [D] . 沈阳：东北大学，2011.

[132] 杨丽 . 智能化挖掘机自主作业过程目标识别及定位技术研究 [D] . 长春：吉林大学，2004.

[133] Wenxia Zhu. Application Technology and Development Trend of Construction Machinery Automation [C] //.Proceedings of 2018 5th International Conference on Electrical & Electronics Engineering and Computer Science（ICEEECS 2018），2018：443-447.